农田氮素动态平衡与优化管理

柳云龙 ◎著

上海科学技术文献出版社
Shanghai Scientific and Technological Literature Press

图书在版编目（CIP）数据

农田氮素动态平衡与优化管理 / 柳云龙著．—上海：上海科学技术文献出版社，2017
ISBN 978-7-5439-7480-7

Ⅰ．①农… Ⅱ．①柳… Ⅲ．①农田—土壤生态体系—土壤氮素—研究 Ⅳ．① S153.6

中国版本图书馆 CIP 数据核字 (2017) 第 164701 号

责任编辑：石 婧 于学松
特约编辑：陈云珍
装帧设计：有滋有味（北京）
装帧统筹：尹武进

农田氮素动态平衡与优化管理
柳云龙 著
出版发行：上海科学技术文献出版社
地 址：上海市长乐路 746 号
邮政编码：200040
经 销：全国新华书店
印 刷：常熟市文化印刷有限公司
开 本：720×1000 1/16
印 张：13.75
字 数：231 000
版 次：2017 年 8 月第 1 版 2017 年 8 月第 1 次印刷
书 号：ISBN 978-7-5439-7480-7
定 价：68.00 元
http://www.sstlp.com

前言

在传统农业向现代农业发展的关键阶段，化肥对我国农业发展起到了不可替代的作用。但是化肥的大量施用会引起过量的氮、磷向水体和大气转移，引发严峻的生态环境问题。农田氮素已成为农业生态环境最主要的污染源之一。区域和全球氮超载引起的水体富营养化和温室效应，氮、磷的生物地球化学循环与区域环境质量及可持续发展的关系，以及营养盐循环对生态系统和生物多样性的影响，已成为人们关注的热点环境问题。

面对我国南方过于分散的农田经营管理体系和传统的水肥管理模式，探索科学有效的水肥管理措施是目前控制农业面源污染、保护水环境质量的重要途径。本书以南方双季稻高产区为研究对象，以农田氮素循环转化和优化利用为重点，在田间尺度上分析了不同施肥水平下农田氮素的存在形态、转化利用、氮素平衡、利用效率等基本问题，分析了施肥量和施肥次数对水稻产量以及田面水氮素动态变化的影响；利用 BaPS 系统测定了土壤氮循环中土壤硝化和反硝化作用过程，分析了不同农业用地类型下土壤硝化作用和反硝化作用的季节动态变化和 N_2O 浓度变化特征及其影响因子；通过 3S 技术与计量施肥模型的集成，在空间分析技术的支持下，在区域尺度上实现了农田养分信息化分区管理，开发了适于南方土壤及作物体系的农田养分管理和决策信息系统平台，可对多种作物进行推荐施肥，以实现科学的肥料管理；在流域尺度上采用地统计学方法揭示了流域土壤氮素空间分布特征及其影响因素，对流域内土壤氮素流失风险进行了评价。

本书以柳云龙博士课题组研究成果为主要内容，参考了国内外相关领域的研究进展。课题组成员施振香、卢小遮、庄腾飞、高雅参与了大量的科研实验，对本书内容的编写作出了贡献。课题组在多年科研工作过程中，与浙江省宁波市环科院郑丽波高工、赵永才教授级高工、商卫纯高工、龚峰景高工，浙江省农科院姜丽娜研究员，美国佛罗里达大学何振立教授建立了良好的合作关系，在科研工作中得到了他们的指导、协助与支持。本书的编写出版得到了上海市教委重点学科建设项目(编号:J50402)的资助，得到著者所在单位的领导、同事的大力支持和帮助，上海科学技术文献出版社的编辑也付出了辛勤的劳动，做了大量细致的文章修改和润色工作。在此对参与过本书相关研究内容和编辑出版的各位同行、研究生和田间试验站管理人员一并致以衷心的感谢。由于农田氮素迁移转化机制和影响机制的复杂性，科学研究探索永无止境。限于著者水平，书中还有很多不足，敬请读者和同仁予以批评指正。

目录

CONTENTS

目录

第一章 农田氮素利用与管理

第一节 农业面源污染

我国南方地区以湿润的热带和亚热带气候为主，区内高温多雨、四季分明，丰富的自然资源和良好的投资效益赋予该地区巨大的农业生产潜力和诱人的发展前景，一直是我国重要的鱼米之乡。然而高强度的农业开发、不合理的农业管理措施和工业“三废”污染使农业生产基础环境受到了严峻的挑战。农业生态环境问题已引起了我国政府机构和学术界的高度关注，无公害蔬菜、绿色食品、有机农产品、农药残留和食品安全检测的兴起无疑是这方面的佐证。实现区域可持续发展，创建生态省、市、县（区）已成为我国综合国力持续发展的重要组成部分。

造成农业生态环境恶化的因素主要来源于乡镇工业“三废”、化肥农药、畜禽粪便污染等。相对于工业“三废”等点源污染而言，化肥农药、畜禽粪便污染等农业面源问题由于其发生的随机性、滞后性、模糊性和潜伏性等特点，更难控制。随着点源污染控制能力的提高，非点源污染的严重性逐渐显现出来。在国外，由于西方国家对点源污染的立法和控制更为全面和严格，大多数国家点源污染已得到了较好的控制。水体污染中，非点源污染所占比例不断增大，农业非点源污染逐渐成为水体污染最主要的因素之一。美国环境保护总署把农业列为全美河流和湖泊污染的第一污染源（杨丽霞等，2002）。在国内，据调查，太湖流域杭嘉湖地区，从 1997 年开始，面源污染的排放量大于工业，1999 年占到总量的 58%。据监测，嘉兴 1999 年的污水中，COD 排放量为 12 万多吨，其中工业污染占 26.99%，生活污染占 25.87%；农业污染为 57.14%。与 1995 年相比，工业污染减少 32%，生活污染增加 14%，农业污染增加 18%。富营养化已经成为中国湖泊的主要环境问题，如太湖、巢湖、滇池等。在太湖，59%的全氮(TN)和30%的全磷(TP)来自非点源污染。巢湖63%的TN和41%的TP来自非点源污染。农业面源污染已经成为水体富营养化最主要的污染源之一。

非点源污染是冲击物、农药、肥料、致病菌等分散污染源引起的对含水层、湖泊、河流、滨岸生态系统等的污染，农业活动被认为是非点源水质问题的最重要原因。就上海地区而言，非点源主要包括农业地表径流(如农药、化肥等)、禽畜污染、郊县村镇居民生活污水、乡镇企业排污等，其中畜禽尿类污染、生活污染以及农药和化肥污染在非点源污染中极为突出。由于施肥的盲目性，上海郊区在农业生产中使用了大量的化肥，其中氮肥占85%以上，流失率高，据估算约有8%的氮素进入水体，每年1万吨左右，加重了水质氮污染和水体富营养化(杨毅等，2002；周银娣，1996)。就浙江而言，浙江省杭嘉湖、宁绍平原，河湖水体因氮、磷的大量积累，富营养化问题也十分突出，其核心问题是氮、磷等营养物质增加，藻类大量增殖，水中溶解氧减少，透明度下降，水体恶化。杭嘉湖平原东部地面水为Ⅳ、Ⅴ类，其中NO_3^--N达3.15 mg/L，可溶性P>0.05 mg/L，而国际临界指标TP为0.02 mg/L，TN为0.2 mg/L。

太湖水体中的氮、磷含量的恰当比值是引发蓝藻爆发的关键条件之一。20世纪90年代之前，太湖湖水中的氮含量最大时曾是磷含量的50倍，抑制了蓝藻爆发。但近年来，由于含磷的生活污染和面源污染等污水大量侵入太湖水体，造成磷含量的急剧上升。1998年夏季，湖水中的氮含量是磷含量的19倍时，导致了蓝藻的大爆发。太湖流域在工业污染源达标排放之后，化学需氧量削减了76%以上，但是沿湖生活污染和面源污染的治理却没有突破性进展，导致全氮、全磷排放量仍居高不下。在水质很差的嘉兴河网地区和大运河杭州段，主要污染指标都出自氨氮和全磷含量过高。在被污染的水体中，55%的磷来自生活污染，60%的氮来自农业面源污染。

作物种植是农业最重要的产业，在农业中占很大的比重。我国人多地少，人地资源紧张，增强土地开发强度，提高土地单位面积产出率，是满足人们日益增长的粮食需求的重要措施。而使用化肥农药是促进粮食增产保收的重要手段，也是现代化农业的重要特征。然而化肥农药的滥使滥用也引发了严峻的生态环境问题。分析原因为化肥投入量大，施肥结构不合理(有机肥使用量少，氮、磷、钾及微肥使用比例不合理，以氮肥为主，氮肥中以碳铵为主)，使用方法不当(以表撒、撒施为主，深施、穴施、叶面肥应用较少)、化肥利用率低是化肥使用污染的主要原因。

从单位耕地面积化肥用量与世界若干国家和地区比较来看：按耕地面积计，1997 年全世界平均化肥用量为 97.1 kg・hm^{-2}，亚洲为 141.1 kg・hm^{-2}，欧洲为 85.1 kg・hm^{-2}。我国化肥年使用量达 4 124 万吨，按播种面积计算，平均每公顷化肥使用量达 400 kg，远远超过发达国家为防止化肥对水体造成污染而设置的225 kg・hm^{-2} 的安全上限。化肥的平均利用率仅 40%左右。江苏、浙江、上海环太湖的一些县市，化肥施用量均在 500 kg・hm^{-2}以上，氮素过剩，流入太湖，加剧了富营养化。全国每年农药使用量达 120 多万吨，集约化农区施用水平低则每亩20 kg，高则每亩超过 50 kg，除 30%～40%被作物吸收外，大部分进入了水体和土壤及农产品，使全国 933.3 万公顷耕地遭受了不同程度的污染。部分地区生产的蔬菜、水果中的硝酸盐、农药和重金属等有害物质残留量超标，威胁人们的身体健康。世界主要发达国家单位耕地面积化肥用量依次为：美国 108.0 kg・hm^{-2}，法国 277.0 kg・hm^{-2}，德国 238.2 kg・hm^{-2}，荷兰 569.5 kg・hm^{-2}，英国 364.7 kg・hm^{-2}。浙江省化肥用量略低于荷兰，高于其他发达国家。

从施肥养分结构变化和肥料品种结构特点来看，肥料面源污染严重的重要原因之一是施肥投入的养分比例不平衡，与作物需求不匹配。浙江省 1999 年 N、P_2O、K_2O 的施用比例为 1∶0.26∶0.15，全国平均为 1∶0.45∶0.18，一般作物的推荐施肥比例为 1∶(0.4～0.5)∶(0.5～0.7)。肥料品种结构特点是氮、磷基本满足，钾处于空白状态；以低浓度肥料为主，高浓度肥料比例偏低；化肥以单质为主，复合肥比例低；复合肥以通用型为主，专用肥品种少。

第二节　农田氮素迁移与水体环境

过量的氮、磷向水体和大气转移，对大气和水体环境产生了许多方面的影响和危害，如向封闭或半封闭的湖泊、水库或向某些流速低于 1 m/min 的滞流性河流、河口海湾迁移，将使湖泊、水库、河口、海湾水域发生富营养化，水体浑浊，透明度降低，导致阳光入射强度降低，溶解氧减少，大量水生生物死亡，水生生态系统和水功能受到严重阻碍和破坏。NO_3^- 和 NO_2^- 浓度过高，将影响饮用水质量并直接威胁人类健康。进入农田的氮素在其转化过程中产生的各种含氮气体如

N_2O、NO、N_2和 NH_3向大气迁移，除 N_2外，它们或直接参与温室效应，或直接参与大气的化学反应，破坏臭氧层。

1.1 农田氮素迁移与水体富营养化

氮磷是水体富营养化最重要的营养因子，当水体中磷达到一定浓度时(PO_4^{-3}-P 0.015 mg/L)，无机氮含量大于 0.2 mg/L 时，就可能出现“藻华”现象，在河口、海湾则出现赤潮。我国五大湖泊中，富营养化已呈发展态势，其中巢湖已进入富营养化阶段，太湖、洪泽湖正向营养化阶段过渡，鄱阳湖已趋于中营养化阶段，洞庭湖也向中营养化阶段发展。不少中小型湖泊的营养状态也令人担忧，除少数边远地区的湖泊外，基本上已处于中营养化阶段，其中云南的滇池以及异龙湖等已达富营养化状态。

湖泊富营养化的主要原因是过量氮、磷营养盐向其中迁移，其来源不外乎工业废水、生活污水、农田径流和水产养殖投入的饵料。随着对工业污染源和生活污水治理力度的加大，通过农田径流向河湖水系输入的氮磷已有比较高的和不可忽视的负荷比例，而且随着农业的发展，投入到农田中的氮磷肥料将进一步增加，从农田迁移到水体的数量也随之增长。

中国水体富营养化作用的面积正在逐年增加。据对全国 25 个湖泊的调查，水体全氮均超过了富营养化指标，某些特征性藻类(主要是蓝藻、绿藻等)的异常增殖，致使水体透明度下降，溶解氧降低，严重地影响了水生生物的生存环境，水味变得腥臭难闻，这是作物氮肥利用率低所致。以太湖为例，进入湖中的污染物 32%来自农田排水，通过农田输入湖泊的氮量占输入湖泊全氮量的 7%～35%(吕耀，1998)。

据资料显示，全世界施用于土壤的肥料有 30%～50%经淋溶进入了地下水，地下水的硝态氮污染与施肥量呈线性关系(易秀，1991)。化肥施用量过高的农区出现了严重的地下水硝态氮含量超标，这给我国许多城市居民饮用水安全造成了一定程度的威胁。在对地下水的影响方面，江苏省、浙江省和上海市的 16 个县内 76 口饮用井，井水硝态氮和亚硝态氮的超标率分别达 38.12%和 57.19%(熊正琴，邢光熹，2002)，已超出我国规定的生活饮用水标准，严重危及人们的身心健康。

1.2 农田氮素迁移与饮用水质量

自20世纪70年代以来，地表水和地下水特别是地下水 NO_3^- 浓度的增加，引起了很多国家的注意，许多研究结果表明，地面水和地下水硝态氮浓度的增大都与农田氮肥使用量的增加有关。

人体摄入的硝酸盐80%左右来自蔬菜，蔬菜中硝酸盐的含量水平直接关系到人体硝酸盐的摄入量。很多研究表明，蔬菜中的硝酸盐的含量与化学氮肥的使用量呈线性相关，近年来大棚蔬菜生产比例日益增大，而大棚蔬菜生产所使用的氮肥远远高于大田蔬菜，大棚中土壤硝态氮的含量也远远高于大田蔬菜地土壤，因此蔬菜中硝酸盐浓度的增加是一个值得关注的问题。

饮用水和食品中过量的硝酸盐会导致高铁血红蛋白症。婴儿胃的血液成分比成年人更有利于生成正铁血红蛋白，患此症的危险性要大得多，其死亡率可达8%～52%。同时饮水中的硝酸盐还有致癌的危险。对恶性肿瘤的流行病等调查表明，胃癌与环境中硝酸盐水平以及饮水和蔬菜中硝酸盐的摄入量呈正相关。也有调查表明，肝癌的死亡率与地区土壤中硝酸盐含量呈正相关。鉴于硝态氮对人体的严重危害，世界卫生组织颁布的饮用水质标准中规定，NO_3^-－N的最大允许浓度为10 mg/L。

第三节 农田氮素迁移与大气环境

N_2O既是温室气体，又对破坏臭氧层负有责任，成为近年来人们关注的重点。从肥料生产和使用过程中向大气迁移的 NH_3 可达8.4 TgN/年，比氮肥使用过程中向大气迁移的 N_2O(1.5 TgN/年)的数量大得多。而在对流层中，NH_3 通过光化学反应可产生NO和 N_2O，因此农田 NH_3 向大气迁移的意义不限于农业中的氮素损失，而且涉及大气化学，成为一个环境问题。

中国对农田 N_2O 排放的定位观测研究开始较晚，目前发表的数据也不多。中国是世界上一个重要的农业区，其农田每年的 N_2O 排放量是一个不容忽视的问题。过去认为水田土壤 N_2O 的排放量是微不足道的，但实际并非如此。这与中国水田独特的水分管理方式有关。中国水田90%以上都是间歇灌溉，而且在水稻生长期间还有烤田措施，这种水分管理方式有利于N_2O的产生与排放。

FAO 2001年报告全球每年来自施用氮肥的氨挥发损失达1 100万吨，占当年施氮量的14%，来自水稻田的氨挥发损失为240万吨，占水稻田年施氮量1 180万吨的20%，其中绝大多数来自发展中国家，比例达97%。大量的氨挥发损失，不仅造成肥料的利用率降低，而且对环境的危害也随之增大。

农田土壤的硝化作用是微生物将氨氧化为硝酸，一般在好氧条件下发生；而反硝化作用则基本上是在通气不良条件下硝化过程的逆向反应，是将硝酸转化为氮气的过程。这两个过程均有气态氮损失，其中N_2O具有环境敏感效应，N_2O既是温室气体，又对破坏臭氧层负有责任。土壤是大气N_2O的主要来源，土壤中生物反硝化、化学硝化和反硝化作用产生并排放的N_2O占全球N_2O总排放量的65%。迄今有关N_2O排放的研究多见于旱地土壤，对稻田土壤N_2O排放及其影响因素的研究不多，且一般认为稻田土壤在淹水状态下只能排放少量的N_2O。尽管如此，稻田土壤在干湿交替的水分条件下可能具有相当大的向大气排放N_2O的潜力(徐华等，1994)。

第四节　农田氮肥利用

1.1　农田化肥氮的循环与转化

在农田系统中，土壤氮循环和转化过程如图1-1(Li et al.，2007)所示，其中氮可被分为有机氮和无机氮两个组成部分。农田有机氮主要来自作物的残体(如根和秸秆)和有机肥，构成新鲜氮库；新鲜氮分解后可以形成微生物量氮库(包括活性和死亡两种形态的微生物量氮)和活性腐殖质氮库，最后形成惰性腐殖质氮库。

土壤无机氮主要包括硝态氮和铵态氮，主要来源包括化肥氮、干湿沉降和灌溉、有机氮的矿化形成铵态氮，通过硝化作用形成硝态氮，铵态氮和硝态氮通过生物固定形成微生物量氮。土壤无机氮的输出途径包括作物吸收、氨挥发、反硝化、淋溶过程。这些不同形态氮的转化和迁移受到作物和环境条件的影响。未被作物吸收利用而残留在土壤中的氮，经氨挥发、硝化—反硝化作用以气体形态

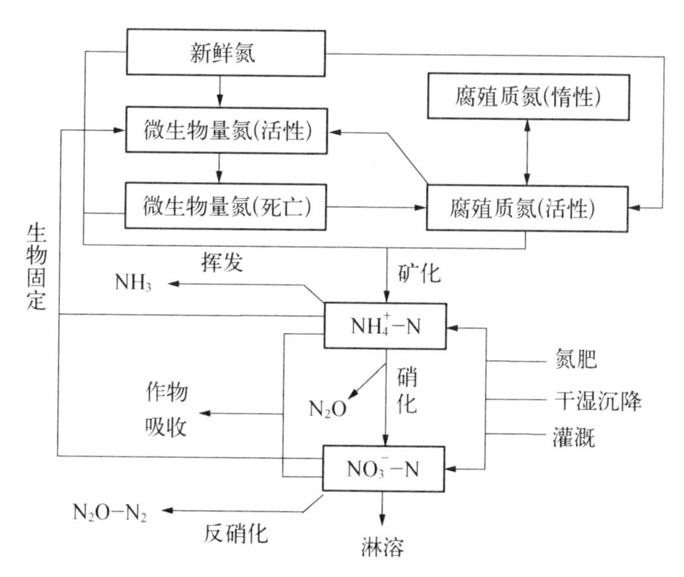

图 1-1 农田土壤中氮循环和转化过程

进入大气而污染大气环境；或随降水和灌溉水淋溶到土壤深层，或随径流进入地表水，从而污染地下水和地表水。农田生态系统中，氮素投入和支出之间的平衡对农业的可持续发展和环境保护相当重要。

我国肥料氮用量增长非常大，氮肥对生态环境造成的潜在威胁，使氮肥的去向成为科学家研究的一个重点。作物吸收氮是土壤氮素去向的重要部分，也是农业生产者最关心的问题。随着氮肥的大量施用以及作物优良品种的选用，作物产量有了很大的提高，作物带走的氮素绝对量增加了。但据中国农业大学植物营养系调查所得，我国农田收获物氮素再循环率已大幅度下降，目前约为30%～40%。这表明我国农业生产中正面临着氮素资源的极大浪费，是我国农业急需解决的问题。

固定态铵是土壤氮素的重要组成部分，在近代农业耕作中，土壤的固定态铵主要来源于氮肥和有机肥的大量施用。土壤固定态铵的数量与固定机制对评价土壤氮素的真实矿化量，评价化学氮肥的残效，区别生物固持氮的效应方面具有重要作用。铵的固定使一部分氮素不能立刻被作物利用，有不利影响，但由于有效性远高于生物固持氮，在保肥(降低溶液中铵的浓度，防止氨挥发)、稳肥方面有重要意义。同时，固定态铵是土壤氮素内循环的重要环节之一，与其他氮素转化过程密切相关。

许多研究者进行有关肥料氮去向试验时发现，除作物吸收的氮外，肥料氮的损失变化范围在1%～30%。淋溶和反硝化被认为是肥料氮从土壤中损失的两个最重要的过程。硝酸根离子不能被土壤胶体和黏土矿物所吸附，在土壤硝酸盐含量较高和水分运移良好的条件下极易发生淋溶损失。植物在生长的季节对氮的吸收，可减少土壤中的NO_3^-，使得NO_3^-从根区的淋溶损失几乎不发生，除非氮肥的使用量超过了作物需求量。因此，氮从根区的淋溶可能在施氮后的1～2周内发生，在此期间，当处于高温多雨季节时，对氮肥的施用必须特别慎重。

另外，硝酸盐淋失与土壤质地、耕作方式、氮肥类型、作物种类、生长密度以及地下水位都有很大的关系。实际生产过程中，应将各种因素综合起来考虑，因为硝酸盐淋失不但会造成氮肥利用率降低和经济利益下降，更重要的是可能对地下水造成污染。土壤硝化作用和反硝化作用均有N_2O和N_2的释放，其释放特点及对环境的要求有一定的差异。硝化作用释放的N_2O和N_2主要发生在土壤表层，需要好气环境。而反硝化作用释放的N_2O和N_2发生在相对较深的土层，需要低氧高湿环境。农田土壤反硝化作用所致的肥料氮的损失估计通常占总损失量的10%～30%。土壤中释放的N_2O是一种温室气体，并被认为可以破坏平流层的臭氧。

土壤氮素可通过氨的挥发直接返回大气，当铵态氮施用于pH大于7的石灰性土壤表面时，相当数量的氮以NH_3的形式损失。氨的挥发作用可通过NH_4^+被土壤胶体吸附或溶解在土壤溶液中而减弱，挥发过程除随着温度的增高而加速外，地上部分空气的流动也会影响氨的挥发，可能引起NH_3自土壤表面的转移。氨的挥发过程非常复杂，一般用微气象学方法进行研究，也有使用一些小型吸收装置进行研究。

1.2 氮肥利用率

氮肥利用率低是当今作物生产的世界性难题，不仅造成氮素浪费，同时流失氮也会使农田周围的环境污染恶化。从FAO提供的资料来看，中国1995～1997年水稻种植面积约占世界水稻种植面积的20%，然而，中国水稻氮肥用量占全球水稻氮肥总用量的37%。中国稻田单季水稻氮肥用量平均为180 $kg \cdot hm^{-2}$，这一用量比世界稻田氮肥单位面积平均用量大约高75%。与主要产稻国相比，中国水稻生产氮肥施用量较高而利用率较低(彭少兵等，2002)。

我国是广种水稻的国家，占世界总水稻产量的近30%，稻谷在我国粮食生产和人民消费中均占第一位(鲁如坤,1998)。南方是国内稻谷主产区,南方各省的稻谷种植面积约占全国稻谷种植面积的 83.5%,稻谷产量约占全国稻谷产量的 81.5%(国家统计局农村社会经济调查司,2006)。农民为获得高产往往增加氮肥施用量,尤其是近十多年来,随着水稻品种改良和产量水平的提高,施氮量不断加大。在我国苏南地区,年均施氮量达到 600～675 kg・hm^{-2},利用率平均为 20%～25%。国内各地进行的^{15}N 微区示踪试验表明,在水稻上氮肥的损失率多为 30%～70%(朱兆良,2000)。目前,在水稻高产栽培中,氮肥(纯氮)施用量已达 300～350 kg・hm^{-2},甚至高达 400～450 kg・hm^{-2}。然而氮肥用量的增加并没有相应提高水稻氮肥的吸收利用率。据报道,中国稻田氮肥吸收利用率为 30%～35%,而发达国家平均已达 50%～60%(李庆逵,1997)。目前浙江和江苏等一些氮肥用量高的省份,吸收利用率低于 20%。江苏省水稻的氮肥吸收利用率仅 19.9%,显著低于全国平均水平(李荣刚,2000)。

1.2.1　肥料利用率低的基本原因

1.2.1.1　偏施氮肥,农田养分施用不平衡

在我国传统的施肥方法中,大都凭经验施肥,缺乏计量施肥的概念。由于氮肥使用后直观效果更明显,因此稻农往往偏施氮肥,造成氮、磷、钾比例失调,不仅造成农田肥料利用率低下,更带来令人担忧的环境问题,同时也对农业生态系统的内部结构造成了危害。比如破坏土壤结构,土壤有机质含量下降,保水保肥能力下降等。

1.2.1.2　农田管理方式不合理

农田地表管理与施肥方式对肥料利用率也会产生很大影响。有报道(王小治等,2007)将田埂高度由 6 cm 增加到 8 cm,则将使稻季径流量和氮素径流排放分别降低 73.4%和 90%左右。在灌溉方式上,农户大都采取大水漫灌与淹灌的灌溉方式,泡田弃水等,使得肥料的流失量很大。今后要在水管理途径上减少流失。以稻田为例,基本上可以归纳出四类节水灌溉的模式(茆智,2002):“浅、湿、晒”模式(此种模式应用最广),“间歇淹水”模式,“半旱栽培”模式(亦称“控制灌溉”)和蓄雨型节水灌溉模式。由于不同灌溉模式的具体淹水、露田、落干时期与程度(标准)不同,在选择合适的节水灌溉模式时,应根据土壤质地与肥力、地势、地下水埋深、气象情况以及水源条件等因地制宜地选用。

如果氮肥面施,稻田表面水中铵态氮浓度增加,pH 上升,从而导致氨挥发

损失。将铵态氮肥施用于处于还原态土壤中能显著降低氨的挥发损失。De Datta 认为，氮肥深施是提高淹水稻田氮肥利用率的最有效的途径(De Datta, 1986)。朱兆良认为，综合考虑氮素的损失、作物对氮的吸收以及劳动力消耗等诸因素，氮肥深施的深度以 6～10 cm 比较适宜(Zhu Z L, 1997)。韩晓增等用"动态密闭气室法"对东北北部黑土地区水稻田肥料氮的氨挥发进行了测定，观测数据表明，在黑土区生产者经常采用的施肥量和施肥方法条件下，稻田化肥氮的氨挥发占施氮量的 8.8%～17.2%，平均为 12.8%。在同等施肥量条件下，表层施用方法氨挥发损失最大，相当于氮肥深施方法的 2 倍(韩晓增, 2003)。

1.2.1.3 氮肥施用时期

氮肥施用时期不同也会影响氮肥利用率的高低。在江苏、浙江、湖南、广东的调查结果表明，农民通常将氮肥总量的 55%～85%作为基肥在移栽前 10 天内追施。水稻前期施氮量高，有利于返青和分蘖，尤其对分蘖力偏低的超级杂交水稻及大穗型品种效果更明显。然而大量氮肥在前期就进入土壤和灌溉水中，此时水稻根系尚未大量形成，水稻对氮素需求量不是很大，使得肥料氮在土壤和灌溉水中浓度高、停留时间长，加剧了氮素的损失。背景氮含量高的土壤前期施用大量的氮肥，其损失量就更大。

在稻田氮肥损失中，氨挥发占很大比例，是稻田氮肥损失的主要机制之一(宋勇生等, 2003)。国外研究表明(Fillery R P, de Datta S K, 1986)，氮肥表施时，氨挥发损失占总施氮量的 10%～60%；国内报道，氨挥发损失占总施氮量的 9%～40%。在同一地区的相同土壤类型、气候条件及同一品种条件下，除施肥方法和施肥量会影响氨挥发外，施肥时期对氨挥发也有影响。在相同施用量和相同施用方法下，分期施用可减少氨挥发。水稻生长后期植株高大，降低了风速，也就减小了氨挥发；另外，由于植株高大遮光，限制了藻类生长和光合作用，水面 pH 上升较小，也减小了氨挥发；同时，这一时期植物根系生长最旺，吸收力最强，施入土壤中的化肥氮迅速被吸收，减小了氨挥发。基肥氨挥发平均占施入的化肥氮 15.2%，蘖肥氨挥发平均占施入的化肥氮 13.2%，穗肥氨挥发平均占施入的化肥氮 4.4%(蔡贵信, 1995)。

1.3 氮肥管理技术

过量施用氮肥造成的经济损失和生态环境危害，已引起了人们的关注，因而确定适宜的氮肥用量、理清氮肥去向、减少损失、提高氮肥利用率和增产效应、最大限度地降低氮肥对生态环境的不利影响，已成为中国农业发展面对的核心问题。解决这一问题的关键，是在深入研究土壤氮素转化和肥料氮的去向，并对氮肥的各种损失途径进行定量化研究的基础上，提出科学的施肥技术，做到真正的合理施肥。

我国传统的施肥方法中，大都凭经验施肥，缺乏计量施肥概念。有关农田适宜施肥量的确定仍是未解决的难题。在我国太湖地区对稻田氮肥适宜施肥量进行了大量研究，太湖地区是我国重要的农业高产区，肥料投入量一直呈上升趋势，使得该地区水污染日益严重，因而该区的农田适宜施氮量就成了科研工作者关注的重要问题。在目前生产条件下，兼顾生产、生态和经济效益，219～255 kg・hm^{-2}为太湖地区黄泥土上比较合理的水稻施肥量，相应的经济、生态适宜产量为 8 601～8 662 kg・hm^{-2}（黄进宝等，2007）。崔玉亭等则认为稻田 221.5～261.4 kg・hm^{-2}的氮肥用量是兼顾生产、生态和经济效益比较合理的施肥量，相应的产量范围是 7 379.6～7 548.6 kg・hm^{-2}（崔玉亭，2000）。还有学者研究表明，稻季氮肥施入 225～270 kg・hm^{-2}较为适宜，产量范围在 7 000～9 000 kg・hm^{-2}（王德建等，2003）。经郭汝林研究，161～241 kg・hm^{-2}稻季氮肥施入量可以使产量达到 7 285～8 172 kg・hm^{-2}（郭汝林等，2006）。141～200 kg・hm^{-2}的施氮量是目前生产条件下浙江中部酸性紫泥砂水稻土地区比较合理的氮施用量范围，相应的生态经济适宜产量范围在6 848～7 101 kg・hm^{-2}（傅庆林等，2003）。以上这些研究都说明了水稻植株吸氮量在一定施肥量范围内会随着施肥量增加而增大，但是如果施肥量高到一定的程度，植株吸氮量就不再增加，多施的肥料就会损失掉，增加环境中的活化氮，加重环境的负担。

近十多年来推广的稻田水肥综合管理技术，源于旱作上"以水带氮"原理，于稻田田面落干、耕层土壤呈水分不饱和状态下表施氮肥后灌水。与农民习惯采用的撒施氮肥于田面水中的方法相比，这一措施降低了田面水中的氮量，可减少肥料氮的损失。20 世纪 80 年代末以来，朱兆良等对稻田氮肥去向做了大量的研究工作，以此为基础提出了水面分子膜技术，用以抑制稻田氨的挥发损失，该技术的成熟对减少稻田氮肥损失具有重大意义。用无机氮（N_{min}）作为推荐施肥指标是国外近年来广泛采用的诊断指标，这一推荐施肥方法，适于相对均一且淋溶不强的土壤，现已被成功地应用于我国北方旱地小麦和蔬菜等作物的氮肥施用上。为了更大程度地提高氮素利用效率，协调农业生产与环境保护之间的关系，我国的一些研究者开始采取分期优化施氮技术，即了解不同时期作物对氮素的需求，通过对土壤无机氮的测试来确定氮肥施用量，这一技术目前已取得了初步的成功。

国际上关于原位条件下土壤肥料氮素各个去向的综合研究积累了一些成功的经验，这为以后的施肥技术提供了基础(Schmitt M A and Randall C W，1994)。定量化的氮肥推荐技术在国内外研究应用较多，如养分平衡法、肥料效应函数法、土壤肥力指标法、营养诊断法等(帅修富等，1995；李志宏等，1997)。在利用速测技术和小型仪器测试方面，也做了大量工作，如建立了水稻叶色诊断推荐施肥技术、不同作物的测土施肥技术、植株叶绿素仪技术、反射仪技术和土壤硝酸盐速测技术等。这些技术在一定程度上改善了以往凭经验盲目施肥所带来的氮肥施用过量的问题。

尽管前人在降低氮素损失和提高氮肥利用率方面做了大量工作，然而稻田氮肥利用率提高不是太明显，其主要原因与氮肥施用量持续增加有关，其次是降低氮素损失和提高氮肥利用率的新规律和新技术没有在水稻生产中广泛推广和应用。

第五节　农田氮素平衡

养分循环是生态系统最基本的功能之一。农业生态系统与自然生态系统最大的区别在于它是一个人工控制系统，需要不断的人为补给和控制才能持续地发展。所以，人为控制下的农业养分循环是建立持续农业的基础。了解农业生态系统中养分的循环和平衡特征，合理调控养分的输入与输出，是实现农业持续稳步发展所必需的。氮素是农业生态系统中最活跃的元素之一，它积极参与各子系统间的转化和循环，同时氮素作为农业生产中最重要的养分限制因子，也是环境污染的重要因素。

氮素污染主要源自农业系统氮素盈余而导致的损失。研究表明，氮素盈余和损失之间存在极显著的正相关关系(Steinshamn，2004)。氮素平衡分析通过对一个系统的投入和产出进行定量化，可以确定系统内的氮素盈余量。利用氮素平衡分析预测不同管理措施对氮素损失的影响，是一个具有较大潜力的管理工具。因此氮素平衡作为评价农业系统氮素利用的定量方法已经有 100 多年的历史，至今仍然在普遍应用(Watson，1999)。

在欧盟各国，已经把农场的氮素营养平衡作为养分立法中的一个关键因素，要求农民必须按照每年盈余量的许可临界值权衡其主要投入和产出。临界值的确定主要根据作物种类和土壤类型，如果盈余量一旦超过规定的最高限量，则被征收环境污染税或处以其他类型处罚，这一措施的积极作用是唤醒农民的认识并重新审视他们日常的农作管理措施与环境的关系(D'haene，2007)。荷兰已把农田氮素盈余限量标准由1998年的175 kg·$hm^{-2}a^{-1}$提高到2008年的100 kg·$hm^{-2}a^{-1}$，而同期草地氮素盈余限量标准由300 kg·$hm^{-2}a^{-1}$提高到180 kg·$hm^{-2}a^{-1}$(Van Keulen，2000)。

养分平衡计算可以在不同尺度、不同部门进行，如农田尺度、农场尺度、区域尺度和国家尺度的作物种植和畜禽养殖，在其基础上进行营养平衡既有益于经济也有助于环境。在农场尺度更有助于养分优化管理，在区域和国家尺度则可用于评价农业对环境的影响，但不论哪种尺度的养分平衡计算，遵循的基本原则都是相同的(Kyllingsbaek，2007)。

氮素平衡的计算方法主要有两种，一是农场总体平衡法(Farm-gate balance)，二是土壤表层平衡法(Soil-surface balance)。这两种方法均可用于计算不同类型和不同尺度农业系统的氮素平衡状况。如Kyllingsbaek and Hansen就利用Farm-gate balance方法计算了丹麦国家尺度1980～2004年养分平衡状况。结果表明，氮素盈余从175 kg·hm^{-2}·a^{-1}下降到123 kg·hm^{-2}·a^{-1}。波兰采用Soil-surface balance方法估算了全国及其不同区域的氮素平均状况(Kopinski，2006)。Soil-surface balance是指在农业耕地上投入的氮素总量(化肥和畜禽粪便)减去被作物吸收的氮素总量。结果表明，2002～2004年波兰国家尺度上氮素盈余量平均水平为45 kg·hm^{-2}·a^{-1}，但不同地区之间存在很大差异：波兰西北部地区的盈余量最高，大于50 kg·hm^{-2}·a^{-1}，其原因主要是源于集约化生产中投入大量无机化肥和畜禽粪便；而波兰南部地区的盈余量最低，还没超过17 kg·hm^{-2}·a^{-1}。

国内运用农业生态系统生物地球化学模型(DNDC)方法，在GIS区域数据库的支持下，以1998年为例估算全国尺度的农田土壤氮平衡状况，并探明土壤氮素基本去向和氮素污染的可能性(邱建军等，2008)。在长三角地区通过典型稻作农业小流域进行定位观测与现场调查，通过估算氮素平衡来分析预测流域农田氮污染潜势(杜伟等，2010)。根据2002年基本统计数据和相关参数，对长江三角洲经济区氮收支平衡及其环境影响进行了估算与分析，预测长江三角洲经济区将面临氮过量引发的严重环境问题（邓美华等，2007）。借助物质流分析中“输入＝输出＋盈余”的物质守恒原理，以氮素养分为介质建立中国农田生态系统氮素平衡模型，然后用2004年中国农业统计资料和文献查询获取的参数，估算中国不同地区的氮养分输入输出以及养分盈余并分析养分产生的环境效应（王激清等，2007）。模型计算结果表明，2004年农田生态系统通过挥发、反硝化、植株蒸腾、淋溶径流和侵蚀等途径损失的氮为1 132.8万吨，盈余在农田生态系统土壤中的氮为1 301.2万吨，通过损失途径进入环境中的氮和盈余在农田生态系统中的单位面积耕地氮负荷高风险地区，均集中在中国的东南沿海和部分中部地区。

第六节　肥料面源污染控制与管理

传统施肥技术往往脱离土壤肥力的测试和评价，缺乏计量施肥概念，大都凭经验施肥，特别是偏施氮肥现象普遍存在，氮用量超越了实际需要，而磷、钾使用比较随意，氮、磷、钾比例失调，不能平衡协调地供应作物需要，达不到预期产量目标，污染环境状况普遍存在。传统的技术和方法通常无法快速获取和提供施肥所需的各种信息，也无法对施肥的复杂性进行系统的模拟和预测，施肥缺乏必要的技术支撑，需要引入新的技术和方法。把信息技术、传统施肥技术和专家经验知识结合起来，建立施肥信息管理和决策系统，在一定程度上能解决施肥的盲目性，增加施肥效应和减少对环境的污染。

为有效遏制农业肥料面源污染，在肥料管理层面，应强化行政法规和健全质量检测；制定无公害农产品质量标准，规范管理；健全农产品质量检测体系，加强市场抽检；制定施肥管理（包括施肥品种与限量、农业废弃物无害化处理和排放、地力养护等）法律、法规，加强行政执法；实行肥料资源总量控制，地区间合理配置。在技术层面，应引入信息技术，开展面源污染监测、监控与预测，开展精准施肥研究；调整肥料结构，研究开发和应用新型肥料；研究化肥合理减量增效使用技术，重点推广测土诊断平衡施肥技术，提高肥料利用率；加强禽畜粪便无害化处理研究，开发无公害肥料及配套施肥技术；重视水土保持，重点发展生态农业和有机农业。

1.1　掌握适宜氮用量,避免过量施肥

在一定量范围内,作物产量随施氮量增加而增大,但氮肥用量过高也会产生负效应。因此,必须正确掌握现有栽培条件下作物生产的适宜氮用量。20 世纪 80 年代末,大量田间试验研究结果表明,市郊单季晚稻最适宜的化肥氮用量为每亩 12～13 kg,再增加氮用量,产量的提高十分有限,每亩氮用量超过 15 kg 就可能导致减产。20 世纪 90 年代以来,随水稻品种、栽培方式变化,产量得到提高,郊区稻田平均亩施氮量不断上升,近年达到 18 kg 以上。同期的田间试验研究表明,一般稻田适宜的氮用量应控制在每亩 15 kg 左右,再增加氮用量,肥料报酬率下降,甚至收不回增加的投入。

1.2　增钾补磷,提倡增施有机肥,优化用肥结构

作物生长需要的各种养分是有一定比例的,任何一种养分的缺乏都会影响肥效的发挥。由于有机肥料(养分全面)的施用量减小,化肥又偏施氮肥,农田钾素投入严重不足。以稻麦两熟计,每年每亩投入的钾素只有十多千克(主要依靠秸秆还田),而稻麦收获后带走的钾素在 20 kg 左右。因此,土壤钾素的入不敷出,导致供钾能力逐年下降,郊区缺钾土壤的面积不断扩大。农田磷素投入近几年也显不足,以致许多地方土壤有效磷含量降低。现在粮食作物上施用钾肥、磷肥都有较明显的肥效,尤其是高产栽培,必须施用磷钾养分。增钾补磷,协调养分供应,是促进作物对氮素的吸收,提高氮肥利用率的一条重要措施。

进一步调整优化用肥结构,大力提倡增施商品有机肥,开发利用优质商品有机肥,重点推广配方肥、专用肥、复混肥等,鼓励生产、使用优质商品有机肥。加大政策扶持和发挥市场机制作用,增加商品有机肥推广和应用,稳步推进有机养分替代化学养分,使有机肥替代化肥成为常态。

1.3　建立地力和肥效监测网点,确保科学施肥

作物吸收的养分来自土壤和肥料,土壤地力(养分供应)状况是施肥的主要依据。不同地区土壤类型不同,种植方式、耕作制度、施肥习惯不尽一致,农业生

产水平也相差较大。受各种因素的影响,地力状况和施肥效果处在不断变化之中。建立地力和肥效监测网点,可以为科学施肥提供科学的依据。近几年来,由于财力、物力的限制,土壤养分测定与施肥效益监测未能广泛正常开展,少数试点由于样本数少,不能真实反映地力和肥效的实际情况。今后要按国务院颁发的《基本农田保护条例》规定,建立基本农田保护区内耕地地力与施肥效益长期定位监测网点,为科学施肥打好扎实基础,使氮肥等各种肥料的使用更加科学合理,利用率得到真正的提高,也使环境污染得到减轻,农业生态状况改善,促进农业可持续发展。

1.4 实施农田排水和地表径流净化工程

在水稻种植面积集中的区域开展农田排水和地表径流净化工程,利用现有的河沟、池塘等,配置水生植物群落、格栅和透水坝,建设生态沟渠、污水净化塘、地表径流集蓄池等设施,以降低农田氮、磷的排放。

建设农田排水沟时要避免使用硬质防渗沟,利用田头不规则田块改造为相互连通的小型一级湿地,通过生态排水沟将稻田排水引入湿地;将田间洼地和部分断头河浜改造为二级湿地(同时可作为灌溉取水水源)。一级湿地尾水排入二级湿地中,两级湿地可种植菱角、藕等经济作物。种植的经济作物通过对稻田排水中氮、磷的吸收利用,不仅可以减少排入外界水体的氮、磷负荷,还可以提高肥料的利用量。二级湿地经过净化的水源可通过灌溉渠系再回灌入稻田,实现稻田水的循环利用,进一步提高水、肥、药的利用率。

第二章　农田土壤硝化与反硝化

氮是生物体必需的一种营养元素，是陆地生态系统初级生产过程中最受限制的元素之一，也是调节陆地生态系统生产量、结构和功能的关键性元素。自然界中的氮素物质以有机态、无机态和分子态三种形式存在，它们之间的相互转化过程即为氮循环，包括氨化作用、硝化作用、反硝化作用、固氮作用以及有机氮化合物的合成等。在陆地生态系统中，土壤是氮素的主要蓄积库之一，承担着氮源、氮汇转化器的功能。氮素循环使土壤与生物紧密联系，形成空气—水—土—生命系统中物质和能量的复杂动力流动网络。

近百年以来，全球变暖和臭氧层破坏已是不争的事实，这两大全球性问题已经成为全球各领域学者关注的焦点。全球变暖源于温室气体的大量排放。N_2O虽然在大气中的浓度相对较低，但它的GWP(Global Warming Potentials，增温潜势)是CO_2的296倍，且在大气中的存留时间长达120年之久，是重要的温室气体。土壤生物过程、土地利用以及农事活动是大气N_2O的主要来源，其产生的N_2O排放量约占总排放量的80%。土壤硝化与反硝化作用是氮循环的重要环节，是土壤中N_2O产生的主要生物学过程。在土壤硝化作用和反硝化作用过程中产生的N_2O上升至等温层，会参与大气中许多光化学反应，能间接破坏平流层中的臭氧层。受紫外线照射的影响，人类皮肤癌患者比例上升，植物生长受阻。土壤硝化作用和反硝化作用也是生态系统中氮素损失的潜在途径。在有机质含量较高、通气不良的土壤中，硝化作用过程中形成的NO_3^--N因反硝化作用导致氮的损失。而进入地下水或饮用水中的NO_3^--N含量超过一定的浓度时，会危害人类健康，还可能造成水域的“富营养化”现象。从消除NO_3^-对水质的污染和减少对大气的潜在危害考虑，土壤反硝化作用并非毫无益处，既能避免N_2O排放破坏臭氧层，又能降低NO_3^-浓度，在氮循环中具有重要的生态学意义。通过调整土壤环境因子，影响硝化—反硝化作用过程的最终产物，是减少 NO_3^- 浓度、保护水质、避免臭氧层破坏的有效生物学途径之一。

自从人们认识到氮素是农作物生产的限制性因子以来，农田氮肥的使用是提高农作物产量的重要措施。在中国，1994 年以后，氮肥每年施用量(纯氮)均在 2×10^7 吨以上，居世界首位，而氮肥利用率却很低，介于 30%～35%，远低于发达国家 45%的平均水平(李庆逵等，1997；William et al，1999)。农田土壤氮素的增加，改变了氮循环转换速率，它们加速了生产者的活动，使得固氮速率增长为两倍，加大了氮循环的量，也使得土壤依靠土壤微生物从大气中固定游离氮或转变土壤中其他不能直接为植物利用营养成分的能力大幅度下降。农田土壤是氮素的主要蓄积库，不同的农业用地类型，其耕作管理措施不同(如施肥种类、用肥量、灌溉周期和方式)，会影响土壤含水量、土壤有机质、碳氮比、土壤硝态氮、全氮、pH 的变化，而这些变化又会影响土壤硝化和反硝化作用的过程。

第一节　土壤硝化和反硝化作用的过程

1.1　硝化作用

硝化作用是微生物将 NH_4^+ 氧化为 NO_2^- 或 NO_3^-，或者是由微生物导致的氧化态氮增多的过程。进行硝化作用的有自养微生物也有异养微生物，大多数土壤中进行硝化作用的主要是自养微生物，对自养微生物的研究也比异养微生物多。在研究工作中，由于研究方法的不同，可将硝化作用分为净硝化作用和总硝化作用。

净硝化作用 = 在一定时间内土壤样品中 $NO_3^- - N$ 含量的净变化

总硝化作用 = $NH_4^+ - N$ 为底物的自养和异养硝化 + 有机 N 为底物的异养硝化

1.2　反硝化作用

土壤生物反硝化过程是 N_2O 的主要来源，是土壤氮素转化的主要过程之一。土壤反硝化作用有两种情况：生物反硝化作用和化学反硝化作用。硝酸根在嫌气(氧气不足)条件下被反硝化细菌作用而还原成 NO、N_2O、N_2 而挥发,这种由硝态氮还原成气态氮的反应叫作生物反硝化作用。

化学反硝化作用是指土壤中含氮化合物通过纯化学反应而生成气态氮的过程。氮素气态损失主要是由反硝化微生物和硝化微生物的活性引起,即嫌气条件下生物反硝化是农田土壤氮素反硝化损失的主要机制[12],而化学反硝化机制不占重要地位。产生土壤反硝化作用有 4 个条件: ① 具有代谢能力的反硝化细菌;② 合适的电子供体,如有机碳化物、分子态氢等;③ 氮氧化物,如 NO_3^-、NO_2^-, N_2O等,以作为末端电子受体;④ 嫌气或低的氧分压。

第二节　土壤硝化和反硝化作用的研究方法

国内外关于土壤硝化和反硝化作用的研究方法有很多,有野外培养,也有在实验室进行的,有直接的也有间接的,其研究方式可分为两类: 一是把两者分开,研究其发生、发展过程、机制及影响因素等;二是土壤硝化作用和反硝化作用同时发生且都能产生N_2O,许多研究致力于区分硝化、反硝化过程,并定量估算不同过程对N_2O产生的贡献率。

1.1　土壤硝化作用测定方法

研究单一硝化作用过程的方法有埋袋原位培养技术(In situ buried bag technique)、加盖原位培养技术(In situ covered core incubation)、室内培养控制实验、同位素稀释技术(Isotope pool dilution technique)。前三种方法是采用净硝化速率反映硝化作用强度,净硝化速率是土壤中氮素转化的各微生物过程的综合反映,对于氨氮到硝态氮的转化,硝态氮被微生物利用以及氮的矿化等过程都不考虑,这将造成土壤氮素转化量的低估(刘巧辉,2005)。Stark 和 Hart (1997)利用同位素稀释技术发现净硝化明显低估了森林土壤中氮的转化速率。总硝化速率关注的是硝化微生物将氨态氮转化成硝态氮,结合反硝化速率的研究,可以将土壤氮素循环的各个部分定量化。但总矿化、总硝化的研究限于方法的限制,文献还比较少。到目前为止,土壤总硝化速率的研究方法只有^{15}N库稀释技术,这种方法操作复杂,需要大量人力、物力的投入。对总硝化作用的研究,有助于我们理解土壤中氮素转化的实际过程，如果仅仅测定净硝化速率就不能明确氮素转化的各个过程。

1.2 土壤反硝化作用测定方法

目前土壤反硝化作用的主要研究方法有乙炔抑制技术（The acetylene inhibition technique）。Federova（1973）发现，在反硝化过程中，乙炔可抑制 N_2O 还原为 N_2。乙炔抑制法利用乙炔抑制 N_2O 还原为 N_2，通过测定 N_2O 的释放量来计算反硝化损失。根据使用技术的不同，该方法又分为密闭气室法和原状土柱法。该方法简单、直接、检测灵敏度高，可用于土壤氮等非标记的反硝化损失量的测定，适宜于旱地土壤。

1.3 同时测定土壤硝化作用和反硝化作用的方法

测定土壤硝化和反硝化作用强度的常规方法有 ^{15}N 平衡差值法、乙炔抑制法、^{15}N 示踪—气体直接法。

^{15}N 平衡差值法的优点是 ^{15}N 丰度和氨挥发可准确测定，在不存在淋洗和径流损失时，测定结果可靠；缺点是由于施入 ^{15}N 肥料与土壤原有氮素之间发生生物交换作用，土壤中气体逸出受阻，再加上氮损失总量、氨挥发量等各环节的测定误差，使测定值偏低，最终测定误差较大。土壤和植株采样过程也是造成误差的主要原因。

乙炔抑制技术可以测定硝化—反硝化过程中的氮损失，该方法也是测定反硝化速率的经典方法，其不足之处是经乙炔抑制法测定的反硝化速率值和其损失量可能被低估；另外由于乙炔难以扩散到田间或者培养实验的整个土体，抑制效果欠佳，同时微生物可利用乙炔作为碳源，而且反硝化作用所形成的 N_2O 易溶于水，因此不适用于稻田中化肥的反硝化损失的研究。而且这种方法不适合于土质黏重的土壤和有机肥是限制因子的土壤反硝化的测定（Malone et al，1998）。

^{15}N 示踪—气体直接法用 ^{15}N 标记的肥料可直接定量反硝化产生的含氮气体，不仅可直接测定所施肥料产生的 N_2 和 N_2O，而且可测定土壤矿化中的 N_2 和 N_2O。该方法的优点是灵敏度高，在试验过程中不需要扰动土壤来测定土壤

NO_3^--N 的含量；缺点是需要价格昂贵的质谱仪，测定值低于表观反硝化量，原因是N_2O滞留于土壤和土壤溶液中，进入大气中的量甚少，再者就是平衡差值法的多重误差。

气压分离（Barometric Process Separation，BaPS）是一种全新的研究土壤总硝化速率、反硝化速率的方法（Ingwersen，1999）。在一个恒温、隔热、气密性良好的、装有土壤样品的密闭系统中，系统气压的变化主要由土壤生物反应（土壤呼吸、硝化反应、反硝化反应）以及一个化学过程（CO_2在土壤水和空气中的平衡）引起。土壤呼吸作用消耗 O_2的同时释放 CO_2，气压平衡。土壤硝化作用过程消耗 O_2，使气压下降。土壤反硝化作用是净 CO_2和 N_xO_y 的产生过程，使气压上升。CO_2溶于土壤水，使气压降低，根据气压平衡反过来最终可精确得到土壤样品的总硝化速率和反硝化速率。简而言之，BaPS 技术的核心方程是

$$\Delta N_xO_y = \Delta n - \Delta O_2 - \Delta CO_2$$

通过记录恒温、隔热、气密性良好的密闭系统中（装有通气性良好的完整土柱）气压、CO_2、O_2的平衡浓度，BaPS 系统能够检测土壤反硝化速率、总硝化速率和土壤呼吸速率，特定时间土壤中占主导地位的微生物过程（硝化和/或反硝化）。进一步结合气体成分分析，能够明确硝化和反硝化作用对N_2O气体排放的贡献率。

这种方法比乙炔抑制法和同位素示踪法简单快捷，且不污染土壤。同时利用 BaPS 技术测定土壤总硝化速率不仅包括氮净硝化作用的部分，还将铵态氮到硝态氮的转化及硝态氮被微生物利用以及氮的矿化考虑在内。但是每一种技术都会有其缺陷。该方法是基于土壤通气性良好，呼吸系数等于 1 时的情况下，对于通气性不好的土壤，存在一定的偏差。BaPS 系统只可应用于非淹水土壤，淹水土壤中某些微生物过程不能用 BaPS 系统测定。与其他研究方法相比，BaPS 技术有一定的优势，其应用层面也不断扩大，已应用于旱地、森林、草原生态系统土壤总硝化作用和反硝化作用的研究。

第三节　土壤硝化和反硝化作用的影响因素

硝化和反硝化过程是复杂的微生物化学过程，直接受土壤中硝化细菌和反硝化细菌的活性、数量、种类的影响，而它们又受温度、土壤含水量、通气孔隙度、

土壤硝态氮、全氮、土壤有机质、碳氮比、pH 等理化性质的影响。

1.1 土壤水分和通气状况

由于硝化细菌是好气微生物，其活性受土壤中氧气压的强烈影响。土壤水分变化能影响土壤通气状况和土壤中的氧气压，进而影响硝化作用，而且硝化作用所需 HCO_3^- 由土壤液相系统提供，因此土壤含水量是影响硝化作用的主要因子。一般认为，土壤含水量低，通气状况良好的情况下，硝化作用进行很快，随着含水量上升，土壤通气状况变差，限制了硝化微生物的氧气来源，硝化作用就会下降。但也有很多研究表明，在适当范围内，土壤水分含量增加将促进硝化作用的进行(Breuer et al, 2002)。Flowers(1983)研究发现，在一定的含水量范围内，硝化速率随土壤含水量的增加而增高，硝化势在−8.0 Kpa(约为田间持水量的 60%)时达到最高值。在刘巧辉(2005)的研究中发现，硝化速率和土壤含水孔隙率(WFPS，water-filled pore space)之间呈极显著正相关($p<0.001$)，并且硝化速率存在一个最适含水量。在较低的土壤含水量范围内，土壤中硝化速率与土壤含水量呈正相关；含水量达到最适合硝化微生物活动范围(WFPS 在 30%～50%)时，硝化速率达到最大；超过最适含水量之后，硝化速率逐渐变小。

反硝化作用是在嫌气条件下进行的微生物学过程。土壤水分状况是土壤嫌气环境形成的条件之一，土壤含水量变化能影响土壤通气条件和土壤中的氧气压，进而影响反硝化作用。Weier 等(1993)研究了 WFPS 对反硝化的影响，当 WFPS 数值增高时，砂土和壤土的反硝化速率都显著增大，当 WFPS 从 60%增加到 90%时，与对照处理相比，砂土和壤土的反硝化速率分别增加了 6 倍和 14 倍，WFPS 对壤土反硝化速率的影响程度明显大于砂土。一般认为，含水量增加，水分取代土壤孔隙中的空气程度也随之增加，从而厌氧条件得以加强，有利于反硝化细菌活动，反硝化活动速度也会增强。

1.2 土壤氮素

土壤氮素来源包括动植物残体有机氮源、自生固氮、大气沉降氮、施肥氮。氮肥使用是提高土地生产力的重要方式，也直接导致土壤中铵态氮和硝态氮含量增加。土壤中硝化作用和反硝化作用都是微生物利用土壤含氮化合物进行生命活动的过程，底物浓度对反应速率会有影响[13]。氮肥施入使土壤硝化和反硝化作用的底物增加，而铵态氮和硝态氮是土壤速效氮的两种主要形式，常作为氮素营养指标进行土壤营养元素诊断，其含量变化直接或间接影响温室气体排放和水体富营养化等环境问题。

铵态氮是硝化作用的基质。Aarnio(1996)、Mendum 等(1999)的研究表明，施入土壤的氮肥释放出大量的铵，对细菌群落和硝化作用有刺激作用，长期施肥的土壤表现出较高的硝化活性，土壤中 NH_4^+ - N 的浓度直接影响土壤硝化作用的强度。薛冬等(2007)研究发现，在 pH 小于 5 的土壤，可能因土壤微生物不能将铵态氮转化为硝态氮，土壤硝化速率很弱，但在施用尿素后，土壤的硝化活性表现较高，说明尿素能激发土壤的硝化活性。但 Hadas(1986)研究发现，铵态氮不是土壤硝化作用的主要限制因子，最大的硝化速率依赖于其他的土壤性质。Mulvaney 等(1997)报道，铵态氮通过影响土壤水溶性有机碳含量和 pH，促进反硝化作用。

反硝化作用和土壤硝态氮含量的关系也很密切，硝态氮作为反硝化细菌进行反硝化作用的底物，直接影响反硝化作用的强度(俞慎，1999)。硝态氮不易为土壤胶体吸附而易遭淋溶损失，更可通过反硝化作用损失。反硝化速率一般随土壤 NO_3^- 浓度升高而增强，硝态氮肥的施用对反硝化作用存在促进作用。但施用量过多时，反硝化作用并不随施用量的增大而增强。Limmer(1982)发现，当土壤中 NO_3^- 的浓度大于 25 mg・kg^{-1}时，反硝化势与 NO_3^- 浓度无关。Tiedje(1988)研究报道，好氧条件下，氧是反硝化作用的主要限制因素；厌氧条件下，土壤 NO_3^- 浓度是反硝化作用的主要限制因素。徐玉裕等(2007)研究表明，反硝化速率与土壤的 NO_3^- - N 含量呈显著正相关。

施肥总量和施肥种类也影响硝化作用和反硝化作用的进行。Nishio 等(1989)认为，硝化速率随施肥量增加而增高，但超过一定用量，硝化速率迅速降低。Hayatsu 等(1993)也得到类似的结果，与施肥处理 400 kgN・hm^{-2}・a^{-1}的土壤相比，1 200 kgN・hm^{-2}・a^{-1}的处理其硝化速率要低。邹国元等(2001)研究发现，施氮量越高，反硝化量越大。

1.3　土壤温度

温度会影响土壤有机质分解、氮矿化过程及微生物的代谢活动，进而影响土壤硝化和反硝化速率。在适宜的温度范围内,温度升高会刺激土壤微生物活动,有利于硝化作用进行,但温度过高会加速有机质分解,土壤 O_2 供应不足,对土壤硝化有抑制作用。一般情况下,土壤硝化作用的适宜温度范围在 25～35℃。

反硝化作用在 2～65℃ 温度范围内均可以进行,最适宜温度是在 25℃ 左右[6]。Keeney(1979)报道,反硝化作用在 60～70℃ 以上时受到抑制。Ryden(1983)的研究表明,在相同土壤含水量和 NO_3^- - N 含量的条件下,土壤温度从 5℃增加到 10℃,土壤反硝化速率从 0.02 kgN · hm^{-2} · d^{-1} 增加到 0.1 kgN · hm^{-2} · d^{-1}。反硝化作用最适宜温度在 36～67℃,当温度高于 50℃时,化学反硝化成为主要过程。

1.4 土壤有机质和碳氮比

多数微生物从有机碳获得能源物质,有机碳对土壤微生物群落和活性有很大影响。Sahrawat(1982)培养实验中,土壤有机质与土壤硝化作用无显著性相关,间接说明土壤硝化作用以化能自养型硝化作用为主。Verchot 等(2002)在美国黄石国家公园进行的研究也发现,总硝化速率与全碳、碳氮比等土壤理化性质指标都不存在显著相关,说明相对于净硝化作用,总硝化作用比较稳定。但有机碳在硝化作用调控中的作用还缺乏具体研究,有研究表明有机碳会抑制硝化作用的进行。

反硝化细菌一般是异养型,需要有机质作为电子供体和细胞能源,将氮的氧化物(NO_3^-、NO_2^-、NO 或 N_2O)作为末端电子受体,土壤有机质的生物有效性、碳氮比等往往直接影响土壤反硝化速率。一般而言,土壤有机质的生物有效性是调节土壤生物反硝化速率和作用强度的重要因子,反硝化速率会随着有机质含量提高而增大。Lalisse Grundmann 等(1988)用乙炔抑制法研究了加入碳量对土壤反硝化作用的影响,其结果表明,在不同浓度的 NO_3^- - N 处理中,反硝化产生的气体量都随加入碳量的增加而明显增加,加入碳量从 30 mgC/g 增加到 120 mgC/g时,反硝化速率增加 6 倍。Weier 等(1993)发现,土壤中加入葡萄糖后,土壤反硝化速率增加 10～20 倍,并认为缺乏碳源限制了耕作土壤和草地土壤的生物反硝化。其次,土壤易分解有机物质含量的提高能间接促进土壤反硝化作用,因为有机物质的分解需要消耗氧,从而促进土壤厌氧环境的形成。但 Koskinen 等(1982)研究报道,土壤有机质总量和土壤反硝化速率没有相关性,可能是土壤有机质矿化率等其他因素对土壤生物反硝化作用影响更显著。另外，土壤中微生物量碳直接影响土壤反硝化作用的强度。Drury 等(1991)对 13 种土壤研究表明，75 h 培养后，土壤微生物量碳与土壤原位生物反硝化强度显著相关。

1.5　土壤 pH

土壤 pH 是通过影响土壤硝化细菌的数量、种类、活性及硝化作用的进程对土壤硝化作用产生作用的，pH 过高或过低都不利于硝化作用的进行。Dancer 等(1973)的研究表明，当土壤 pH 从 4.7 增高到 6.5 时，硝化速率增加 3～5 倍，并指出土壤 pH 是判断土壤硝化能力的一个指标。李良谟等(1987)的研究结果表明，土壤硝化率与土壤 pH 呈极显著正相关，pH 为 5.6 的土壤硝化率很低，在 pH 5.6～8.0 范围内，硝化率随土壤 pH 升高而增大。Katya 等(1988)的研究表明，pH 为 4.6～5.1 的土壤，硝化作用不明显；pH 为 5.8～6.0 的土壤，硝化作用进行缓慢；pH 为 6.4～8.3 的土壤，硝化作用强烈进行。Hayatsu 和 Kosuge (1993)研究茶园土壤硝化活性时发现，pH 与硝化活性呈显著正相关，且富钙小区土壤硝化活性明显高于缺钙小区，原因是前者 pH 比后者高 1.5 个单位。范晓晖和朱兆良(2002)研究表明，3 种农田土壤剖面(0～100 cm)中各层土壤硝化势与土壤 pH 呈极显著正相关。郑宪清等(2009)研究玉米地硝化作用时报道，多种土壤因素均影响硝化速率(如 pH、铵态氮、含水量等)，但决定性因素是 pH。上述研究结果均表明，硝化活性随土壤 pH 升高而增强。Hankison 和 Schmidt(1988)、Laanbroek 和 Woldendrop(1995)等认为，硝化作用是由自养细菌参与的在中性和弱碱性条件下才发生的一个过程，因为酸性环境会限制铵的氧化，但有研究表明，酸性条件下硝化作用也可以发生(de Boer et al，1992；Martikainen et al，1993；薛冬等，2007)。

土壤反硝化细菌和其他异养型细菌都受土壤 pH 影响。反硝化细菌进行反硝化反应最适的 pH 范围为 6～8，也有人认为 pH 范围为 7～8。一般而言，反硝化作用强度与土壤 pH 呈正相关，pH 下降，反硝化强度减弱。

植物根系及分泌物、凋落量、耕作制度等其他因素也会影响硝化作用和反硝化作用。土壤硝化作用和反硝化作用受多种环境因子共同影响，但不同环境中其主导因素可能有所不同，如土壤温度和湿度可能共同影响土壤硝化和反硝化过程，也可能是其他因素。很多环境因素对土壤硝化和反硝化过程的影响机制还不是很清楚。

综观有关土壤硝化作用和反硝化的研究，影响两者的主导因子是土壤水分、土壤温度，其他因子（如土壤有机质、土壤全氮、硝态氮、铵态氮、pH 等）由于研究区域、土壤性质、研究季节阶段等的不同，对土壤硝化、反硝化作用影响的研究结果不尽一致。

第四节　农业用地类型与土壤硝化、反硝化作用

国内外对农用地硝化作用和反硝化作用的研究主要集中在小麦、玉米、高粱、大麦、水稻等农作物土壤上，部分研究主要关注土壤氮肥硝化—反硝化的损失。Aulakh(1984)用乙炔抑制法测定小麦田间土壤硝化、反硝化作用，施用 $100\ kg \cdot hm^{-2}$ 尿素时，其损失量为 $3\ kg \cdot hm^{-2}$，占施氮量的 3%。Vinther (1984)用原状土柱培育—乙炔抑制法测定了春小麦田间土壤硝化、反硝化损失，4～8 月，施用 $30\ kg \cdot hm^{-2}$ 和 $120\ kg \cdot hm^{-2}$ NH_4NO_3，其损失量分别为 $7\ kg \cdot hm^{-2}$ 和 $9\ kg \cdot hm^{-2}$，占施氮量的 23.3%和 7.5%。

稻田传统氮肥施用方式下，生物硝化、反硝化作用形成的氮素气态损失小于氨挥发(Buresh et al, 1991;De Datta et al, 1991)。稻田土壤生物硝化、反硝化作用导致的氮素气态损失受土壤硝化作用强度、土壤有机碳含量等因子的限制，并且土壤生物硝化作用产生的 NO_3^- 浓度较土壤有机碳含量更为重要(Buresh et al, 1990)。Weier(1993)用原状土柱培育—乙炔抑制法研究土壤剖面的反硝化作用。丁洪等(2003)对 4 种红壤性水稻土（灰泥土、浅灰黄泥沙土、灰黄泥土、黄泥土）的硝化活性进行测定，4 种土壤硝化速率差异极为显著。反硝化在不同类型土壤氮肥损失中的作用和贡献差异较大。

邹国元等(2001)利用乙炔抑制—原状土柱培养法对夏季玉米生长期的土壤反硝化作用进行测定，施氮量越高，反硝化量越大，反硝化量随土壤深度增加而减少。范晓晖和朱兆良(2002)对 3 种土壤的培养试验表明，小麦、水稻田和花生地土壤培养 28 天时，其土壤硝化率分别为 54.4%～100%，0～77.4%，0.7%～4.8%。丁洪等(2003)发现，黄淮海平原潮土、玉米、小麦轮作系统中氮肥反硝化损失很低，反硝化不是旱地系统氮肥损失的主要途径。刘巧辉等(2005)利用

BaPS技术对小麦地、玉米地、大豆等土壤硝化作用和反硝化作用开展研究。薛冬等(2007)利用实验室内培养法对不同利用年限的茶园土壤硝化作用特性进行研究,随茶园年龄增加,有机质增加,但土壤硝化作用并不总是与土壤有机碳同步增加,而是与土壤微生物性质有密切联系,且施用尿素明显提高土壤硝化活性。续勇波等(2008)利用实验室室内培养法对江西鹰潭45个发育于不同成土母质和不同利用方式(包括林地、灌丛、茶园、旱地和稻田)的土壤样本N_2O的排放开展研究,土壤反硝化作用强度因土壤利用方式不同而有差异,稻田土壤反硝化作用强度显著高于其他4种土地利用方式下的土壤,但土地利用方式对N_2O排放速率常数的影响不显著。

国内对菜地土壤硝化作用也有相关报道。金雪霞等(2004)采用培养试验对南京郊区菜地土和水稻土土壤硝化作用特征进行研究,多数菜地土壤硝化率低于水稻土,培养28天时,土壤硝化率与土壤pH、速效P呈显著相关。贺云发等(2005)利用室内实验培养法对旱作土壤和20年前粮食作物改制为蔬菜地土壤的硝化作用进行分析比较,认为改制对硝化作用没有显著影响,其硝化作用是增强还是减弱主要取决于土壤pH是上升还是降低。徐玉裕等(2007)利用乙炔抑制法对闽南小流域主要土地利用类型(蔬菜地、香蕉地、季节性休闲地)现场测定土壤反硝化作用,其中蔬菜地反硝化强于其他用地类型。

国内外对菜地土壤反硝化气态损失也有较多研究(Ryden et al, 1980; Bertelsen et al, 1992)。30年菜地土(前茬作物为大白菜,后休闲)N_2O逸出量占肥料氮总用量的0.15%~0.66%,来自肥料逸出量占土壤N_2O总逸出量的39.8%~70.3%。与稻田和旱作粮田相比,蔬菜地排放更多的N_2O(梁东丽等,2002)。黄国宏等(1995)发现大豆田中施氮不多($35\ kg \cdot hm^{-2} \cdot a^{-1}$),但$N_2O$排放量却较多,占施氮量的4.8%。玉米田$N_2O$排放量仅占施氮量的1.3%。其他试验研究得出相似的结论,种植菠菜没有施肥,土壤N_2O平均释放通量比裸地(也未施肥)提高了5倍,而小麦田尽管施肥较多,其N_2O平均释放通量也仅为未施肥菠菜田的2倍。于克伟等(1995)认为,豆科作物种植对土壤N_2O释放有较大促进作用,大豆田仅施少量底肥(施肥量为小麦地的13%),其N_2O平均释放通量却为小麦地的5.8倍。

总体而言,国内外对农用地土壤硝化和反硝化作用的研究,主要是通过较为传统的测定方法对小麦、玉米、高粱、大麦、水稻等农作物土壤开展研究,仅有小部分对菜地土壤做了相关研究。土壤硝化和反硝化作用因作物种类、利用方式的不同而有差异，菜地土壤硝化和反硝化强度均高于其他类型。

BaPS技术是Ingwersen等在1999年提出的一种测量有机土、矿质土中微生物对碳素和大部分氮素转化速率的新方法。现阶段国外BaPS技术多用于研究草地、森林等酸性土壤硝化和反硝化作用（Ingwersen et al，1999；Heidenfeldeer et al，2002；Kiese et al，2002；Mülleret al，2004；Sun et al，2005；Rosenkranz et al，2006；Stange，2007；Bruüggemann et al，2005）。Lutz Bruer（2002）就热带雨林土壤温度和湿度对硝化速率的影响开展了研究，认为土壤总硝化速率和土壤温度呈正相关，与WFPS呈负相关，最高值出现在干湿交替期且总硝化速率和N_2O呈正相关。Ralf Kiese等（2008）利用BaPS对典型热带雨林土壤总硝化和N_2O排放进行了监测，认为土壤硝化速率和N_2O排放呈正相关，硝化作用在湿季对N_2O排放的贡献率约30%，在冬季却占80%。

国内利用BaPS技术监测土壤硝化作用和反硝化作用的研究报道较少。孙庚等（2005）利用BaPS技术测定西北草地土壤硝化作用，认为总硝化速率是净硝化速率的20～93倍，净硝化速率不能反映高海拔土壤硝化的总体状况。刘义等（2006）利用BaPS技术对川西亚高山针叶林土壤总硝化速率的季节变化进行监测。高永恒等（2008）利用BaPS技术研究了高山草甸土壤硝化和反硝化作用的季节变化，认为温度和土壤湿度是主要的影响因素。刘巧辉等（2005）利用BaPS技术对小麦、玉米、大豆等作物种植区土壤硝化和反硝化作用进行了研究。Chen Shu-tao等（2006）对冬小麦土壤剖面硝化和反硝化作用进行监测，土壤总硝化速率随土壤深度增加而降低，但土壤深度对反硝化作用无显著影响，且N_2O与硝化速率呈正相关。BaPS技术在土壤硝化、反硝化作用研究中的应用在不断扩展，目前主要应用在草原、草甸、森林等土壤中，开始向农业土壤方面延伸。

第五节　城市土壤硝化作用和反硝化作用

国外有关城市地区土壤硝化、反硝化作用的研究较少，国内有关这方面的研究甚少。国外文献研究主要集中在城郊样带林业土壤矿化作用和硝化作用，影响硝化作用主要因素的研究主要集中在枯枝落叶量及分解速率、蚯蚓种类和数量，特别是外来蚯蚓种类。Pouyat等（1995）报道指出，城市橡树林A层土壤氮矿化和硝化速率要高于农村橡树林土壤矿化和硝化速率值。也有很多研究报道

(Goldman et al，1995;David et al，1997;Richard，1997)城市森林土壤硝化速率要高于农村土壤硝化速率。Wei-xing Zhu 等(1999)对纽约城郊梯度样带上酸性森林土壤的硝化作用进行研究，城市和郊区土壤硝化活动强烈，且以自养硝化作用为主，但远郊农村土壤硝化作用不强烈，且改变土壤 NH_4^+-N 和 P 浓度以及提高土壤 pH 均未增强城市和农村土壤的硝化活性。

第三章　农田养分信息化管理

第一节　施肥信息管理技术

计算机在农业中的应用大致可分为：20 世纪 60 年代至 70 年代中期，计算机主要用于农业科学和数据的计算；70 年代后期至 80 年代，注重于信息的采集处理和数据库的开发；80～90 年代是智能技术、遥感技术、图像处理技术和决策支持系统技术进行信息和知识的处理，对农业生产进行科学管理为主。随着研究的深入，计算机的应用范围不断拓展，已经渗透到农业的各个方面。近年来，发达国家农业的一部分进入了全面采用电子信息技术以及各种高新技术的综合集成阶段。

信息技术在施肥中的应用也经历了施肥数据的计算、施肥数据库建立、专业模型的开发、施肥信息系统的研制以及目前正成为热点研究领域的精确施肥技术这样一个发展历程。

国外 20 世纪 70 年代和 80 年代初，计算机主要作为一种计算机工具在肥料试验和施肥研究中得到广泛的应用。1976 年联合国粮农组织在巴西、印度、印尼等国大面积农田上开展推荐施肥，取得了良好的效果，限于当时计算机不够普及，试验数据集中在联合国粮农组织总部作统一处理，同时施肥研究基本上限于单元素试验，计算机只是作为一种试验数据计算的工具而已。发达国家利用计算机建立和开发出一些比较成熟的施肥咨询系统。如美国奥本大学计算机管理的推荐施肥系统有 52 类作物的施肥标准。美国国际农化服务中心应用“确定植物最佳生长所需养分的观察研究实验室和温室技术”研究的软件，可对 140 种作物的 11 种营养元素提供咨询服务。美国 Ritchie 提出“作物—环境资源综合系统(CERES)”，该系统以大量的气候、作物品种、生理特性、水分及养分平衡等数据作为依据，对玉米和小麦进行氮素推荐。加拿大 Saskatchewan 土壤测定实验室建立了土壤肥力分析和施肥推荐管理系统。该系统包括：数据录入、专业分析、参数计算、样品监控、计算意见和系统管理 6 个模块，具有 N、P_2O_5、K_2O、S 的推荐施肥功能。该系统存有详细的土壤和作物生产信息，实现土壤测定和推荐施肥一体化服务。

20 世纪 70 年代末，美国出现了农业专家系统，最初开发的专家系统主要是面向病虫害诊断。如 1978 年美国伊利诺斯大学开发大豆病虫害专家系统，美国于 20 世纪 80 年代成功开发出棉花专家系统，是一个基于模型的专家系统，给出棉花施肥、灌溉的日程表和落叶剂的合理使用等和生产管理的最佳方案。

国内由于施肥科学的基础资料积累少和计算机普及的限制，直到 20 世纪 80 年代中后期才出现计算机用于施肥试验数据的分析和处理以及以数据库为主要特征的各种施肥咨询系统，主要有中国农科院土肥所的《土壤肥料试验和农业统计程序包》。国家七五攻关项目“黄淮海平原计算机优化施肥推荐和咨询系统”，由 5 个县肥料试验数据库支持下的县级推荐施肥子系统组成，具有对试验数据储存、检索、统计分析、建立模型、根据用户提供的地力条件、土壤养分指标和常年产量等情况提出施肥量、预报产量和经济效益等咨询服务的功能。中国农业大学提出了“土壤—肥料—作物—气候综合推荐施肥系统”，结合电超滤、连续流动分析和计算机相结合的“ECC 推荐施肥系统”。中国农科院提出了“土壤养分系统研究法中测土施肥建模和应用”等。

1985 年中国科学院合肥智能机械研究所与安徽农科院土肥所合作，系统总结砂姜黑土地区小麦施肥、试验示范积累的宝贵经验，首先研制出我国第一个施肥专家系统，即“砂姜黑土小麦施肥专家系统”，根据实测的土壤理化参数和土壤肥力参数评估土壤肥力水平，利用施肥量和作物产量关系推算肥料运筹与施肥方法，在非正常情况下提出补救措施，以及计算化肥产投比与施肥效益等，发挥肥料的增产潜力，提高肥料利用率。“七五”国家科技攻关项目“计算机施肥专家系统”的研究中，共建了 13 种作物 23 个施肥专家系统，并进一步开发出面向施肥专家系统和农业专家系统的开发工具——“雄风”系列。我国“863 计划”智能计算机主题专家组已经在北京、安徽、云南和吉林建立了 4 个智能化农业技术应用示范区，在计算机上以形象直观的形式向使用者提供各种农业问题决策咨询服务，取得明显实效。

1.1 施肥信息技术的发展

施肥专家决策支持系统研究和开发：施肥信息系统将向更高级的施肥决策支持系统和专家系统方向发展。农业系统很复杂，面对定义、边界和结构不明确的问题，基于系统工程方法的模拟模型常常无能为力，而系统和工程方法适合这类问题的研究。因此如何将模拟模型和专家系统结合起来，加上人工智能的决策功能，也就是具有高度智能化的施肥决策系统已经成为当前的研究热点。施肥专家决策支持系统由方法库、模型库、数据库和用户接口四大功能部分组成。用户可以用灵活、方便的方式与计算机交流，施肥决策支持系统能根据用户的提问去寻找解决施肥问题的方法。

精确农业技术的研究开发和示范：精确农业的基本含义是把农业技术措施的差异从地块水平精确到平方米水平的一整套综合农业管理技术。精确农业以遥感技术（RS）、地理信息系统技术（GIS）、全球定位技术（GPS），以及专家系统或智能系统（ES 或 IS）作为技术支撑。北美精确农业研究和应用中，又以精确施肥技术最为成熟。目前我国在此领域的研究刚刚起步，还没有在实际中应用，应加强适合中国农业生产特点的精确农业的研究，建立精确农业的示范研究基地。

1.2 指导施肥的基本原则

养分归还学说：由 19 世纪德国科学家李比希提出，主要论点是作物的收获会从土壤中带走养分，从而使土壤中的养分越来越少，如果要恢复地力，就应该向土壤增施养分，归还由于作物收获而从土壤中取走的全部养分，否则作物产量就会下降。养分归还学说也是土壤养分平衡和培肥的理论基础。养分归还学说改变了过去局限于低水平的生物循环，通过增施肥料，扩大了物质循环，为作物优质高产提供了物质基础。

最小养分律：是指作物产量高低受作物最敏感缺乏养分的制约，产量在一定程度上随这种养分的增减而变化。值得注意的是，最小养分指土壤中相对含量最小，相对于作物需要最缺乏的养分。作物氮、磷、钾三要素中，氮往往是最为缺乏的。最小养分律是强调作物营养“平衡”的理论基础。

报酬递减律：在假定其他要素相对稳定的情况下，随着施肥量的增加，作物产量也会随之增加，但单位肥料的产量增加量却下降。报酬递减率提示了施肥与经济效益之间的关系，在不断提高肥料用量到一定限度的情况下，会导致经济效益的下降。报酬递减律是施肥经济学的理论基础。

因子综合作用律：作物产量是受影响作物生长发育的各种因子综合作用的结果，如水分、温度、养分、空气、品种、耕作和病虫害等。施肥必须与其他农业技术措施相结合，即使在其他因子相对稳定不变的情况下，各种肥料养分之间也应合理配合使用。

1.3　施肥计量方法的进展

长期以来，我国一直以经验性施肥为主，有的没有应用土壤测试作为土壤肥力判别和肥料推荐的依据，有的没有解决多种肥料效应方程的汇总问题，不仅肥料资源未能充分发挥其增产作用，而且延缓了农业生产发展的进程。定量化施肥是一门科学性、实用性很强的学科。用于研究作物产量和施肥量之间关系的理论和方法很多，就施肥方法的科学基础而言，确定施肥量的方法主要有肥料效应函数法和测土推荐施肥法两大类。

1.3.1　肥料效应函数法

肥料效应函数法主要以肥料田间试验和生物统计为基础，重点考察肥料投入和作物产出之间的数学函数关系，通过求极值和边际分析，计算最高产量施肥量、最佳施肥量、最大利润施肥量等施肥参数。该方法直接问讯于作物生产，在特定的作物—气候—土壤条件下获得施肥结果，其准确性和真实性是其他方法所不能比拟的。但由于没有充分考虑土壤肥力的差异性，土壤被视为“黑箱”，仅对输入信息（施肥量）和输出信息（作物产量）进行数理统计，配制出尽量接近实际情况的肥料效应方程，因此其肥料效应方程的地区适应性较差，推广应用受到限制。

1.3.2　测土推荐施肥法

测土推荐施肥法是以土壤肥力化学为基础，土壤测试为手段，根据土壤供肥性能、作物吸肥特性和肥料利用率，由养分平衡施肥公式求得施肥量，是西方农业发达国家应用比较多的施肥方法。实际上近半个世纪以来,肥料推荐总是同土壤测定和土壤测定结果的解释相联系的,实际应用中,测土施肥方法大致可分为以下三类。

1.3.2.1 目标产量法

1960 年,Truog 在第七届国际土壤学大会上提出,后为 Standford 发展并应用于生产实践。通式为:

$$一季作物施肥量 = \frac{作物吸收量 - 土壤供肥量}{肥料当季利用率 \times 肥料中有效养分含量}$$

要做到精确定量施肥,必须掌握目标产量、作物需肥量、土壤供肥量、肥料利用率和肥料中有效养分含量五大参数,缺一不可,这是精确施肥的基础。由于土壤供肥量(不施肥处理养分吸收量)的测定方法不同,出现了“土壤有效养分校正系数法”和“地力差减法”两种类型。本法的关键是建立土壤测定值与作物吸肥量、土壤供肥量和肥料利用率等之间的数学关系,通过土壤测定值求得上述施肥参数。

1.3.2.2 肥力指标法

肥力指标法是测土推荐施肥最经典的方法。基于作物营养元素的土壤化学原理,选取最佳提取剂,测定土壤有效养分,以生物相对指标校验土壤有效养分指标,确定相应的肥力分级范围值,用以指导肥料使用。早期土壤肥力指标法是把肥力划分为高、中、低三级,“高”不需要施肥,“中”需要适量施肥,“低”需要大量施肥。目前有两种校正施肥量的方法,一种是根据多点肥料试验函数方程计算最佳施肥量,然后与土壤测定值之间建立数学模型,由数学模型求得不同土壤测定值时的施肥量。另一种是在不同肥力等级田块上进行肥料试验,然后按不同肥力等级归纳出肥料效应方程并计算最佳施肥量。

1.3.2.3 土壤养分状况系统研究法(ASI 法)

土壤养分状况系统研究法是多年来国际土壤测试和推荐施肥研究的基础上逐步发展形成的。美国国际农化服务中心的 A. H. Hunter 在总结前人土壤测试工作的基础上,于 1980 年提出了用于土壤养分状况评价的实验室分析和盆栽试验方法。后来 Sam Porch 对此方法进行了修改,并开始在中国—加拿大钾肥项目中应用,目前在国内应用较广。其主要特点是以养分平衡原理为基础,综合考虑大、中和微量元素的综合平衡,根据土壤对主要营养元素的吸附固定、肥料利用率和施肥量的影响，明确土壤中存在的或潜在的养分限制因子，从而确定施肥量。

第二节　计量施肥模型

根据建立模型的原理和方法，施肥模型可分为经验模型和机理模型。经验模型又称为统计模型、静态模型、描述模型和效应曲线预测模型。经验模型主要是通过肥料试验建立模型，进而根据模型确定经济合理施肥量，这是目前确定施肥量的主要方法。机理模型又称模拟模型或动力学模型，是将数学方法与物理、化学或物理化学的原理结合在一起，对土壤—植物—肥料体系中的某些过程进行数学概括而建立起来的。两类模型的主要区别在于经验模型是在一定自变量区间，用经验函数描述作物产量与施肥量之间的关系，而不顾及其专业上的逻辑联系和机理。而机理模型则是通过模拟作物生长发育的营养过程，确定作物对肥料的需要量，随着计算机的应用，机理模型的应用前景很广。

20 世纪初，德国著名农业化学家米采利希（E. A. Mitscherlich）首先用指数函数 $y = A(1 - 10^{-cx})$ 这一肥料效应方程来描述作物产量与施肥量之间的关系以来，现在至少已经出现十多种肥料效应方程。我国肥料效应函数指导施肥研究起步较晚，1978 年始见报道。20 世纪 80 年代由于平衡施肥的需要，推动了我国肥料函数的研究与应用，提出了大量的试验设计方案和微机程序并为大家所接受。国内施肥实践中，单因素试验用得最多的是一元二次方程（$y = a + bx + cx^2$），双因素试验为二次型方程最普遍（$Y = b_0 + b_1x_1 + b_2x_2 + b_3x_1x_2 + b_4{x_1}^2 + b_5{x_2}^2$）。这两个方程能全面反映低量、适量和过量肥料施用对作物产量的影响，全面表达了作物产量与施肥量之间的关系，不但能计算经济最佳施肥量、最高产量施肥量，而且能预示过量施肥带来的减产。国家科技攻关研究“黄淮海平原主要作物计算机推荐和咨询系统”就是以氮和磷的二次型施肥方程为依据的。

随着研究的深入，出现了一系列的施肥模型，如 Colwell 的平方根多项式模型：$Y = b_0 + b_1x^{0.5} + b_2x$ 和 1.5 次方程式 $Y = b_0 + b_1x^{0.75} + b_2x^{1.5}$。Spillman 的

逆二次多项式函数：$y=(b_0+b_1x+b_2x^2)/(1+b_3x)$ 和 $y=(b_0+b_1x)/(1+b_2x+b_3x^2)$。Chaudhary-Signh 反二次模型：$x/y=b+b_1x+b_2x^2$，折线（Broken-stick）或两条直线相交效应模型：$y=b_0+b_1\{(x-b_2)-|x-b_2|\}$。Cerrato 和 Blackmer 研究玉米氮肥效应模型时提出了加平台函数（Plug-plateau function），包括线形平台模型和二次函数加平台模型。

上述模型都是以施肥量为自变量的单一模型，把试验农田作为“黑箱”，仅对输入信息（施肥量）和输出信息（作物产量）进行数理统计。为了提高施肥模型的推广应用价值，人们尝试着在单一施肥模型中引入地点变量。最早的设想是把土壤养分测定值等自变量引入肥料效应函数中，因而出现了综合施肥模型。Colwell 于 20 世纪 60 年代用正交系数函数把土壤养分测定值等地点变量引入肥料效应方程，建立综合施肥模型，达到了肥料效应函数的“测土施肥”目的。国内李仁岗、杨卓亚等在这方面取得了一些进展。此外，动态聚类和模糊评判与经验模型的结合，综合考虑土壤测定值等多种因素，从土壤肥力定量评价的角度扩大了施肥模型的应用范围。

目前在施肥实践中普遍应用的还是经验模型。但计算机和系统分析等技术日新月异的发展带动了施肥模拟模型的快速发展。建立模拟模型（动力学模型）的必要性在于作物生长过程表现为一个时间的函数，是一个动态过程。构建模拟模型的前提条件是：对土壤养分迁移转化过程和作物营养特性等有一个比较透彻的了解；良好的计算机建模技术。目前国际上施肥模拟模型的研究重点放在氮素上，影响较大的有 CERES 系统和 Gosym-Comax 棉田管理专家系统。国内出现了“砂姜黑土小麦施肥专家系统”，考虑土壤—肥料—作物—气候的综合推荐施肥系统。

施肥模拟系统的发展有着极其诱人的前景。但过于复杂，需要太多参数的模型效果并不一定好，它不能解决田间条件下出现的一些细节问题。如果缺乏全面精确和足够详细的基本数据，即使采用最高级的模拟运算也是得不到理想效果的。实际上目前在土壤养分和植物营养研究领域中，并未完全弄清发生于土壤中的许多物理、化学和生物过程、土壤时空变异性以及比较难精确获取许多物理化学参数等。我国在这方面的研究工作起步较晚，主要工作在于国外模型的引进、验证和参数修正方面，离实际生产应用还有一段距离。

第三节　农田土壤养分空间变异

1.1　精确农业发展的基础

近年来,随着“精确农业”(Precision Agriculture)的发展,要求快速、有效地采集和描述影响作物生长环境的空间变异信息。土壤空间变异的研究,可以为提高田间信息采集精度,减少采样数目,降低采样成本提供理论基础和方法指导。同时,通过研究不同尺度下土壤特性的尺度效应,阐述其空间变异尺度效应,实现不同空间尺度间的转化,为进一步提高田间采集信息的效率和改善农田的精细管理提供理论依据。

1.2　土壤养分空间变异的主要影响因素

土壤特性变异性是普遍存在的,其变异来源包括系统变异和随机变异两种。土壤特性的系统变异是由土壤母质、气候、水文、地形、生物、时间、人类活动等的差异引起的。而随机变异是由取样、分析等的误差引起的。土壤中大量和微量元素的空间变异性,取决于土壤母质的性质和地形位置,并与气候、大气沉降、降雨和农业措施等有关。Stolt 等(1993)研究发现,土壤母质差异在解释土壤空间变异性时比地形位置更为重要。

气候是影响土壤特性空间变异的基本因素。气候支配着成土过程的水热条件,直接和间接地影响着土壤形成过程的方向和强度,而土壤特性空间变异程度取决于土壤形成过程及其在空间和时间上的平衡,因而气候的差异会对土壤特性空间变异产生强烈的影响。由于地球上的气候条件变化频繁,大多数土壤都是各种成土过程交互作用的结果,导致土壤特性空间变异现象相当普遍。

土壤母质对土壤特性变异有较大影响。土壤母质是土壤形成的基础,往往由于母质的差异而使土壤特性存在着较大的变异。母质差异小,土壤特性空间变异也小。一般认为,在没有人为因素影响的情况下,母质养分含量高,土壤中的养分含量也会较高。但在特定区域内,由于气候条件等比较一致,经过长期比较一致的种植和管理后,土壤特性空间变异将趋于缓和,即由于母质差异等引起的变异逐渐减小，可形成表面上大致一致的区域(李子忠，2000)。

地形与土壤特性变异有直接的关系。地形影响水热条件和成土物质的再分配，因而不同地形位置有着不同的土壤特性。目前的研究结果表明，地形对土壤肥力和有效水有较大影响，在坡度相似的位置，土壤特性趋于相似。在复杂的丘陵地区，土壤物理特性如粘粒含量、砂粒含量、pH与地形位置均有高度的相关性(JuntaYanai，2000)，土壤有机质随山坡位置变化而变化(Jose，2000)。地形是影响NO_3^--N的重要因素，而土壤磷与地形的相关性较差(David Pullar et al，2000)。

人类活动对土壤特性变异也有较大影响。农业生产中的施肥(化肥或有机肥)、作物品种、灌溉及其他的一些生产管理措施都是使土壤特性产生较大变异的因素。作物对养分的吸收、养分本身在土壤剖面中的淋洗及土壤酸碱调节剂的应用都会引起土壤特性的空间变异。在土壤免耕和肥料条施的情况下，由于作物残茬、相对不易移动的磷、钾等肥料及养分残留在土壤中分布的不均匀性增加，致使土壤肥力特性变异增大；对于知道或不知道肥料条施位置的土壤，采取充分代表小范围(如几米)的土壤样品变得更难了。沿着平行磷肥条施带采取土壤样品，土壤磷测试值比较一致；而沿着垂直磷肥条施带采取土壤样品，土壤磷测试值的变异较大，取决于肥料用量和磷肥条施的带距。在上述情况下，完全随机取样能充分反映地块中磷的肥力状况，并可避免过高估计磷肥条施带的影响及降低成本(Itaru Okuda et al，1995)，而James and Hurst(1995)认为不宜采取完全随机取样方法，合理的取样方法应是权衡分配带内和带间的取土钻数。对于种植和施肥历史长的表面上一致的大地块，按土壤类型和以前的管理措施(如前作、耕作制度、化肥或有机肥用量)把该地块划分成若干取土单元，然后从每个取土单元内采取1个混合土壤样品，这种做法对于磷、钾来说代表性不够强(W. Zhang et al，2002)。

1.3 土壤养分空间变异的研究方法

1.3.1 传统统计分析方法

田间实际情况表明，在同一类型土壤中，田间土壤特性表现出明显的差异性。在土壤质地相同的区域内，土壤特性在各个空间位置上的量值并不相等。对于这种差异性，以往多采用Fisher所创立的传统统计方法来进行分析。其统计原理是假设研究的变量为纯随机变量,样本之间是完全独立且服从某已知的概率分布。其统计方法是按质地将土壤在平面上划分为若干较为均一的区域,在深度上划分为不同土层,通过计算样本的均值、标准差、方差、变异系数以及进行显著性检验来描述土壤特性的空间变异。许多研究者用变异系数等来描述土壤特性的空间变异。该方法在土壤科学工作中已经取得了一定的成功,但由于其基本上是定性描述,只能概括土壤特性变化的全貌,而不能反映其局部的变化特征,对每一个观测值的空间位置不予重视,因此在很多情况下很难确切地描述土壤特性的空间分布。国外许多土壤科学工作者从事土壤特性空间变异性规律方面的研究表明,许多土壤特性在空间上并不是独立的,不属于纯随机变量,而是在一定范围内存在着空间上的相关性,这种属性是由于土壤形成过程的连续性、气候带的渐变性等造成的。土壤特性自相关性的发现,对传统 Fisher 统计原理适用范围提出疑问。土壤学家必须探索新的方法来定量分析土壤特性空间变异。

1.3.2 地统计学分析方法

地统计学(Geostatistics)方法可用于土壤特性空间变异研究的定量分析,它是地质矿产部门在探矿和采矿时采用的一种先进的空间变异分析方法。其要点是根据地面不同选点钻井所获得的不同深度的数据资料,寻求数据信息与采样点的位置和采样深度的统计相关性来对矿产进行空间结构分析与数量估计。该法首先是由法国著名学者 Matheron 建立起来的。他仔细研究了 Krige 在 1951 年提出的矿产品位和储量估值方法,提出了区域化变量理论。该理论认为变量具有空间分布特征,结构性和随机性并存,样品之间具有空间相关性。一些学者曾对地统计学方法作了全面的论述,此法是以区域化变量为核心和理论基础,以矿质的空间结构(空间相关)和变异函数为基本工具的一种数学地质方法。地统计学方法具有提高采样效率和节省人力物力,允许在空间上不规则地采样,且可进行优化插值计算等优点。Campbell(1978)在研究两个土壤制图单元中的砂粒含量和 pH 空间变异时,首先采用了地统计学方法。20 世纪 80 年代以来,利用地统计学方法来研究土壤特性空间变异已成为土壤科学研究的热点之一。大量研究表明,地统计学方法中半方差图和 Kriging 分析在研究土壤特性空间变异中取得了相当大的成功,并得到了广泛应用。半方差图是利用变异函数研究土壤特性空间变异并产生一个合适的空间变异模型,是地统计学解释土壤特性空间变异结构的基础,它的精确估计是成功的空间内插的关键。而 Kriging 分析是利用了半方差图的模型进行测定点之间的最优内插。半方差图揭示了土壤样本变异与由各个样本分离的偏离距离之间的关系。根据这种关系就可以选择使得样本方差和样本数目最佳的样本之间的偏离距离,在方差逼近渐近线上限时的距离是数据具有空间相关性所包括的范围。

土壤特性空间变异的定量研究中涉及地统计学的主要包括半方差函数及其模型和 Kriging 插值。

1.3.2.1 半方差函数及其模型

半方差函数是描述土壤性质空间变异的一个函数,反映了不同距离的观测值之间的变化,所谓半方差函数就是两点间差值的方差的一半,即:

$$\gamma(h)=(1/2)Var[Z(x+h)-Z(x)]$$

式中 $\gamma(h)$ 为间距为 h 的半方差,在一定范围内随 h 的增加而增大,当测点间距大于最大相关距离时,该值趋于稳定。半方差函数模型有球状(Spherical)、高斯(Gaussian)、指数(Exponential)和线性(Linear,Lineartosill)等模型,它们的数学表达式如下:

线性无基台值模型:$\gamma(h)=C_0+Ch/a,\ h\geqslant 0$

线性有基台值模型:$\gamma(h)=C_0+Ch/a,\ 0\leqslant h\leqslant a$

$\gamma(h)=C_0+C,\ h>a$

球状模型:$\gamma(h)=C_0+C[1.5h/a-0.5(h/a)3],\ 0<h\leqslant a$

$\gamma(h)=C_0+C,\ h>a$

$\gamma(h)=0,\ h=0$

高斯模型:$\gamma(h)=C_0+C[1-\exp(-h2/a2)],h>0$

$\gamma(h)=0,h=0$

指数模型:$\gamma(h)=C_0+C[1-\exp(-h/a)],h>0$

$\gamma(h)=0,h=0$

式中 C_0 表示块金方差(间距为 0 时的半方差),由实验误差和小于实验取样尺度上施肥、作物、管理水平等随机因素引起的变异,较大的块金方差表明较小尺度上的某种过程不容忽视;C 为结构方差,由土壤母质、地形、气候等非人为的区域因素(空间自相关部分)引起的变异;(C_0+C) 为基台值(半方差函数随间距递增到一定程度后出现的平稳值),表示系统内总的变异;a 为变程(半方差达到基台值的样本间距)。对于球状和线性模型,a 表示观测点之间的最大相关距离,而高斯模型的最大相关距离为$(3)^{1/2}a$,指数模型的最大相关距离为 $3a$。最大相关距离表示某土壤特性观测值之间的距离大于该值时,则说明它们之间是相互独立的;若小于该值时,则说明它们之间存在着空间相关性。

另外,块金方差/基台值之比〔$C_0/(C+C_0)$〕可表示空间变异性程度(由随机部分引起的空间变异性占系统总变异的比例),如果该比值较高,说明由随机部分引起的空间变异性程度较大;相反,则由空间自相关部分引起的空间变异性程度较大;如果该比值接近 1,则说明该变量在整个尺度上具有恒定的变异。从结构性因素的角度来看,$C_0/(C+C_0)$的比例可表示系统变量的空间相关性程度,如果比例<25%,说明变量具有强烈的空间相关性;在 25%~75%之间,变量具有中等的空间相关性;>75%时,变量空间相关性很弱。

1.3.2.2 Kriging 插值

Kriging 插值是目前地统计学中应用最广泛的最优内插法,它是利用已知点的数据去估计未知点(x_0)的数值,其实质是一个实行局部估计的加权平均值:

$$Z(x_0)=\sum_{i=1}^{n}\lambda iZ(Xi)$$

式中 $Z(x_0)$是在未经观测的点 x_0上的内插估计值,$Z(X_i)$是在点 x_0附近的若干观测点上获得的实测值。λ_i是考虑了半方差图中表示空间的权重,所以 Z 值的估计是无偏估计,因为:$\sum_{i=1}^{n}\lambda i=1$。

1.4 土壤养分空间变异特征

对土壤特性(物理、化学及生物性质)尤其是土壤养分空间变异的充分了解,是管理好土壤养分和合理施肥的基础。因此,与土壤特性空间变异有关的问题引起了土壤科学工作者的重视。

国外学者自 20 世纪 60 年代提出和 70 年代开始研究土壤特性空间变异以来,应用地统计学方法主要偏重于研究土壤物理性质空间变异,并取得了长足进展。20 世纪 80 年代初期,国内学者也逐步认识到地统计学方法在土壤特性空间变异研究中的实用性,先后在土壤的物理参数(如颗粒组成、团聚体大小、容重等)、状态参数(如水分含量、水力传导度等)等方面进行了研究。进入 20 世纪

80 年代尤其是 90 年代以来，国外应用地统计学方法对土壤养分空间变异进行了大量的研究。Webster and Nortcliff(1985)的研究发现，每公顷农田内的铁和锰有相当强的空间依赖性，空间相关距离在 80～100 m，但锌和铜则几乎没有。相当数量的研究表明，小区域范围内土壤养分是空间相关的，土壤有机质的空间相关距离在 50～350 m；速效磷和钾的空间相关距离有较大差别，一些研究者的结果在 100 m 以上，也有一些研究者的结果在 60 m 以下；NO_3^--N 的空间相关距离在 30 m 以下，且其相关范围受季节(时间)的影响较大。还有一些研究指出，土壤养分空间变异可存在于几个毫米的空间上。由于地统计学通常要求均匀取样，这给较大区域范围的土壤养分空间变异定量研究带来一定的困难，所以以往大多数有关土壤养分的空间变异研究局限于小尺度范围。较早应用地统计学方法研究较大尺度下土壤养分空间变异的是 Yost 等人(1982)，他们进行了夏威夷岛土壤养分的空间相关性研究，结果表明土壤磷、钾、钙和镁含量的空间相关距离在 32～42 km。近年来，土壤科学家已开始关注较大范围内土壤养分的空间变化。Yi-JuChien 等(1997)研究了台湾中部土壤养分的空间变化。White 等(1997)分析了美国土壤全锌含量的空间变异，其含量的相关距离达到 480 km，并绘制了土壤全锌含量的等值线图。S. M. Haefelel和M. C. S. Wopereis 等对西非塞内加尔谷地大面积的水稻田区域开展了研究，发现了各种营养元素在空间上存在明显的变异，并以此为依据，对采用推荐施肥，减少化肥单位面积施用量所带来的经济效益进行了估算。

我国土壤养分空间变异的定量研究起步较晚。20 世纪 80 年代中期以来，我国一些学者针对土壤的某些特性，采用半方差图和 Kriging 插值法进行土壤特性研究。而对土壤养分空间变异的定量研究起步更要晚一些，主要是在 20 世纪 90 年代中期以后，一些科学工作者应用地统计学方法从事了这方面的研究。与此同时，随着发达国家精确农业的开展，土壤特性空间变异的研究方法和手段得到了进一步的发展，主要表现为地统计学和地理信息系统(GIS)的有效结合，由此极大地促进了土壤特性尤其是土壤养分空间变异性研究的发展。王学锋和章衡对 4 个地块按 10 m×10 m 的网格采取耕层土壤样品，研究了土壤有机质的空间变异性。周慧珍和龚子同(1996)采用以 50 m 距离为间距的网格法采取土壤样品，分析了牧地条件下土壤表层速效磷、钾等的空间变异性。李菊梅和李生秀(1998)采用以 5 m 距离为间隔的网格法采取了红油土耕层土壤 147 个样点，探讨了铵态氮、硝态氮、有效磷、水溶性钾、水溶性钙、水溶性镁等在空间的变异规律。胡克林等(1999)对1公顷麦田内98个观测点进行取样分析，讨论了两个时期不同含水率的情况下土壤养分空间变异特征，绘制了土壤养分含量等值线图，对田间氮收支平衡的空间变异也作了描述。杨俐苹等(2000)对河北邯郸陈刘营村约54公顷连片种植棉田的速效磷、钾等空间变异进行了研究。白由路等(1999)通过土壤网格取样、室内分析及ASI施肥推荐等方法，在地理信息系统支持下，建立了地块和村级农田土壤养分分区管理模型，并在河北省辛集市马兰试验区进行了实施和验证，取得了很好的效果。张有山等对北京昌平县南邵乡2 640公顷土地上的土壤有机质、全氮、有效氮、有效磷和有效钾的空间分布特征进行了探讨，并绘制了它们的等值线图。郭旭东等(2000)研究了河北省遵化市土壤表层(0～20 cm)碱解氮、全氮、速效钾、速效磷和有机质等的空间变异规律。黄绍文等(2002)对乡(镇)级和县级区域粮田土壤养分空间变异与分区管理技术进行了研究，明确了土壤养分的空间变异规律与空间分布格局，并发现小规模分散经营体制下对主要土壤养分氮、磷、钾、锰和锌进行乡(镇)级和县级分区管理均可行，形成了适合我国小规模分散经营体制下养分资源持续高效利用的土壤养分分区管理和作物优质高产分区平衡施肥技术。程先富、史学正等在地统计和GIS的支持下，以变异函数为工具，初步分析了江西省兴国县土壤全氮和有机质的空间变异特征，并应用Kriging法进行最优无偏线性插值，得出全氮和有机质含量的分布格局。姜丽娜、符建荣等通过对绍兴独树养分监测村土壤10种养分元素空间变异性的研究，明确了水网平原水稻土养分空间变异规律，并进一步用各向异性变异模型分析了土壤养分空间变异，表明土壤钙、镁、钾、铜存在一定的带状异质性，经不同采样距离下Kriging内插十字交叉验证，明确了可用土壤养分空间相关距离确定方格取样法来确定最大取样距离。

第四节　精 确 农 业

1.1　精确农业的内涵

精确农业就是将遥感(RS)、地理信息系统(GIS)、全球定位系统(GPS)、计算机技术、通讯和网络技术、自动化技术等高新技术与地理学、农学、生态学、植物地理学、土壤学等基础学科有机地结合，实现农业生产全过程对农作物、土地、土壤从宏观到微观的实时监测，以实现对农作物生长、发育状况、病虫害、水肥状况以及相应的环境状况进行定期信息获取和动态分析，通过诊断和决策，制定实施计划，并在GPS和GIS集成系统支持下进行田间作业的信息化农业。简单地说，精确农业是按田间每一操作单元的具体条件，精细准确地调整各项土壤和作物管理措施，最大限度地优化各项农业投入，以获取最高产量和最大经济效益，同时保护农业生态环境，保护土地等农业自然资源。

精确农业兴起的原因：生产者寻求新的途径以增加利润；农业化学物质和肥料引起地表水和地下水的污染，对环境的关注和对农业生产措施的疑问；新技术，如计算机、GIS、GPS和各种传感器在农业中的应用成为可能。

20世纪80年代初期，农学专家们在进行作物生长模型模拟、栽培管理、测土施肥和植保专家系统的应用研究与实践中，进一步揭示了农田作物产量和生长环境条件具有明显的时空差异性，从而提出对作物栽培管理实施定位、按需投入农化物质的思想，这些观念成为早期精确农业技术体系的思想依据。加上发达国家对农业经营中农业生产力、资源、环境问题的关注以及有效利用农业投入、节约成本、提高利润和减少环境危险的迫切需要，为精确农业技术体系的形成准备了条件。20世纪80年代以来，基于信息技术支持的作物科学、土壤学、施肥科学、资源环境科学和智能化农业装备与田间信息采集技术、系统优化决策支持技术等的发展完善了精确农业技术体系，使精确农业的技术得以应用于农业生产实践。

传统的作物生产都是在区片或田间的尺度上把耕地看成是具有作物均匀生长条件的对象进行管理，农化物质在田块内进行平均使用。而精确农业的核心思想是作物生长环境因素和作物产量实际分布之间存在空间差异性，并采取可行的技术措施对这种差异性进行调控，对农业生产系统变化的因素进行精确管理。精确农业的效益主要体现在降低作物的生产成本和过量使用农化产品的污染风险方面，具有明显的经济和环境效益。以施肥为例，传统的施肥方式在一片地块内使用一个平均施肥量，但实际上土壤肥力在不同的地块、不同时期差异较大，平均施肥会造成部分地区施肥不足和部分地区施肥过量，影响作物产量和造成环境污染，精确农业则实现了因土、因作物和因时的全面平衡施肥。

1.2 精确农业的技术体系

精确农业是利用重要的作物和知识在适当的尺度上优化生产系统管理，根据特定地块的作物生产能力，控制不同的投入水平（如肥料、杀虫剂、除草剂等），也是现代科学技术在农业中的具体应用。它既是一种管理思想，也是一种综合的现代科学技术。其关键是对个体或小群体生长环境“差异”的数据采集和比较处理，以及对这一差别原因的分析，然后根据这种差异确定最合理、最优化的投入（如施肥、喷药等）的量、质和时机，以求少投入多产出。精确农业是在现代信息技术、生物技术、工程技术等一系列高新技术最新成就的基础上发展起来的一种重要的现代农业生产形式。其核心技术是GIS、GPS、RS和计算机自动控制技术。精确农业技术体系的构成见图3-1。

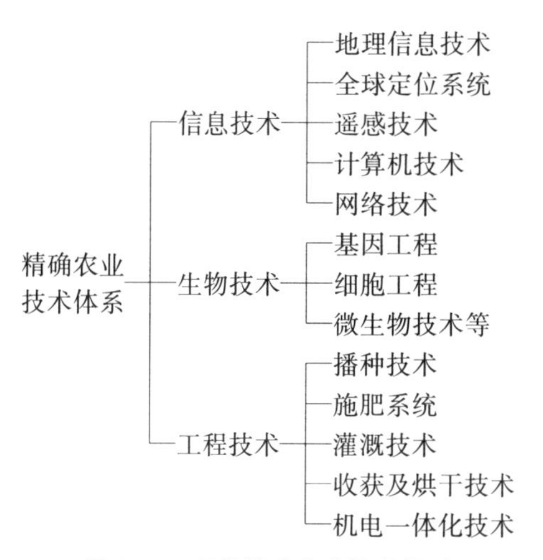

图3-1　现代精确农业技术体系

1.3　3S技术与精确农业

精确农业的核心是GIS、GPS和RS等技术的综合应用，3S技术成为实施精确农业的重要技术支撑。

1.3.1　精确农业与GIS

地理信息系统（GIS）作为用于存储、分析、处理和表达地理空间信息的计算机软件平台，技术上已经成熟。它在“精确农业”技术体系中主要用于建立农田土地管理、土壤数据、自然条件、作物苗情、病虫草害发生发展趋势、作物产量的空间分布等的空间信息数据库和进行空间信息的地理统计处理、图形转换与表达等，为分析差异性和实施调控提供处方信息。它将纳入作物栽培管理辅助决策支持系统，与作物生产管理及长势预测模拟模型、投入产出分析模拟模型和智能化农作专家系统一起，并在决策者的参与下，根据产量的空间差异性，分析原因、做出诊断、提出科学处方，落实到GIS支持下形成的田间作物管理处方图，指导科学的调控操作。由于农业活动涉及广阔的地理空间和各种管理信息都有明显的空间随机分布特征，GIS在农业中具有广泛的应用价值。在形成农业空间信息地理图形时，采样密度、采样成本与信息处理的方法如何能更准确反映参数的空间分布，仍然是尚待深入研究的课题。由于商用GIS系统的功能一般都照顾到各种类型用户的需要，针对农业资源信息管理和精细农业实践的需要和农村用户的特点，开发基于GIS设计规范的简单实用、易于向基层农村用户推广、界面友好的田间地理信息系统（FIS）已引起学术界的注意，值得我国农业工程师进行创新研究。

1.3.2 精确农业与RS

遥感（RS）技术是未来精确农业技术体系中获得田间数据的重要来源。它可以提供大量的田间时空变化信息。30多年来，RS技术在大面积作物产量预测、农情宏观预报等方面作出了重要贡献。由于卫星遥感数据目前尚达不到必要的空间分辨率和提供满足农作需要的实时性，目前还未用于作物生产的精细管理。然而，遥感技术领域积累起来的农田和作物多光谱图像信息处理及成像技术、传感技术和作物生产管理需求密切相关。RS获得的时间序列图像，可显示出由于农田土壤和作物特性的空间反射光谱变异性，提供农田作物生长的时空变异性的信息，在一个季节中不同时间采集的图像，可用于确定作物长势和条件的变化。基于遥感产业界对“精确农业”的商业兴趣，一系列的地球观测卫星采集的全色图像，其空间分辨率可达1～3 m，多光谱图像分辨率预计可达3～15 m，扫视区6～30 km。由于采用卫星遥感比航空摄影的成本低一半以上，卫星遥感技术可预期在精确农业技术体系中扮演重要角色。现在的RS软件已可装载在PC机上使用，性能价格比已可为普通用户所接受。此外通过遥感器的改进，遥感信息与作物营养状态之间关系的建立，预计不久遥感技术将部分替代现有的土壤测定与植株分析方法，目前在氮素营养诊断方面已取得较大的进展。

1.3.3 精确农业与 GPS

精确农业中的定位信息采集与农作实施，需要采用全球卫星定位系统（GPS）。已经建成投入运行的有美国 GPS 系统和俄罗斯的 GLONASS 系统。美国 GPS 系统包括在离地球约 20 000 km 高空近似圆形轨道上运行的 24 颗地球卫星，其轨道参数和时钟，由设于世界各大洲的五个地面检测站和设于其本土的一个地面控制站进行检测和控制。使得在近地旷野的 GPS 接收机在昼夜任何时间、任何气象条件下最少能接受到 4 颗以上卫星的信号，通过测量每一卫星发出的信号到达接收机的传输时间，即可计算出接收机所在的地理空间位置。信号处理技术的发展，可使微弱的卫星信号为便携式或掌上型接收机的小型天线所接收。这是一个功能强大、对任何人、在全球任何地方都可以免费享用的空间信息资源。近几年来，GPS 产业技术发展迅速，若干大公司迅速涉足农业领域，提供了用于农田测量、定位信息采集和与智能化农业机械配套的 DGPS 产品。这类产品通常具有 12 个可选择的卫星信号接收通道，动态条件下每秒能自动提供一个三维定位数据，动态定位精度一般可达分米和米级，并具有与计算机和农机智能监控装置的通用标准接口。如美国 Trimble 公司 Ag132 的 12 通道 GPS 接收机，可接收信标台发布的地区性差分校正信号免费服务或获得由近地卫星转发的广域差分收费校正信号服务，提供可靠的分米级定位和 0.16 km/h 的速度测量精度。系统可用于农田面积和周边测量、引导田间变量信息定位采集、作物产量小区定位计量、变量作业农业机械实施定位处方施肥、播种、喷药、灌溉和提供农业机械田间导航信息等。配置这一系列需要考虑本地区可能提供的差分信号现有条件，或在缺乏上述服务条件下购置两台 Ag132 和配套通信电台建立独立的自用差分 GPS 系统，另外还可配置必要的专用可选件，如基站附件、导航附件、背负式田间信息采集附件、掌上型计算机及必要的连接信号电缆等。DGPS 技术的迅速发展，使得近几年来各国提供局域差分信号免费服务的信标站迅速建设起来，美国这类信标站的地区覆盖范围已接近国土的 2/3。信标站差分信号服务半径约计 300 km。我国在东南沿海原交通部也建立了近 20 个这类信标站。以近地卫星作为星载 GPS 广域差分信号服务系统在今后几年内也可望在我国部分地区相继建立。在竞争中谋求信息高新技术产品市场的商业利益，将是今后 GPS 技术发展竞争的总趋势。GPS 用户系统外观结构简单，小型化，操作方便，但技术含量高。现有国外农机厂商配套的GPS产品，大多采用OEM方式引进关键部件进行二次开发后嵌入农业机械应用系统中，可使性能价格比显著改善。DGPS作为农业空间信息管理的基础设施，一旦建立起来，即不但可服务于精确农业，也可用于农村规划、土地测量、资源管理、环境监测、作业调度中的定位服务，其农业应用技术开发的前景广阔。

1.4 精确农业的发展应用前景

精确农业在美国等发达国家已经形成一种高新技术与农业生产相结合的产业，已被广泛承认是可持续发展农业的重要途径，并无疑是21世纪领先的农业生产技术。美国20世纪80年代初提出精确农业的概念和设想，90年代初进入生产实际应用，目前还处在研究发展阶段，部分技术和设备已经成熟和成型，但还没有形成系统。美国实施精确农业是根据需要、经济、实用的原则来进行的，很少会把所有的技术都全套应用。除此，在英国、德国、荷兰、法国、加拿大、澳大利亚、巴西等国家都有开展精确农业研究和应用的报道。日本、韩国等国家近年来已加快开展精确农业的研究工作，并得到政府部门和相关企业的大力支持。国际上对这一技术体系的发展潜力及应用前景有了广泛共识，并将成为发展农业高新技术应用的重要内容。

国外关于精确农业的研究和应用，基本上还是集中在3S技术和作物生产管理决策支持系统为基础的面向大田作物管理方面，从形式上看，是发达国家规模化经营和机械化操作条件下形成的技术体系，在我国似乎适用于规模化经营的农场和经济发达地区，而不适用于分散经营的农户。但精确农业的基本原理和技术思想是充分了解农田和作物生长系统的田间变异，根据田间每一操作单元的具体条件，精确管理和优化各项管理措施和各项物质投入量，获取最大的经济效益。这些思想和原则适用于我国任何形式和任何规模的农业生产，我国传统农业生产本身就有精耕细作的特点。我国科学家在1994年就提出在我国进行精确农业研究应用的建议，由于当时条件所限，没有引起政府有关部门的重视。近几年信息技术飞速发展，信息技术在农业上的应用也提到了重要的议事日程。目前中国农科院土肥所成立了“信息农业研究室”，中国农业大学成立了“精细农业研究中心”，已经开始了对精确农业原理和方法的研究和应用，逐步探索适合我国国情的精确农业技术体系，有助于人口、资源和环境方面问题的解决，有助于农业资源的高效利用和农业环境保护。国家在863计划中已列入了精确农业的内容,国家计委和北京市政府共同出资在北京搞精确农业示范区。中科院也把精确农业列入知识创新工程计划,另外,新疆、黑龙江也在争取立项。目前我国关于精确农业的研究和应用还处于起步阶段。

第四章　农田施肥后田面水氮素动态变化特征

20 多年来，中国农业面源污染问题日趋严重，沿海发达地区尤为突出。农业面源污染影响了土壤、水体和大气的环境质量。累积于饮用水源和土壤中的化肥和农药对沿海省份的广大居民健康构成了威胁；湖泊、河流、浅海水域生态系统的富营养化，引起水藻疯长，鱼类等水生动物因缺氧数量减少甚至全部死亡，引发赤潮。在全球尺度上，氮肥气态损失（N_2O）形成温室气体影响了气候变化。我国农田氮肥以 N_2O 气体形式的逸失量约占世界氮肥来源 N_2O 总量的 1/3。化肥和农药的过量使用，不仅导致成本不必要的增加，而且引起农药残留超标、农产品质量下降，降低了中国农产品在国际市场的竞争力，农田净收益减少。因而对农业面源的控制已成为现代农业的重大主题。

随着近年来深入的调查研究，由于不合理的施肥和水分管理方式导致的农田面源流失对水体富营养化的贡献越来越受到重视，过量施肥并不能使作物产量进一步提高，反而造成化肥利用率的降低，损失量增大，还会导致土壤和地下水的污染，同时也会引起河流和湖泊水质的富营养化，危害人类健康，制约可持续农业的发展。而从湖泊、河流等末端治理转向农田源头控制是必然的途径。

水稻是中国尤其是中国东南部地区最主要的粮食作物，近年来农户为追求更高产量而施入了过量的肥料，使得氮、磷积累导致的负面生态效应远远大于作物的产量增益，因此稻田是面源污染的重点研究对象（张志剑，王兆德，2007）。农田生态系统中，氮、磷肥施用对水质造成影响最有可能发生在高产田，但目前农业氮素面源的研究很少将施用尿素后的水稻田面水氮素的动态行为进行探讨。水稻田面源污染的控制却离不开持水状态下的田面水氮素动态行为特征的研究（张志剑，董亮，2001）。稻田田面水氮浓度的高低是决定氨挥发、硝化、反硝化及径流氮排放多少的关键因素。故有必要通过田间试验来研究田面水氮素的动态变化特征。

第一节　材料与方法

1.1　试验区概况

本试验地位于浙江省宁波三七市镇的一个农业示范区（121°19.854′E，30°0.874′N）。三七市镇地处宁绍平原腹地，地理条件优越。东与宁波接壤，南隔慈江与河姆渡文化遗址对望，北靠杜湖岭山岗与慈溪毗邻。该区气候类型为亚热带季风性湿润气候，温暖湿润，雨热同步，四季分明，年平均气温为16.2℃，年日照率为47%，无霜期长达227天。年平均降水量为1 348～1 956毫米。土壤类型为青紫泥土，土壤质地黏重；土体结构为A—Ap—Gw—G。其中，总耕作层（A）为0.18 m，犁底层（Ap）为0.10 m，潴育层（Gw）为0.16 m，潴育层以下为潜育层（G）。该地主要种植的农作物类型有水稻、蔺草和茭白；种植制度为单季稻、早稻—晚稻或早稻—茭白的轮作；此试验田水稻种植制度为早稻—晚稻双季稻，试验对晚稻施氮肥后进行监测。其中该地0～20 cm土层土壤理化背景值见表4-1。

表4-1　供试土壤理化性质

土层（cm）	容重（$g \cdot cm^{-3}$）	孔隙度（%）	pH	有机质（$g \cdot kg^{-1}$）	有效磷（$mg \cdot kg^{-1}$）	速效钾（$mg \cdot kg^{-1}$）
0～20	0.86	67.55	6.0	96.25	16.2	104

耕作层土壤平均容重为0.86 $g \cdot cm^{-3}$，孔隙度为67.55%。土壤pH为6.0，土壤呈酸性，这可能与酸性肥料的施用有关。土壤有机质平均含量为96.25 $g \cdot kg^{-1}$，土壤有机质含量高是该地土壤的特点，这与当地土壤发育的环境有关，地下水位高，有利于有机碳的积累。该地土壤有效磷和速效钾平均为16.2 $mg \cdot kg^{-1}$和104 $mg \cdot kg^{-1}$。

1.2　试验设计

试验田总面积为288 m^2，共有16个监测田块。各试验小区长6 m，宽3 m，面积为 18 m^2。各小区间都有隔离带，隔离区用水泥混凝土加固，以减少侧渗和串流。试验区周围是非试验保护区。

设置了 5 种氮肥水平处理的实验小区：常规施肥区 N－5(当地农户的施肥水平)、常规施肥量的 90％施肥区 N－4、常规施肥量的 80％施肥区 N－3、常规施肥量的 60％施肥区 N－2、常规施肥量的 40％施肥区 N－1。每种施肥水平处理 3 次重复，最后设有一块不施肥试验小区 N－0 作对照，共计 16 个试验小区。试验田灌溉水为当地河水。供试水稻品种为宁－88，2010 年水稻插秧日期为 7 月 31 日。插秧密度为每列 32 穴，每行 18 穴，每穴保证有基本苗 4 根。

本次试验共施肥 3 次，分别为基肥、蘖肥与穗肥。水稻插秧前施基肥，肥料种类为碳酸氢铵，基肥用量每种处理都一样，为每亩 40 kg。水稻移栽 7 天后施第 1 次追肥，肥料种类为尿素，其中常规施肥区施用水平为每亩 10 kg，其余小区按方案减量施用，钾肥(氯化钾)按每亩 7.5 kg 一次性施下，钾肥用量每小区相同。水稻移栽 21 天后施第 2 次追肥，肥料种类为尿素，其中常规施肥区施肥水平为每亩 5 kg，其余小区按方案减量施用。其中各小区具体施肥量见表 4－2。

表 4－2　施肥方案设计

处　理 Treatment	折合纯氮 ($kg \cdot hm^{-2}$)	氮肥量 N amount($kg \cdot hm^{-2}$)	小区肥料施用量 N in plots($kg \cdot 18m^{-2}$)
N－0	0	0	0
N－1	143.4	600(碳铵)＋90(尿素)	1.08①＋0.108②＋0.054③
N－2	164.1	600(碳铵)＋135(尿素)	1.08①＋0.162②＋0.081③
N－3	184.8	600(碳铵)＋180(尿素)	1.08①＋0.216②＋0.108③
N－4	195	600(碳铵)＋202(尿素)	1.08①＋0.243②＋0.122③
N－5	205.5	600(碳铵)＋225(尿素)	1.08①＋0.270②＋0.135③

注：① 表示施基肥；② 表示施蘖肥；③ 表示施穗肥。纯氮的计算按照碳铵含纯氮 17％，尿素含纯氮 46％计算。

基肥是翻耕后撒入表土然后小区进水。蘖肥与穗肥是水表撒施。除水稻生长需要进行烤田外，水稻需水期田间灌水维持不低于 6 cm 的水深，每次用尺子测定控制。

1.3　水样采集与分析

田面水水样采集工作自水稻施第 1 次追肥的前一天(2010 年 8 月 7 日)开

始采一次基样，第1次施追肥后的第1、3、5、7、9天隔天取样，第2次施肥为2010年8月22日，第2次施追肥前采一次基样，施肥后的第1、2、3、5、7天进行取样，同时每次取稻田水样时，也采集灌溉水渠的水进行氮含量的测定。取样时采用100 mL医用注射器，先用田面水润洗注射器，然后不扰动土层小心抽取8处上层田面水，注入已用田间水润洗过的聚乙烯瓶内。采集水样250 mL用于样品分析用。每次都是早上进行采样。

尿素施入稻田，特别是淹水稻田，在厌氧或好氧条件下均能首先转化为铵态氮。铵态氮可能经过硝化细菌生成硝态氮，硝态氮进而也可能通过反硝化细菌作用生成氮氧化物、氮气。因此，尿素施入稻田后的较长时间内，田间不同形态和途径下氮素损失的主要来源为铵态氮。硝态氮虽然不是尿素转化的中间产物，但它是植物生理活动的氮源之一，并且和铵态氮都是地表水和各类废水监测中河水水质监测的必测项目。同时硝态氮不被土壤吸附束缚，易随水流动向水稻根系扩散，因而易被作物吸收。但是土壤氮素过多，硝态氮来不及吸收，则很容易引起氮素流失和污染问题，所以对硝态氮进行研究也是很有必要的。对于全氮的研究则有利于从总量上了解和控制施氮对水环境造成的潜在污染状况。因此对田面水氮的监测包括了全氮、铵态氮和硝态氮。

水样全氮先经过碱性过硫酸钾在120～124℃高温下氧化消煮30 min，在DU800紫外分光光度计220 nm及275 nm两个波长下测定吸光度。水样硝氮在测定前先用0.45 μm的滤膜过滤到澄清，直接在紫外分光光度计上测定吸光度。水样氨氮用靛酚蓝比色法测定。水中的NH_4^+在强碱介质中与次氯酸和苯酚作用，生成水溶性染料靛酚蓝，于625 nm波长下测定吸光度(鲁如坤，2000)。

第二节　田面水不同形态氮素动态变化

此次试验追肥分分蘖肥和穗肥两次施用。追肥后田面水铵态氮浓度动态变化见图4-1。在两次追肥的前一天，田面水铵态氮浓度基本处于相同的浓度(−1表示施肥前一天)。从铵态氮浓度变化曲线上可以看到，各施氮小区田面水铵态氮浓度变化出现了两个峰值，这两个峰值出现的时间都是在施肥后的第1天。不施氮肥处理对照小区田面水铵态氮浓度仅有微小波动，浓度变化在7.5 mg/L之内。各施氮小区铵态氮第1次峰值的变化范围在20.51～

44.82 mg/L，施氮量大的小区 N-5，铵态氮浓度明显高于其他施氮量小的小区，各处理浓度为同期不施肥处理 N-0 铵态氮浓度的 28～63 倍。随着第 2 次追肥量的减少，第 2 次峰值变化范围仅在 8.78～18.94 mg/L，各处理浓度为同期不施肥处理N-0铵态氮浓度的 1.2～2.5 倍。从施肥后的第 2 天开始，水体中铵态氮浓度迅速下降，第 1 次追肥后的第 3 天各施肥处理田面水铵态氮浓度已降为施肥后第 1 天浓度的 53.01%～68.54%，第 2 次追肥后的第 2 天各施肥处理田面水铵态氮浓度已降为施肥后第 1 天浓度的 59.40%～83.03%。两次追肥后，田面水铵态氮浓度都是在一周左右降至不施氮处理对照小区 N-0 浓度，第 1 次追肥后的第 9 天，各处理小区田面水铵态氮浓度降为 0.59～1.67 mg/L，为施肥后第 1 天浓度的 1.66%～3.96%。第 2 次追肥后的第 7 天，各施肥处理小区田面水铵态氮浓度在 0.48～1.08 mg/L，是施肥后第 1 天浓度的 3.90%～5.71%。

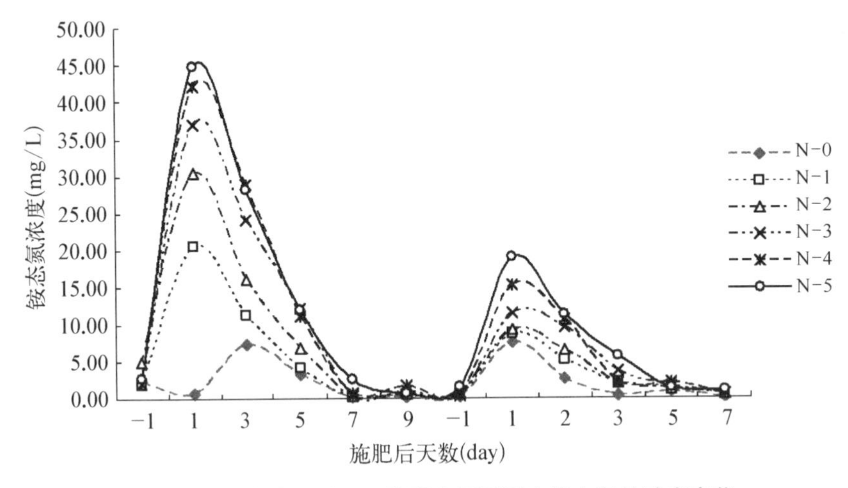

图 4-1　两次追肥后不同施肥小区田面水铵态氮的动态变化

水层中铵态氮浓度主要受尿素水解形成铵态氮和氨挥发消耗这两个因素的控制。尿素施用后，迅速发生水解，铵态氮是其最初的离子态分解产物。所以在施氮一天后测定田面水，铵态氮浓度达到最大值。过后，可能由于天气热气温高，导致氨的挥发损失很大。虽然氨的挥发过程十分复杂，并且受许多因素的影响，在自然状态下估算其损失非常困难，但是可以肯定氨挥发是稻田氮素损失的主要途径之一。另外水稻吸收氮素，硝化作用、反硝化作用和氮素下渗等原因也会致使铵态氮浓度随着时间而逐渐降低。

田面水硝态氮浓度变化见图 4－2。各不同施肥处理小区田面水硝态氮动态变化规律和田面水铵态氮变化规律有所不同。田面水硝态氮浓度峰值出现时间要滞后于铵态氮，各施氮处理硝态氮浓度出现峰值的时间也有所差异。第 1 次追肥后，N－1、N－4、N－5 小区田面水硝态氮浓度在施肥后第 3 天出现峰值，硝态氮浓度分别为 2.84 mg/L、3.98 mg/L、3.82 mg/L；N－2 和 N－3 小区直到施肥后第 5 天才出现峰值，硝态氮浓度分别为 2.96 mg/L、3.11 mg/L。第 2 次施肥后，田面水硝态氮浓度都是在施肥后第 2 天出现峰值，硝态氮浓度在 2.07～2.43 mg/L。然后田面水硝态氮浓度随着时间的推移，逐渐减小。在第 1 次施肥后的第 9 天各施肥处理小区硝态氮浓度虽然还是有差异，变化范围在 1.92～2.79 mg/L，但已降至施肥前一天各小区田面水硝态氮浓度（1.83～2.46 mg/L）水平。第 2 次施肥后的第 7 天，各施肥处理小区硝态氮浓度已降至不施氮处理小区浓度和施肥前的田面水浓度水平，变化范围在 1.27～1.52 mg/L。

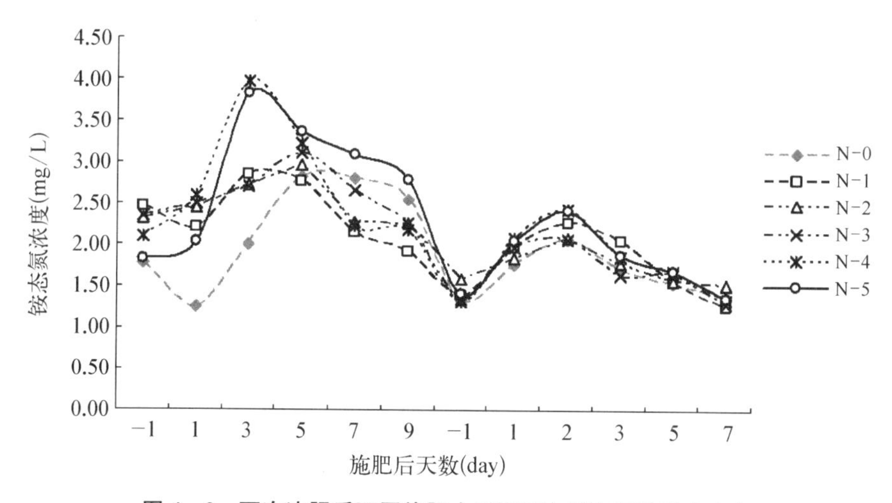

图 4－2　两次追肥后不同施肥小区田面水硝态氮的动态变化

而两次施肥后的第 1 天硝态氮浓度没有很大变化，第 1 次施肥后的第 1 天硝态氮的浓度和施肥前一天的田面水浓度（1.83～2.46 mg/L）相比，只有轻微的增长，变化范围在 2.04～2.59 mg/L；第 2 次追肥后，田面水硝态氮也呈现相似的规律，施肥前一天田面水硝态氮的浓度在 1.31～1.58 mg/L，施肥后的第 1 天硝态氮浓度在 1.83～2.08 mg/L 之间变化。

田面水硝态氮的这种变化，是由于施氮前的田面水中硝态氮含量本来就较低，而新生成的硝态氮主要是铵态氮通过硝化反应生成的。试验田采用间歇式进水，稻田不断充氧，有利于硝化作用的进行，使得化学自养菌利用 NH_4^+ 为原料经过氧化反应形成 NO_3^-。这种进水方式使得在根系较少的兼性区和厌氧区的反硝化细菌得不到最适宜的环境，其反应速度较硝化细菌弱，因此硝化作用强于反硝化作用，这样就会导致硝酸盐含量升高。开始时，时间较短，硝态氮形成量与反硝化作用的差值小，所以稻田表面水体中硝态氮含量较低。随着时间推移，尿素大量分解成铵态氮，硝化作用变得强烈，远远大于反硝化作用，致使硝态氮在施肥后的第 3 天或第 5 天达到最大值。随后，虽然硝化作用仍然比较强烈，但是由于田面水中氮素总量的下降，硝化作用形成的硝态氮小于损失的硝态氮，所以硝态氮含量随之不断降低。

两次追肥后的田面水全氮浓度变化见图 4-3。由于田面水全氮在水中最初的离子态分解产物是铵态氮，所以田面水全氮浓度变化特征与铵态氮相似。从图 4-3 可以看出，在第 1 次追肥的前一天(-1 表示追肥前一天)各施氮处理小区田面水全氮浓度差异不大，变化范围为 4.20～5.65 mg/L。第 1 次追肥后的第 1 天，各不同施肥处理小区的全氮浓度迅速提高，均达到最大值。各不同处理小区的全氮浓度在 22.39～48.44 mg/L，施肥量大的施肥小区，全氮浓度明显高于施肥量小的小区。从施肥后的第 3 天开始，各处理田面水浓度开始迅速下降，施肥后的第 3 天各施氮小区田面水全氮浓度已降至施肥后第 1 天浓度的 54.05%～79.42%，直到第 1 次追肥后的第 9 天，田面水浓度降为 2.68～5.16 mg/L，为施肥后第 1 天浓度的 7%～12%，同期空白小区 N-0 的 1.05～

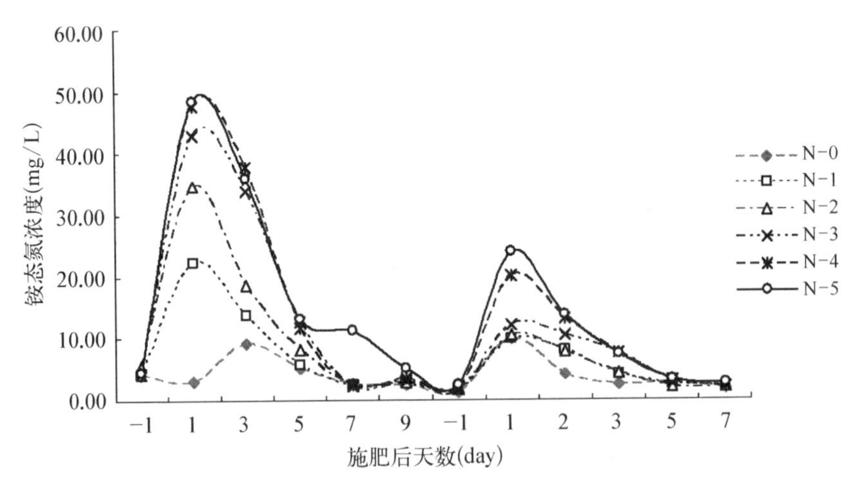

图 4-3　两次追肥后不同施肥小区田面水全氮的动态变化

2.02倍，几乎接近空白小区的浓度。第2次追肥后，各施氮处理田面水出现的峰值也是在施肥后的第1天，浓度变化范围为9.93～24.12 mg/L，之后逐渐下降，施肥后的第2天降至施肥后第1天浓度的57.13%～86.24%，直到施肥后第7天的田面水浓度降为1.97～2.66 mg/L，为施肥后第1天浓度的10.43%～19.85%，接近不施氮肥小区的浓度(1.81 mg/L)。

田面水全氮浓度，各施肥处理小区的大部分值均超过了我国凯氏氮含量最大不得超过2 mg/L的地表水环境质量标准。说明施氮能极大地增加水体中全氮的含量；不施氮处理小区的全氮浓度在2.56～9.23 mg/L，也超过了标准，并且在施肥后也有增高、降落的相似趋势。这说明一方面高肥力土壤自身所富集的氮素在淹水状态下，发生了一系列物理化学反应，进入水体；另一方面该区域地下水位浅，在高温天气下，地面水蒸发引起地下水向上的运动，地下水中的硝酸盐迁移进入田面水中。

第三节　不同施肥处理下的氮素动态变化

以上是针对施氮肥后，按照氮素的形态对田面水氮素动态变化作了表述。在水稻生长期田面有水时期内，各不同施肥处理小区的三氮(全氮、铵态氮、硝态氮)浓度变化见图4-4。从图中可以观察到，对于追施尿素肥料的小区(N-1～N-5)来说，施肥前期田面水铵态氮和全氮浓度远远高于硝态氮浓度，各施氮处理田面水硝态氮浓度都没有超过5 mg/L。这说明水稻田施用尿素后，能显著提高田面水中全氮和铵态氮的含量，而对硝态氮含量升高不会产生大的影响。如果发生农田地表径流流失，铵态氮是主要的氮素污染形态。这与前人所述的“地表径流中铵态氮的流失量对水体污染的影响较小，而主要影响水体的是施氮后田间流失的硝态氮负荷(包括泥沙固相结合氮)(朱兆良，1992；张志剑，董亮，朱荫湄，2001)”不同。这主要是因为尿素施入稻田后，铵态氮是其分解的最主要的氮素形态，而硝态氮则是经过硝化作用形成的，而非其分解的产物。施氮能够极大地提高田面水中铵态氮和全氮含量，因此可以把铵态氮和全氮作为稻田水体污染监测的主要氮素指标。从图4-4中可以看出，各施肥处理小区(N-5～N-1)的全氮浓度和铵态氮浓度变化极其相似，都是在两次追施氮肥后的第一天出现峰值，在两个峰值之间，田面水铵态氮和全氮浓度都随着时间的推移明显

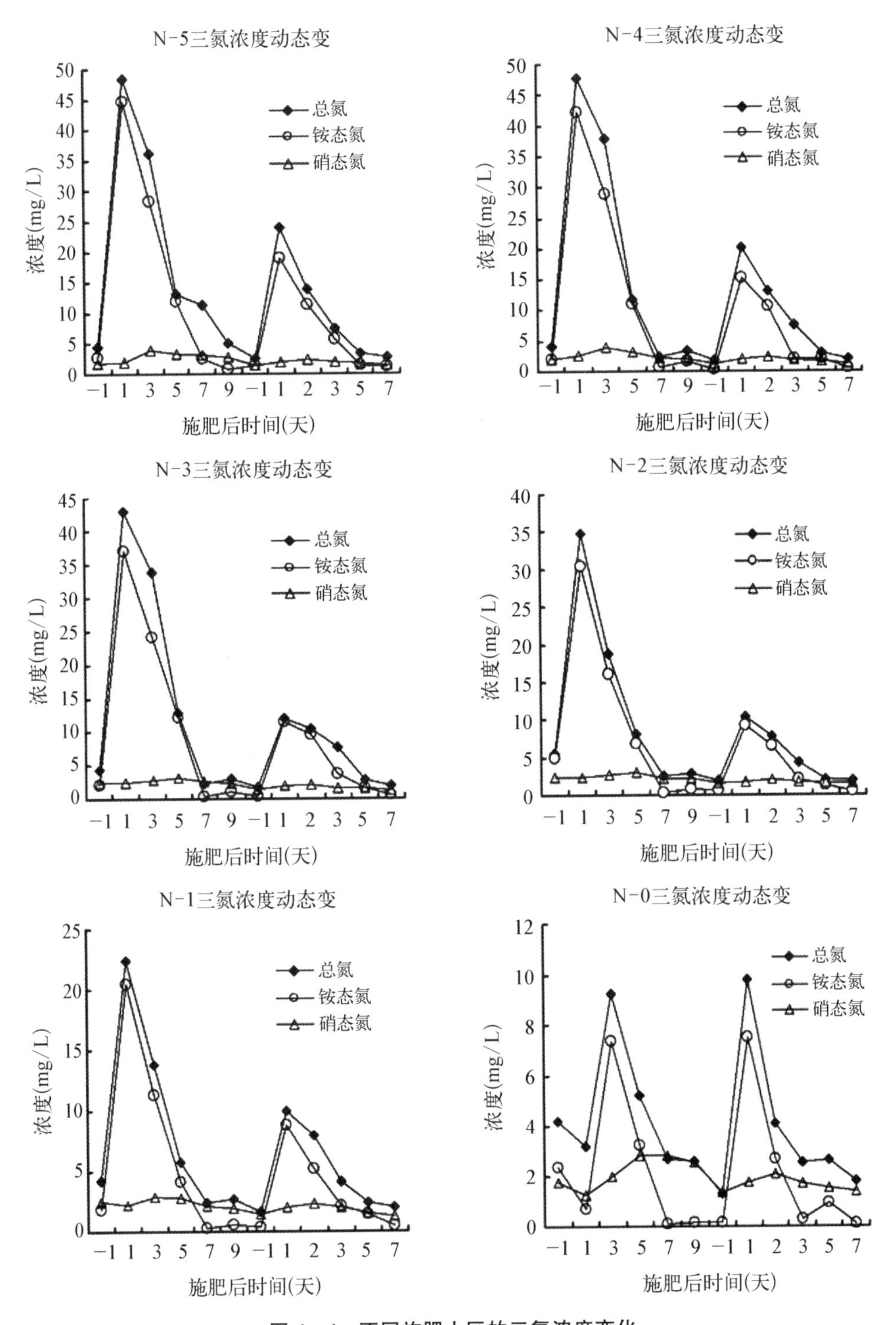

图4-4　不同施肥小区的三氮浓度变化

下降，但是第 2 次追肥后全氮和铵态氮下降的速率要比第 1 次施肥后下降缓慢。而田面水硝态氮浓度出现的峰值并不是在施肥后的第 1 天，总是比每次施肥时间滞后 2～3 天。这说明尿素施入稻田后，硝化作用过程的发生需要一定的时间，所以导致硝态氮出现的峰值会比施氮时间滞后。不施氮肥处理对照小区 N－0的三氮浓度在试验期间和其他处理一样，也呈波动变化，但是波动的幅度要小于其他施氮肥小区，只在 10 mg/L 以内波动。田面水全氮和铵态氮的高峰出现在施肥后的 2～3 天后，这与其灌溉水的氮素浓度、土壤氮素以及地下水的供应有关。从图 4－5 可以看出，灌溉水的氮素含量同样出现了两次波峰，在第 1 次追肥后的第 1 天和第 3 天(8 月 8 日和 8 月 10 日)，河水的全氮浓度为 9.85 mg/L 和10.93 mg/L，铵态氮浓度为 7.06 mg/L 和 8.10 mg/L。第 2 次施肥后的第 1 天(8 月 23 日)灌溉水全氮浓度为 8.11 mg/L，铵态氮浓度为 5.95 mg/L。超过了我国凯氏氮含量最大不得超过 2 mg/L 的地表水环境质量标准，灌溉水氮素浓度的这种变化与试验区外的水稻种植施肥有关。农户施肥后，由于灌溉水的入渗或田间弃水导致田面水流出农田进入小河，导致此期间河水氮素浓度过高。在此期间也明显观察到河流水系中有藻类繁殖现象，这是水体中氮、磷等营养元素富集导致的。对于不施氮肥的空白对照小区，其田面水全氮和铵态氮也出现了其他试验小区类似的波动，在第 1 次施肥后的第 3 天和第 2 次施肥后的第 1 天均出现峰值，这既与区域河流水系水质的变化有关，也与空白小区基础肥力较高有关，高肥力土壤经过一定时间的淹水，能够释放出一部分铵态氮，从而进入田面水体。

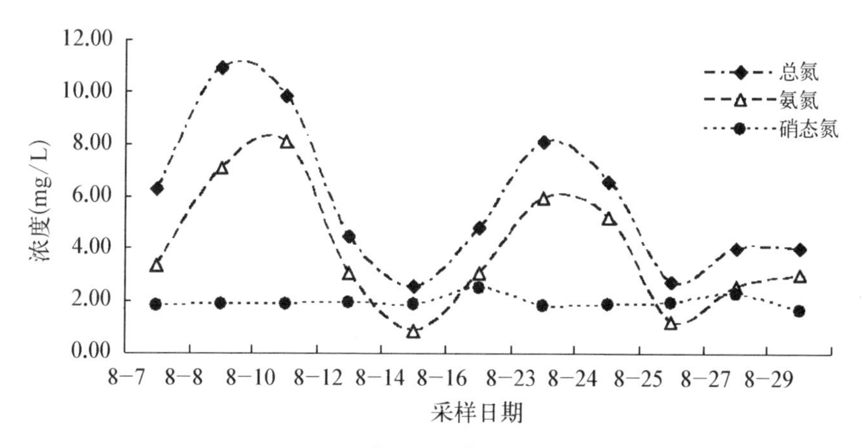

图 4－5　灌溉水氮素的动态变化

无论是同一次施肥后的各个处理，还是每个处理的两次施肥，三氮浓度都是随着施肥量的增加而增大。随着第 2 次施氮总量的减小，各施肥处理小区的铵态氮浓度和硝态氮浓度差异越来越小。这表明施氮能提高水稻田面水中的三氮浓度水平，但是提高三氮浓度的能力有所不同，具体表现为全氮＞铵态氮＞硝态氮。田面水中三氮浓度的提高增加了氮肥流失的潜能，对区域水环境造成影响。

通过以上的分析，说明施肥是水田田面水出现大量氮素的根本原因，连续降雨或不合理灌溉排水使氮素通过地表径流和土壤入渗产生流失成为可能。要控制氮素流失，不仅要在源头上控制，也要注重氮素使用的过程管理，根据水稻生长期对氮肥的需要，分次施肥，控制氮肥用量，以达到防止氮素大量流失的风险。各不同施肥处理小区的氮素浓度在两次追肥之后都大约在一周以后恢复到施肥之前的水平，并且各不同施肥小区氮素浓度在一周以后接近空白不施氮小区的浓度，所以应该避免在降雨期间或降雨前 7 天施肥，施肥后一周内最好不要排水，这样可以最大可能地避免产生地表径流和减小径流中氮素的含量。

第五章　不同施氮水平下的水稻产量及氮肥利用率

我国人多地少，人地资源紧张，增强土地开发强度，提高土地单位面积产出率，是满足人们日益增长的粮食需求的重要措施，而使用化肥是促进粮食增产保收的重要手段，也是现代化农业的重要特征。近年来，水稻生产中氮肥施用过量、氮肥利用率低、病虫害加重、种稻成本提高。氮肥利用率低和大量的氮素损失导致的一系列环境问题已经引起人们的普遍关注。氮肥的表面流失和渗漏直接导致地下水污染和江河湖泊的富营养化作用。调查显示，稻作区稻农饮用水的地下水中能检测出铵和硝酸盐（Ahmad A R，1996）。而饮用水中硝酸盐浓度高于 10 mg/L，将导致婴儿高铁血红蛋白血症和成人胃癌（McDonald，1998）。富营养化作用是由于水体中过多的营养元素，尤其是氮、磷的富集，促进藻类和其他水生植物大量生长繁殖的结果。据报道，中国水面富营养化作用的面积正在逐年增加，其原因之一就是作物氮肥利用率低所致（李荣刚，2000）。反硝化作用由于释放出温室气体氧化亚氮（N_2O）可能导致全球气候变暖。从全球范围来看，农业生产过程中释放的 N_2O 可能导致全球气候变暖。大气中 N_2O 的浓度正以每年 0.25％的速率递增（IPCC，1996）。因此，改善作物氮肥利用率，在环境保护中也将起到重要的作用。优化氮肥管理，适时适量地满足作物生长发育的养分需要，是提高肥料利用率，增加产量和经济效益的重要途径。氮肥的优化包括施氮总量的确定和施氮时期及分配比例的确定。

随着长江三角洲地区经济的快速发展，农业环境和生态问题突出，水体污染严重，农业生产基础环境受到威胁。因此，如何兼顾氮肥施用的生产、经济、生态效益，减少氮肥损失，降低其对生态环境的影响，是一项重要而紧迫的任务。为此选取浙东宁绍平原地区这一中国长三角典型粮食生产区为研究对象，探讨该地区土壤条件下不同施肥量对水稻产量及氮肥利用率的影响。

第一节 材料与方法

1.1 研究区概况

研究区域位于浙江省宁波市余姚三七镇内。三七镇位于浙江省东部宁绍平原南部，总面积 68.35 km^2。镇域内北半部属低山丘陵，中部有峡谷平地，南半部属姚江平原，土地平坦，河网密布。从气候类型来说，属亚热带季风性湿润气候，温暖湿润，雨量充沛，四季分明，年平均气温 16.1℃，年降水量 1 325 毫米，无霜期 228 天。主要土壤类型：低丘山地有红粉土、黄泥土、石砂土；水田有洪积泥砂田、泥砂田、青紫泥田、烂青紫泥田。

1.2 施肥方案设计

本次实验共施肥 3 次，分别为基肥、蘖肥与穗肥。水稻插秧前施基肥，肥料种类为碳酸氢铵，基肥用量每种处理都一样，为每亩 40 kg。水稻移栽 7 天后施第 1 次追肥，肥料种类为尿素，其中常规施肥区施用水平为每亩 10 kg，其余小区按方案减量施用，钾肥(氯化钾)按每亩 7.5 kg 一次性施下，钾肥用量每小区相同。水稻移栽 21 天后施第 2 次追肥，肥料种类为尿素，其中常规施肥区施用水平为每亩5 kg，其余小区按方案减量施用。本次施肥设计中的常规施肥量是根据当地农技部门提供的当地农户的施肥数据。其中各小区具体施肥量与施肥比例见表 5－1 和表 5－2。

表 5－1 2010 年施肥方案设计

处理 Treatment	折合纯氮 ($kg \cdot hm^{-2}$)	氮肥量 N amount($kg \cdot hm^{-2}$)	小区肥料施用量 N in plots($kg \cdot 18\ m^{-2}$)
N－0	0	0	0
N－1	143.4	600(碳铵)＋90(尿素)	1.08①＋0.108②＋0.054③
N－2	164.1	600(碳铵)＋135(尿素)	1.08①＋0.162②＋0.081③
N－3	184.8	600(碳铵)＋180(尿素)	1.08①＋0.216②＋0.108③
N－4	195	600(碳铵)＋202(尿素)	1.08①＋0.243②＋0.122③
N－5	205.5	600(碳铵)＋225(尿素)	1.08①＋0.270②＋0.135③

注：① 表示施基肥；② 表示施蘖肥；③ 表示施穗肥。纯氮的计算按照碳铵含纯氮 17%，尿素含纯氮 46%计算。

表 5-2　试验小区三次施肥比例

处理编号	试验小区施纯氮量 N in plots($kg \cdot 18m^{-2}$)	施肥比例 （基肥：蘖肥：穗肥）
N-0	0	0
N-1	0.184①+0.050②+0.025③	9：3：1
N-2	0.184①+0.075②+0.037③	9：4：2
N-3	0.184①+0.099②+0.050③	9：5：3
N-4	0.184①+0.112②+0.056③	9：6：3
N-5	0.184①+0.124②+0.062③	9：6：3

注：① 表示施基肥；② 表示施蘖肥；③ 表示施穗肥。纯氮的计算按照碳铵含纯氮 17%，尿素含纯氮 46%计算。

1.3　样品采集与分析

水稻成熟期在每个试验小区避开田边，按“S”形采样法采样。采样区内采取 10 个样点的样品组成一个混合样，每样点 3 株，共 30 株。用剪刀取植株地上部分，于根部齐地剪断，用大塑料袋包扎好，送回实验室做水稻植株全氮分析，水稻植株全氮（分稻穗和秸秆）用 $H_2SO_4-H_2O_2$ 消煮，凯氏定氮蒸馏法测定。

水稻成熟期在每个试验小区随机选取 10 个样品在田间对水稻的株高、穗长及每穴穗数进行统计。生物量是指某时刻单位面积内实存生活的有机物质（干重）总量，通常用 $kg \cdot m^{-2}$ 表示。小区水稻生物量的测算是每个小区收割 0.25 m^2（0.5 m×0.5 m）的水稻植株样方，稻穗和秸秆剪开，放置于 105℃的烘箱中杀青一小时，然后用 70℃恒温烘至恒重，最后换算成每平方米的干物质重。秸秆吸氮量和稻穗吸氮量是用单位面积秸秆干物质重和单位面积稻穗干物质重分别乘以水稻秸秆的含氮量和水稻稻穗的含氮量。稻穗和稻秆吸氮量相加为水稻地上部分收获带走的氮。

水稻籽粒千粒重从样方中的穗中抽取测定，测定方法是每小区水稻实数 1 000粒在 70℃烘箱烘至恒重然后称重。收获后每小区随机选取 10 穗，数每穗的总粒数、空秕粒数，进行结实率的计算。试验田产量按小区单打单收，干燥后脱粒计产（采样取走的水稻也统计在内），并换算成亩产量。

第二节 不同施氮水平对水稻吸氮量和产量的影响

随着施肥量增加(N－0～N－5),水稻植株全氮含量总体呈增高趋势(表5－3),从不施氮肥对照小区(N－0)的17.89 g·kg^{-1}增加到施氮最多小区(N－5)的21.22 g·kg^{-1},N－5小区植株全氮含量比不施肥小区增加了18.6%。秸秆和稻穗全氮含量也是随施氮量的增加总体呈增大的趋势。秸秆全氮含量从不施氮肥对照小区(N－0)6.48 g·kg^{-1}增加到施氮最多小区(N－5)的8.74 g·kg^{-1},稻穗全氮含量从不施氮肥对照小区(N－0)的11.41 g·kg^{-1}增加到施氮最多小区(N－5)的12.48 g·kg^{-1}。在各试验小区,成熟植株氮含量主要分布在稻穗中,随施氮量增加(N－0～N－5),稻穗全氮含量占植株全氮含量的百分比有降低的趋势,分别为63.80%、59.25%、58.38%、59.30%、57.95%、58.83%,秸秆氮含量占植株全氮量的百分比有增大的趋势,分别为36.20%、40.75%、41.62%、40.70%、42.05%、41.17%。从秸秆和稻穗占植株全氮的百分比变化来看,随施氮量的增大,水稻吸收的氮素有从稻穗向茎秆转移的趋势。

表5－3 不同施氮量的水稻植株体内氮素含量比较

施肥处理	秸秆全氮量(g·kg^{-1})	稻穗全氮量(g·kg^{-1})	植株全氮量(g·kg^{-1})	秸秆氮/植株氮(%)	稻穗氮/植株氮(%)
N－0	6.48	11.41	17.89	36.20	63.80
N－1	8.21	11.93	20.14	40.75	59.25
N－2	8.55	11.99	20.53	41.62	58.38
N－3	7.90	11.51	19.42	40.70	59.30
N－4	8.90	12.26	21.16	42.05	57.95
N－5	8.74	12.48	21.22	41.17	58.83

采用SPSS单因素方差分析中Duncan多重比较法对各试验小区水稻产量进行差异显著性检验,结果表明(表5－4),各施肥处理小区的水稻产量较不施肥处理小区产量显著增加,产量最高小区的N－4与其他小区的产量之间有显著性差异($P<0.05$)。施氮量在143～185 kg·hm^{-2}水平内,氮肥减施,水稻产

量并未显著降低，N－1～N－3 的产量有所增加，但差异不显著（$P<0.05$）。

水稻地上部分生物量不施肥小区显著低于其他施肥处理小区（表 5－4）。总体来看，随施氮量增加，生物量增大。水稻地上生物量高，水稻不一定就高产。这是因为施氮量过高，稻草部分奢侈吸收较多氮素，稻穗氮向秸秆氮转移，氮素没有有效地转移到籽粒。所以过量的氮素往往伴随着高呼吸消耗、病虫危害加剧、倒伏，最终降低氮肥利用率。

随施氮量增加，秸秆和稻穗吸氮量以及地上部分作物带走的氮都呈增长的趋势。稻穗吸氮量从不施肥小区的 41.00 $kg \cdot hm^{-2}$ 增长到施肥最多小区的 80.00 $kg \cdot hm^{-2}$，秸秆吸氮量从不施肥小区的 27.14 $kg \cdot hm^{-2}$ 增长到施肥最多小区的 42.57 $kg \cdot hm^{-2}$。水稻地上部分吸氮量的变化范围在 68.14～133.74 $kg \cdot hm^{-2}$。

表 5－4　各施肥水平小区产量、生物量与吸氮量比较

处理编码	施氮量（$kg \cdot hm^{-2}$）	产量（$kg \cdot 亩^{-2}$）	生物量（$kg \cdot m^{-2}$）	吸氮量（$kg \cdot hm^{-2}$）		
				稻穗	秸秆	地上部分
N－0	0	411.50 a	0.78 a	41.00 a	27.14 a	68.14 a
N－1	143	485.27 b	1.23 c	89.51 c	44.23 c	133.74 c
N－2	164	489.91 b	1.18 bc	77.14 bc	42.72 bc	119.87 bc
N－3	185	496.60 b	1.15 bc	75.93 bc	38.54 bc	114.46 bc
N－4	195	518.15 c	1.03 b	72.36 b	37.00 b	109.36 b
N－5	205	484.06 b	1.18 bc	80.00 bc	42.57 bc	122.58 bc

注：同一列数据尾部标有的字母不同，表示处理间差异达显著水平（$P<0.05$）。

对于任何特定的投入生产要素组合来说，它们能提供的最高产出量是有限的。一般而言，当其他条件固定时，氮肥使用越多，粮食产量也越高，但达到某一极限值后，粮食产量不增反减。粮食总产量函数从递增到递减的转折点被称为边际报酬递减点，过了这个点，粮食边际产量不增反减。粮食边际产量就会随氮肥投入单元增加而下降。为此探讨试验小区水稻产量数据与施肥量之间的关系。

从图 5－1 不同施肥处理小区平均产量的比较可以看出，空白不施氮肥对照试验小区水稻产量最低，但也达到了每亩 411.5。在 N－1 到 N－4 这个区间，产量随施肥量增加而不断增大，从每亩 485.27 kg 增长到每亩 518.15 kg。各施肥小区的水稻产量分别比不施肥小区增产 17.93%、19.05%、20.68%、25.92%，

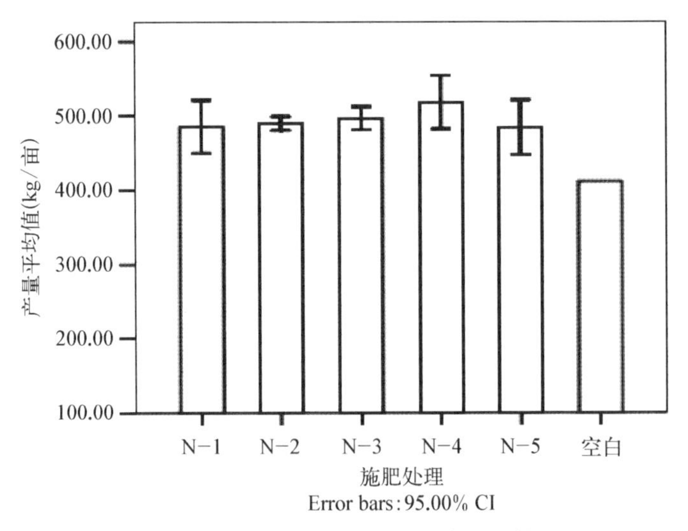

图 5-1 不同施肥处理小区产量比较

但是当施氮量超过 195 kg·hm^{-2}后，产量并没有继续增大而是下降，N-5 小区产量比不施肥小区产量增产 17.63%，和 N-4 小区相比，亩产降低了 34.09 kg。

因为试验区水稻施基肥量相同，追肥按不同水平减量施肥，所以稻谷产量应该与追肥量之间存在一定的关系。研究发现，水稻产量与追肥用量之间存在显著的二次函数关系，相关系数为 0.956 8，见图 5-2。

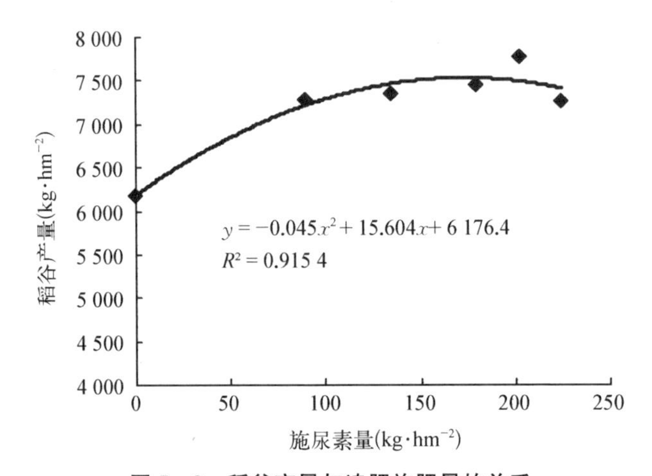

图 5-2 稻谷产量与追肥施肥量的关系

同样对各试验小区稻谷产量与其总施氮量进行拟合，如图 5-3 所示，水稻产量与施肥总量之间也存在显著的二次函数关系，其相关系数为 0.948 7。

为获得最佳施肥量，对上述水稻产量与氮肥用量关系拟合的二次三项式函

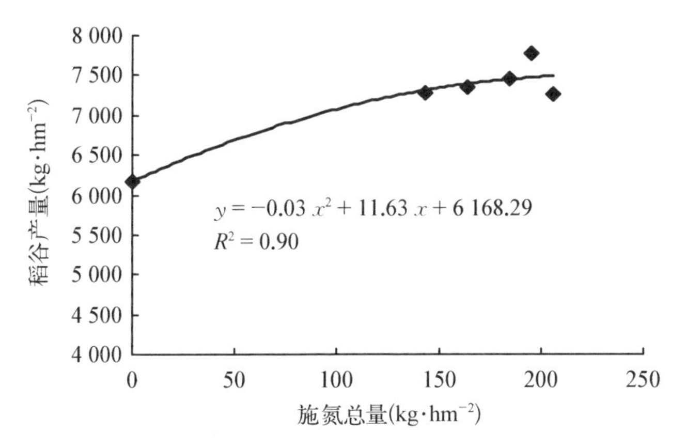

图 5-3　稻谷产量与施氮总量的关系

数（$Y=-0.03x^2+11.63x+6\ 168.29$）进行导数求解，求得最高产量时对应的最小氮肥用量。用 Y_{max} 表示最高产量，X_{min} 表示最高产量时对应的氮肥用量。经计算求得 X_{min} 为 194 kg • hm^{-2}，Y_{max} 为 7 295 kg • hm^{-2}。

本次试验中常规施肥量是根据当地农技部门提供的资料设计。通过对当地农户的问卷调查情况，当地农户种植晚稻投入氮肥量一般每亩施 50～55 kg 碳铵作基肥，施 15～18 kg 尿素作追肥。和此次试验田设计的常规施肥量（基肥碳铵量为每亩 40 kg，尿素每亩 15 kg）相比，农户所用的肥料比此次田间试验设计的最高施肥量要高一些。农户种植的晚稻产量在每亩 450～550 kg，此次试验田的最高产量为每亩 518 kg。按此次试验最高产量的施肥量计算，在保证水稻产量不受影响的情况下，可以比农户施肥量减少 10%以上。

第三节　最佳经济施氮量

根据农业技术经济学的边际收益分析原理，当边际收益和边际成本相等时，系统的经济收益最高（袁飞，1987）。利用前面的肥料效应函数，求导得出边际产量函数为：

$$Y_A=-0.06x+11.63 \tag{1}$$

如果其他成本保持不变，2010 年宁波余姚晚稻收购价格每 50 kg 为 148 元即 2.96 元/kg，氮肥价格（纯氮）按 4.78 元/kg 计，则边际成本和边际收益函数分别为：

$$Y_B = 4.78 \tag{2}$$

$$Y_C = -0.1776x + 34.4248 \tag{3}$$

式中，Y_B为边际成本函数，等于购买氮肥花费(氮肥价格)；Y_C为边际收益函数，等于边际产量与稻谷价格的乘积；x 为施氮量。

由方程(2)和(3)可以算出边际成本等于边际收益时的施氮量为 167 kg·hm^{-2}，在此施氮量水平下的经济效益最佳，相应产量为 7 274 kg·hm^{-2}。在此施肥条件下获得的稻谷产量与利用肥料效应获得的最高产量 7 295 kg·hm^{-2}相比，产量虽然还有 21 kg·hm^{-2}的上升空间，但是施肥成本比获得最高产量时的施肥量提高 129.4 kg·hm^{-2}，施肥利润降低 65.5 元·hm^{-2}。

经济最佳施肥量同市场上肥料与产品的比价密切相关。上边的计算也可以转化为：

$$\frac{dY}{dX} = 11.63 - 0.06x = \frac{4.78}{2.96}(R+1)$$

一般在农业生产中，为了稳定获得最高利润，减少投资风险，常常采用 $R>0$ 的边际利润值。表 5-5 列出了水稻氮肥效应不同 R 值的施肥量与利润。随着 R 值的增大，施肥量按一固定值减小，施肥成本也按一固定值降低，施肥利润也按一定的递增率减少。

表 5-5　水稻氮肥效应不同 *R* 值的施肥量与利润

R	施氮量(kg·hm^{-2})	增产量(kg·hm^{-2})	肥料成本(元·hm^{-2})	施肥利润(元·hm^{-2})
0	167	1 106	797.9	2 474.5
0.5	153	1 077	731.3	2 456.9
1	140	1 040	669.2	2 423.3
1.5	126	989	602.3	2 409.8
2	113	931	540.1	2 216.0

第四节　施氮水平对水稻产量要素的影响

水稻产量由每亩穗数(每穴穗数)、每穗粒数和千粒重三要素构成。水稻株高随施肥量变化特征如表 5-6 所示，各施肥处理小区株高差异显著，平均值在 79.15～83.3 之间变化。从平均值来看，空白对照小区的水稻植株最低，平均值只有 79.15 cm，随施氮量增大，水稻株高有增长的趋势。无论从平均值还是众数来看，施肥小区 N-3 的植株最高。

表 5-6　各施肥水平株高统计

施肥水平	最大值	最小值	平均值	众数	标准差	中位数	方差	偏度	峰度	变异系数
N-5	87	78	82.3	81	2.103	82	4.424	0.479	−0.293	0.026
N-4	86	80	82.27	80	2.067	82	4.271	0.269	−1.374	0.025
N-3	87	77	83.3	84	2.366	83.5	5.597	−0.770	0.937	0.028
N-2	85	78	81.9	80	1.882	82	3.541	−0.345	−1.024	0.023
N-1	86	78	82.53	83	2.013	83	4.051	−0.419	−0.544	0.024
N-0	82	77	79.15	77	1.694	79	2.871	0.173	−1.094	0.021

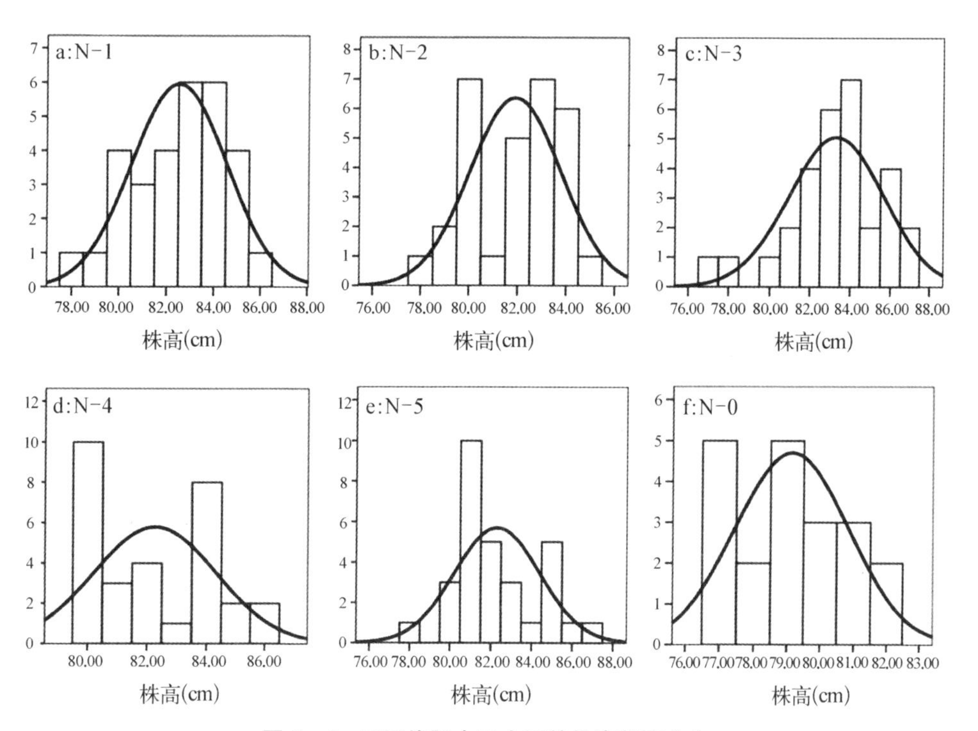

图 5-4　不同施肥水平小区的株高频率分布

从图 5-4 看出，N-1 小区的水稻株高集中分布在80～85 cm，N-2 小区的水稻株高集中分布在 80～84 cm，N-3 小区的水稻株高集中分布在 82～86 cm，

N－4 小区水稻株高集中分布在 80～84 cm，N－5 小区水稻株高集中分布在81～85 cm，N－0 小区水稻株高集中分布在 77～81 cm。

穗长随施肥量变化特征见表 5－7，从平均数来看，空白对照小区的穗长和施肥小区 N－1 的穗长很接近。随着施肥量的增大，水稻穗长呈增长趋势，从 14.53 cm增长到 15.20 cm。

表 5－7　各施肥水平的穗长统计

施肥水平	最大值	最小值	平均值	众数	标准差	中位数	方差	偏度	峰度	变异系数
N－5	17	12.5	15.20	14	1.201	15.25	1.441	－0.06	－0.766	0.079
N－4	17	14	15.32	15	0.793	15.25	0.629	0.155	－0.562	0.052
N－3	17	13	14.78	14	1.194	14.75	1.426	0.408	－0.686	0.081
N－2	17.5	12.5	14.8	15	1.111	15	1.234	0.504	0.479	0.075
N－1	17.5	10.5	14.53	15	1.420	14.5	2.016	－0.227	1.548	0.098
N－0	17	13	14.63	15	1.062	14.5	1.128	0.441	－0.112	0.073

水稻穗长频率分布直方图见图 5－5，N－1 施肥小区穗长集中分布在 13～15 cm，N－2 施肥小区穗长集中分布在 13.5～15 cm，N－3 施肥小区穗长集中分布在 14～15 cm，N－4 施肥小区穗长集中分布在 14.5～16 cm，N－5 施肥小区穗长集中分布在 14～17 cm，空白小区 N－0 穗长集中分布在 14～15 cm。

水稻每穴穗数和每亩穗数的多少有很大关系，直接关系到水稻产量。各施肥处理水稻每穴穗数变化特征见表 5－8。从平均数来看，空白小区 N－0 每穴穗数最少，平均只有 7 穗，随着施肥量的增大，水稻每穴穗数也是呈增长的态势，从平均每穴 8 穗增长到平均每穴 10 穗，但超过 N－4 施肥水平后，每穴穗数降为 9 穗。

表 5－8　各施肥水平每穴穗数统计

施肥水平	最大值	最小值	平均值	众数	标准差	中位数	方差	偏度	峰度	变异系数
N－5	13	7	9.6	9	1.476	9.5	2.179	0.273	－0.260	0.154
N－4	15	7	10.17	10	2.183	10	4.764	0.497	－0.021	0.215
N－3	14	8	10.03	10	1.474	10	2.171	0.909	1.018	0.147
N－2	13	7	9.17	8	1.510	9	2.282	0.534	0.075	0.165
N－1	11	6	8.37	7	1.326	8	1.757	0.499	－0.327	0.158
N－0	9	6	7.25	7	0.851	7	0.724	0.036	－0.589	0.117

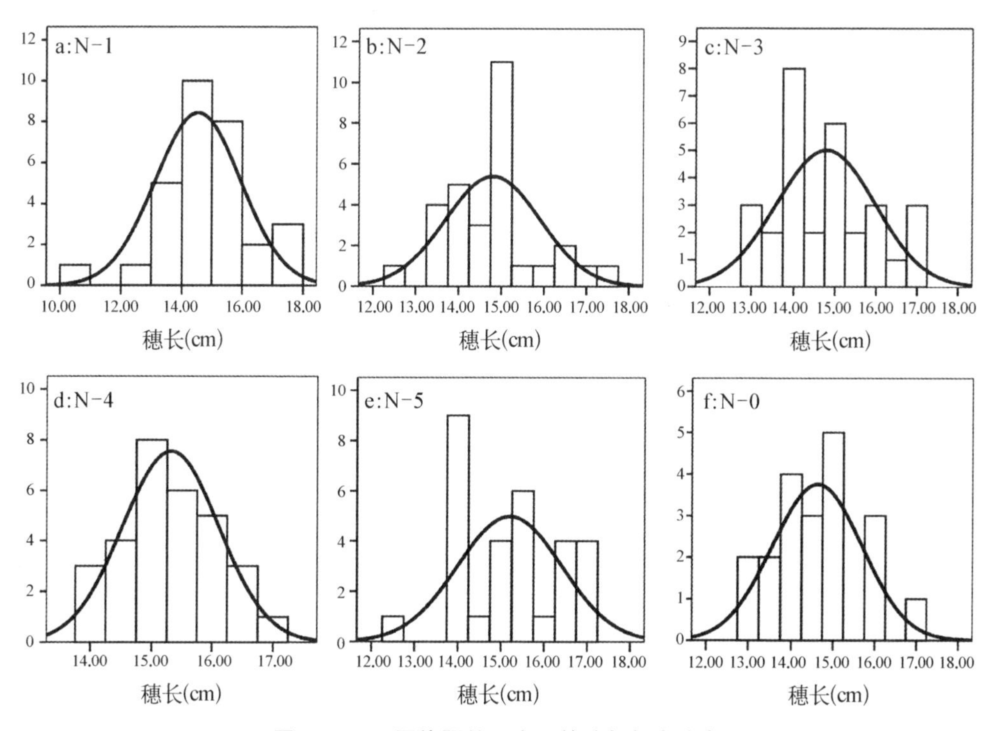

图 5-5　不同施肥处理小区的穗长频率分布

从图 5-6 水稻每穴穗数频率分布直方图中，可以看出施肥小区 N-1 每穴穗数集中分布在 7～9 穗，施肥小区 N-2 每穴穗数集中分布在 8～10 穗，施肥小区 N-3 和 N-4 每穴穗数集中分布在 9～11 穗，施肥小区 N-5 的每穴穗数集中分布在 8～11 穗，不施肥小区 N-0 每穴穗数集中分布在 6～8 穗。

水稻每穗总粒数变化特征见表 5-9，从平均数来看，空白对照小区 N-0 每穗总粒数是最小的，平均只有 140 粒。施肥量最大的 N-5 小区水稻每穗总粒数最大，并且最大值和最小值都比其他处理要高。各施氮小区之间每穗平均总粒数差异不大，在 157～164 粒之间。从总体上来看，施肥可以增加水稻每穗总粒数。

从水稻每穗总粒数频率分布直方图 5-7 可以看到，施肥小区 N-1 水稻总粒数集中分布在 140～180 粒，施肥小区 N-2 水稻总粒数集中分布在 140～170 粒，施肥小区 N-3 水稻总粒数集中分布在 140～190 粒，施肥小区 N-4 水稻总粒数集中分布在 140～170 粒，施肥小区 N-5 水稻总粒数集中分布在 130～190 粒，空白对照小区 N-0 水稻总粒数集中分布在 120～160 粒。

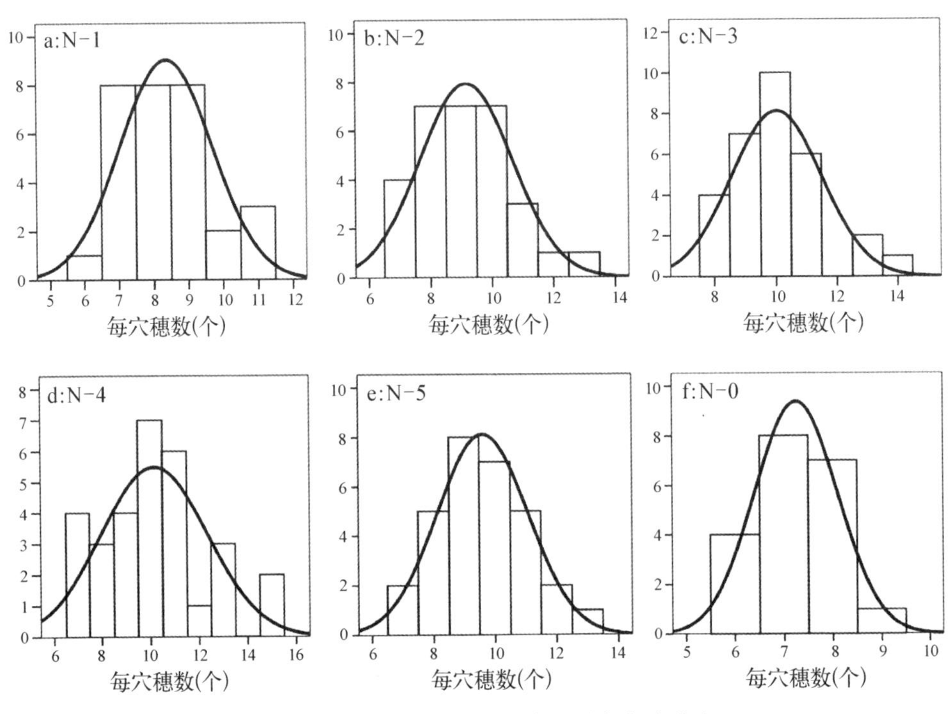

图 5-6 不同施肥处理小区每穴穗数频率分布

表 5-9 各施肥水平每株总粒数统计

施肥水平	最大值	最小值	平均值	众数	标准差	中位数	方差	偏度	峰度	变异系数
N-5	214	130	163.6	150	24.282	155.5	589.63	0.428	−0.914	0.148
N-4	201	110	158.97	165	22.327	157.5	498.52	0.144	−0.096	0.140
N-3	193	113	157.27	138	21.359	158	456.20	−0.287	−0.672	0.136
N-2	210	113	159.5	156	23.708	156	562.05	0.352	−0.256	0.149
N-1	203	128	161.57	140	19.353	163	374.53	0.066	−0.698	0.120
N-0	180	90	139.73	130	23.931	138	572.69	−0.263	−0.677	0.171

水稻每穗总粒数，并不能真正反映水稻生长的真实情况，每穗水稻去除空秕粒才算是收获时的真实产量。所以水稻结实率是产量的重要构成要素，结实率对产量的影响仅次于穗数，提高水稻结实率可直接增加穗粒数，提高水稻产量。取一稻穗，数出总粒数(含秕谷)和秕谷(无米空壳)，用总粒数减空壳数，等于实粒数(含稻米的籽粒，不一定是饱满的，只要能形成产量就算)。用实粒数除以总

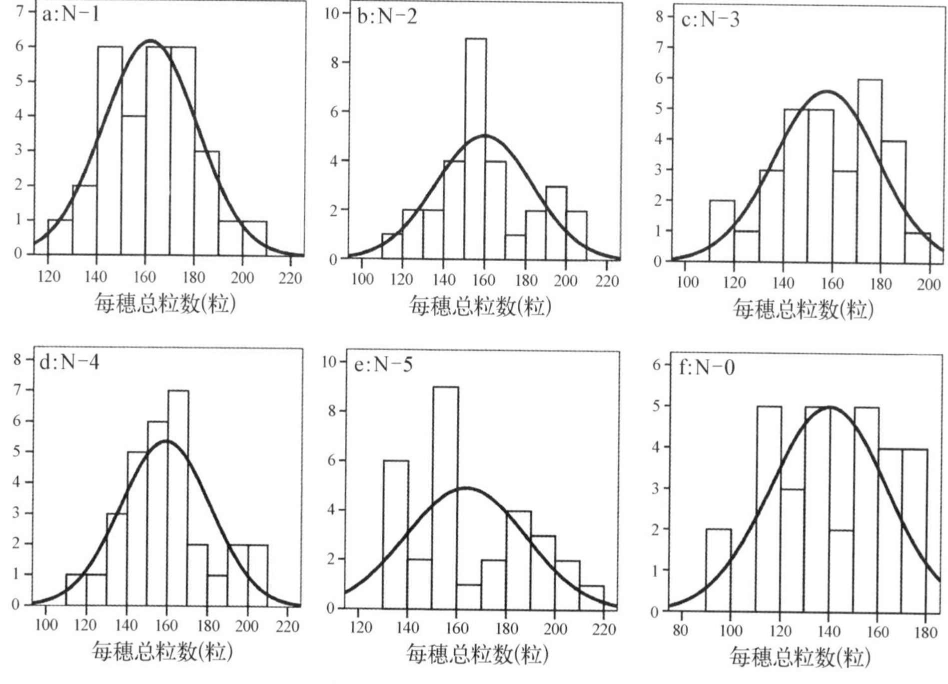

图 5-7　不同施肥处理小区每穗总粒数频率分布

粒数乘以 100，就是该穗的结实率(%)。计算一块田的结实率，要用随机取样法取点(如 10 个点)，再从选中的点取典型株，计数样本平均结实率，可作为该小区水稻结实率。试验田水稻结实率随施肥水平的变化见表 5-10，从平均数来看，空白对照小区的结实率是最高的，平均达到 91.09%，随施氮量增大，水稻结实率有降低的趋势。

表 5-10　各施肥水平结实率(%)统计

施肥水平	最大值	最小值	平均值	众数	标准差	中位数	方差	偏度	峰度	变异系数
N-5	92.62	59.16	80.35	59.16	7.715 66	81.595	59.531	−0.707	0.329	0.096
N-4	95.76	68.42	86.92	68.42	7.503 09	88.67	56.296	−0.927	0.164	0.086
N-3	97.67	66.10	84.52	66.10	8.384 71	85.475	70.303	−0.503	−0.390	0.099
N-2	94.62	62.35	83.10	62.35	8.459 20	83.83	71.558	0.427	0.600	0.102
N-1	95.45	65.22	83.77	65.22	7.922 95	85.33	62.773	−0.448	−0.700	0.095
N-0	98.45	71.11	91.09	71.11	6.619 00	92.95	43.811	−1.854	3.825	0.073

水稻结实率频率分布图见图 5-8，施肥小区 N-1 的结实率集中分布在 75%～95%，施肥小区 N-2 的结实率集中分布在 80%～95%，施肥小区 N-3 的结实率集中分布在 80%～95%，施肥小区 N-4 的结实率集中分布在 80%～95%，施肥小区 N-5 的结实率集中分布在 70%～90%，空白不施氮肥小区N-0 的结实率集中分布在 90%～95%。

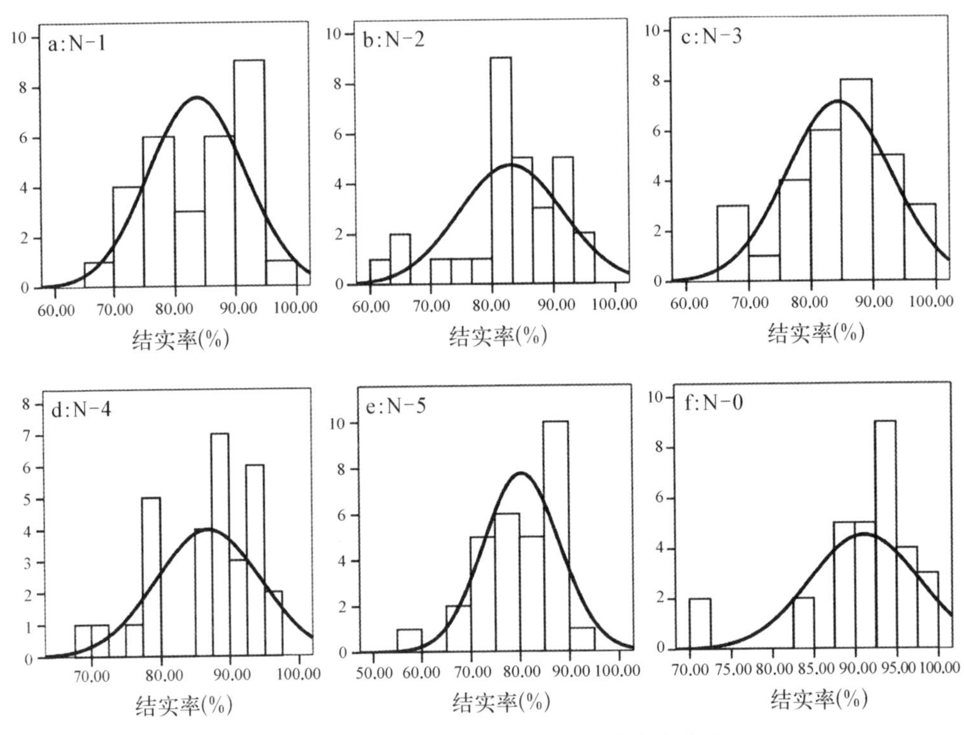

图 5-8　不同施肥处理小区的结实率频率分布

千粒重是体现种子大小与饱满程度的一项指标，是检验种子质量和作物考种的内容，也是田间预测产量时的重要依据。千粒重通常是指自然干燥状态下 1 000 粒种子的重量。一般测定小粒种子千粒重时，是随机数出 3 个 1 000 粒种子，分别称重，求其平均值。

从图 5-9 可以看出，不同施肥小区稻谷千粒重有一定差异，其中不施氮肥小区 N-0 的千粒重最高，平均值达到了 24.87 g。其他施肥小区的水稻千粒重都在 24 g 以下。随施肥量的增大，千粒重大体呈减小的趋势。在几种施肥水平中，N-3 的千粒重较高，平均值在 23.68 g；施氮肥量最高的 N-5 小区的水稻千粒重最低，只有 22.67 g。

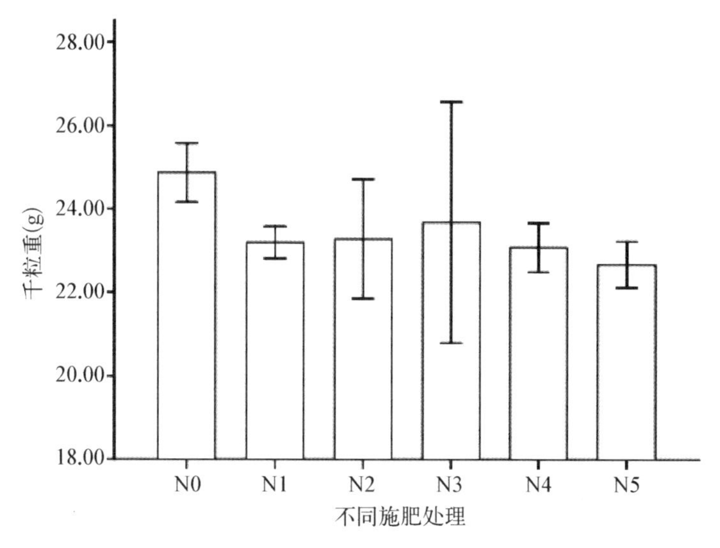

图 5-9　不同施肥处理小区稻谷千粒重比较

综合以上分析，列出了不同施肥水平下水稻产量及水稻产量构成要素的平均特征(表 5-11)。每列数据采用单因素方差分析中 Duncan 多重比较法进行差异显著性检验(P<0.05)。

表 5-11　不同施肥处理水稻产量及产量构成要素

编号	株高(cm)	穗长(cm)	每穴穗数(个)	每穗总粒数	每穗实粒数	结实率(%)	千粒重(g)	实际产量(kg·亩$^{-1}$)
N-5	82.30 bc	15.2 ab	9.6 cd	164 b	131 a	80.35 a	22.67 b	484.06 b
N-4	82.27 bc	15.32 b	10.2 d	159 b	138 a	86.92 b	23.08 b	518.15 c
N-3	83.3 c	14.78 ab	10.0 d	157 b	133 a	84.52 ab	23.68 b	496.60 b
N-2	81.9 b	14.80 ab	9.2 c	160 b	132 a	83.10 ab	23.28 b	489.91 b
N-1	82.5 bc	14.53 a	8.4 b	162 b	135 a	83.77 ab	23.20 b	485.27 b
N-0	79.2 a	14.63 ab	7.3 a	140 a	127 a	91.09 c	24.87 a	411.50 a

注：同一列数据尾部标有的字母不同，表示处理间差异达显著水平(P<0.05)。

从这次的田间试验结果分析来看，各施肥处理水稻株高存在显著性差异(P<0.05)，施肥可以增加水稻的株高。在一定的施肥量范围内，N-1～N-4 对应的追施尿素水平在 90～202 kg·hm^{-2} 内，随着施氮量的增大，可以使水稻穗长在一定水平上增高，水稻穗长增长的同时也使水稻每穗总粒数增大。施氮量的增大，也可以增加水稻的分蘖数，增加每穴穗数，从而提高每亩的穗数。但

是过多的氮肥使水稻的结实率和千粒重随施氮量的增大有降低的趋势，这可能是施肥过多导致水稻生育期相对延长，水稻贪青晚熟，延迟了籽粒的灌浆，因而延迟了叶片和茎鞘中贮存的氮素向穗部的转移。而植株吸收的多余氮素累积在茎秆和叶部分，因为没有形成经济产量，而可能造成吸收氮素的浪费。总体上看，随着施肥量的增大，水稻结实率和千粒重都呈下降的趋势。不施肥对照小区的千粒重和结实率是最高的，分别为 91.09%和 24.87 g。施肥量最大的小区结实率和千粒重最低，分别为 80.35%和 22.67 g。所以施肥过高，不仅会降低水稻的产量，还会增大水稻空秕率，对稻米的品质造成一定的影响。

第五节　施氮水平对水稻利用率的影响

氮肥利用率低是当今作物生产的世界性难题，不仅造成氮素的浪费，同时流失的氮也会使农田周围环境污染恶化。到目前为止，氮肥利用率的定义在国内仍然没有形成统一的标准。国外通用的氮肥利用率的定量指标有氮肥吸收利用率、氮肥生理利用率、氮肥农学利用率和氮肥偏生产力，这些指标从不同侧面描述了作物对氮肥的利用率(彭少兵，黄见良，2002)。

氮肥吸收利用率(RE)是指施肥区作物氮素积累量与空白区氮素积累量的差占施用氮肥全氮量的百分数。氮肥生理利用率(PE)反映了作物对所吸收的肥料氮素在作物体内的利用率，其定义为作物因施用氮肥而增加的产量与相应的氮素积累量的增加量的比值。氮肥农学利用率(AE)则是作物氮肥吸收利用率与生理利用率的乘积，指作物施用氮肥后增加的产量与施用的氮肥量之比值。

表 5-12　氮肥利用率计算公式

项　目	计　算　公　式	单　　位
吸收利用率	$100\times(TN_{+N}-TN_{-N})/FN$	%
生理利用率	$(GY_{+N}-GY_{-N})/(TN_{+N}-TN_{-N})$	$kg \cdot kg^{-1}$
农学利用率	$(GY_{+N}-GY_{-N})/FN$	$kg \cdot kg^{-1}$
氮肥偏生产力	GY_{+N}/FN	$kg \cdot kg^{-1}$

注：TN_{+N}=施肥区水稻植株地上部分吸收的全氮含量；TN_{-N}=不施肥区水稻植株地上部分吸收的全氮；FN=施肥量；GY_{+N}=施肥区产量；GY_{-N}=不施肥区产量。

氮肥偏生产力(PFP)则反映了作物吸收肥料氮和土壤氮后所产生的边际效应，定义为作物施肥后的产量与氮肥施用量的比值。氮素产谷效率($kg \cdot kg^{-1}$)=稻谷产量/吸氮量。

根据上述公式，计算了不同施氮水平下水稻的氮肥利用率指标，单因素方差分析表明，不同施氮处理的氮肥产谷效率、吸收利用率、生理利用率、农学利用率及偏生产力都存在显著性差异(表5-13)；

表5-13　不同施氮水平的水稻氮肥利用率

氮肥处理	施氮量($kg \cdot hm^{-2}$)	产量($kg \cdot hm^{-2}$)	产谷效率($kg \cdot kg^{-1}$)	氮肥吸收利用率(%)	氮肥生理利用率($kg \cdot kg^{-1}$)	氮肥农学利用率($kg \cdot kg^{-1}$)	氮肥偏生产力($kg \cdot kg^{-1}$)
N-0	0	6 172.50 a	90.59 c				
N-1	143.40	7 279.00 b	54.71 a	45.75 a	17.46 a	7.72 c	50.76 d
N-2	164.10	7 348.65 b	61.38 ab	31.52 b	22.84 a	7.17 ab	44.78 c
N-3	184.80	7 449.00 b	65.83 ab	25.07 b	30.06 ab	6.91 ab	40.31 b
N-4	195.15	7 772.23 c	72.17 b	21.12 b	42.36 b	8.20 c	39.83 b
N-5	205.50	7 260.90 b	59.43 a	26.49 b	20.51 a	5.30 a	35.33 a

注：同一列数据尾部标有的字母不同，表示处理间差异达显著水平($P<0.05$)。

从氮肥产谷效率来看，不施氮肥小区最高，达到90.59 $kg \cdot kg^{-1}$，说明作物吸收的肥料氮几乎都生成产量。随施肥量增加，作物产谷效率先增大后减小。相关分析表明，氮素产谷效率与吸氮量呈极显著负相关，其相关系数为-0.970。这说明吸氮量过多，其氮素产谷效率下降，产量并不一定高，适当控制吸氮量是提高氮素产谷效率的前提。

从施肥水平对氮肥利用率来看，氮肥吸收利用率随施肥量的增大而下降。施肥水平最低的小区N-1，氮肥吸收利用率最高，平均达到45.75%，再增加肥料，利用率急剧下降。追肥量是常规施氮量60%的小区(N-2)比追肥量是常规施氮量40%的小区(N-1)氮肥吸收利用率降低14.23%。N-2～N-5小区水稻氮肥吸收利用率无显著性差异。而产量最高的N-4小区，氮肥的吸收利用率却是最低的，平均只有21.12%。施肥量最高的N-5小区，氮肥的吸收利用率也只有26.49%。相关性分析表明，水稻吸收利用率与施氮量呈极显著性负相关，其相关系数为-0.751，与作物吸氮量呈极显著正相关，其相关系数为0.914。

氮肥生理利用率随施氮量增加而增大，从 17.46 kg·kg^{-1}增加到 42.36 kg·kg^{-1}，但是超过 195 kg·hm^{-2}施肥水平后就下降为 20.51 kg·kg^{-1}。相关性分析表明，氮肥生理利用率与作物吸氮量呈极显著负相关，其相关系数为－0.897，与作物产量呈极显著正相关，其相关系数为 0.699。说明施肥过多，并不能增加作物对所吸收的肥料氮素在作物体内的利用，只有在体内利用率提高，才能增大产量效应。

各施肥水平处理氮肥的农学利用率都很低，在 5.3～8.2 kg·kg^{-1}之间变化。产量最高的小区 N-4 的氮肥农学利用率最高为 8.2 kg·kg^{-1}。施肥量最大的小区 N-5 的农学利用率最低，只有 5.3 kg·kg^{-1}。相关性分析结果表明，氮肥农学利用率与产量呈极显著性正相关，其相关性系数达 0.765。在热带地区，水稻的氮肥农学利用率为 15～25 kg·kg^{-1}（Yoshida，1981）。在菲律宾，旱季水稻的氮肥农学利用率为 15～18 kg·kg^{-1}（Cassman，1996）。在中国，1958～1963 年氮肥农学利用率为 15～20 kg·kg^{-1}，1981～1983 年下降至 9.1 kg·kg^{-1}（林葆，1991）。而本试验中氮肥的农学利用率低于 9.1 kg·kg^{-1}，验证了这种说法。不施氮肥的空白区产量直接影响氮肥农学利用率。长期以来，我国施肥管理是以培肥土壤，提高稻田生产力为宗旨。我国稻田土壤背景氮供应偏高，是长期施用大量有机和无机肥料在稻田土壤中累积所致。而已有的资料报道（崔玉亭，程序，1998；李荣刚，翟云忠，2000），我国稻田土壤无氮区水稻产量通常能达到5 000～6 000 kg·hm^{-2}。其他产稻国无氮区水稻产量通常只有 3 000～4 000 kg·hm^{-2}。本试验田水稻在不施氮肥的情况下就已经获得较高的产量（6 172.5 kg·hm^{-2}）。土壤背景氮含量偏高也是造成氮肥农学利用率低的一个原因。国际水稻研究所的土壤长期定位试验表明，无肥区产量水平为 4 000 kg·hm^{-2}，在氮肥用量为 120～150 kg·hm^{-2}，也能获得 8 000～9 000 kg·hm^{-2} 的产量。尽管其空白区产量远低于中国多数稻田，但这一系统自 1963 年开始以来已经种植了 113 季水稻，其土壤生产力仍未降低。相反，这一系统中氮肥的农学利用率达 20～25 kg·kg^{-1}，远高于中国的平均值 9.1 kg·kg^{-1}（彭少兵，黄见良，2002）。

各施肥小区氮素偏生产力具有显著性差异（$P<0.05$），氮肥偏生产力随着施肥量增大而逐步降低，从施肥最少的小区 N-1 的 50.76 kg·kg^{-1}下降到 N-5小区的 35.33 kg·kg^{-1}。相关性分析结果表明，氮肥偏生产力与施肥量呈极显著负相关，其相关系数为－0.975，本试验的研究结果和钟旭华对华南双季

杂交稻(钟旭华,黄农荣,2007)的研究结果基本一致。当氮肥用量低时,氮肥偏生产力主要反映了水稻从土壤及灌溉水系统中吸收的氮素对稻谷产量的贡献。因此,只有当氮肥用量较高时,氮肥偏生产力用作氮肥利用率指标才更具意义。

对水稻氮肥农学利用率和生理利用率影响较大的是水稻施用氮肥后的产量反应,即氮肥增产量大的表现出来的农学利用率高,如果吸收的氮量相等,那么,相应的生理利用率也比较高。因此提高稻田氮肥利用率,重点要解决好如何提高水稻的生理利用率,而减少奢侈吸收将是实现这一目标的前提。

表 5-14　氮肥利用率与产量、作物吸氮及产量的相关分析

	产谷效率	吸收利用率	生理利用率	农学利用率	偏生产力
施肥量	0.424	−0.751**	0.386	−0.379	−0.975**
吸氮量	−0.970**	0.914**	−0.897**	−0.134	0.386
产　量	0.611*	−0.457	0.699**	0.765**	−0.097

注:** 表示在 0.01 水平(双侧)上显著相关;* 表示在 0.05 水平(双侧)上显著相关(n=15)。

对于种稻效益的提高而言,稻谷产量、氮肥农学利用率和偏生产力的提高比氮素产谷效率更重要。而对于环境污染控制而言,提高氮肥的吸收利用率也比提高氮素产谷效率更重要。在水稻成熟过程中,基肥和蘖肥随着水稻株中、下部叶片和叶鞘的枯死而带出稻体的量多于穗肥,所以基肥和蘖肥的利用率低而穗肥的利用率高(王维金等,1993)。在江苏高产水平下,穗肥利用率最高,达45%~71%,其次是蘖肥,基肥利用率最低(凌励等,1996)。目前,浙东宁绍平原地区,水稻生长中前期施氮(基肥和蘖肥)偏重,基肥用量占水稻生育期施肥量的50%以上,这也会导致氮肥利用率降低。因此控制总施氮量,减小基、蘖肥用氮量,增大穗粒肥用氮量,实行氮肥后移,这是提高氮肥利用率、实现增产增收环保的方向。

第六章　减量施氮与农田氮素平衡

我国农田氮肥用量自20世纪60年代以来逐年增大，到2007年高达3 500万吨。2005～2007年，我国农业氮肥用量年均增长3.3%（张福锁，江荣风，2008）。氮肥施用量稳步增长，但氮肥利用率却不断下降，由此导致的氮素污染环境和危害人类健康的问题也日益严重（Timan D，2001）。农田生态系统中，养分投入和支出之间的平衡对农业可持续发展和环境保护十分重要；同时，农田生态系统养分平衡也是影响土壤质量的一项重要指标（William F S，2002；王建国，刘鸿翔等，2003）。自20世纪80年代以来，中国农田生态系统中氮素总体上处于盈余状态，而且呈现持续增长的趋势（Zhu Z L，Chen D L，2002）。累积在土壤中的残留氮绝大部分以硝态氮的形式存在（Ju X T，2004；寇长林，巨晓棠，2005；李世清，李生秀，2000）。这部分硝态氮在夏季持续降雨或大量灌溉的条件下，容易向土壤深层移动，逐渐淋出根区，造成土壤深层硝态氮累积增加，并威胁到浅层地下水的安全（Richter J，2000；Zhang W L，1996）。

氮肥施入土壤后，经过微生物作用迅速变成硝酸盐，除部分被农作物利用外，有很大一部分通过硝态氮淋失、反硝化、氨挥发等途径从土壤中损失。保持土壤氮含量是土地持续利用和作物高产稳产的重要条件。然而不合理的农业实践，如单作、偏施化肥而轻视有机肥等会造成土壤氮素严重失衡。因此，研究氮素变化对农业持续发展具有重要的理论和实践意义（HE Y Q，LI Z M，2000）。造成土壤氮素流失的关键因素在于：土壤—作物系统内未被作物吸收利用的氮素增大了土壤向水圈的氮素耗散强度。在充分研究土壤氮素循环中不同形态氮转化与植物吸收利用的基础上，计算分析土壤氮素平衡，可为进一步控制土壤氮流失，减轻环境污染提供理论依据。为此，下文以浙东宁绍平原余姚三七市镇幸福村为试验点，在当地青紫泥水稻田上研究了水稻移栽前后土壤不同形态氮素在土壤剖面中的迁移变化，计算了土壤—作物系统的氮素平衡。

第一节　材料与方法

1.1　试验设计

试验于 2010 年 7～11 月在浙江省宁波市余姚三七市镇的试验田进行。此试验田水稻种植制度为早稻—晚稻双季稻，对晚稻施氮肥后进行监测。供试晚稻品种为宁—88，栽种密度为每列 32 穴，每行 18 穴，每穴基本苗 4 根。2010 年 7 月 31 日插秧，在插秧前施入基肥，肥料种类为碳酸氢铵（含氮量 17%）和氯化钾。碳铵量为每亩 40 kg（600 kg · hm^{-2}），钾肥用量为每亩7.5 kg（112.5 kg · hm^{-2}）。施肥方式是翻耕后表土撒施，然后小区进水灌溉泡田，水稻需水期田面水深维持在 6 cm 左右。

水稻试验共设 5 个施肥处理：

（1）N - 5 追肥习惯施氮量（225 kg · hm^{-2}）；

（2）N - 4 追肥减量 10%（202 kg · hm^{-2}）；

（3）N - 3 追肥减量 20%（180 kg · hm^{-2}）；

（4）N - 2 追肥减量 40%（135 kg · hm^{-2}）；

（5）N - 1 追肥减量 60%（90 kg · hm^{-2}）。

还设有一块不施氮肥的试验小区作对照。追肥肥料种类为尿素（含氮 46%）。各施肥处理 3 次重复，从施肥量由小到大依次排列，每块小区面积为3 m×6 m。各小区追肥按 6 ∶ 4 两次施用，第一次为分蘖肥，第二次为穗肥。

试验前各小区土壤 0～60 cm 的硝态氮、铵态氮及有机碳含量见表 6 - 1、6 - 2与 6 - 3。从表中可以看出，移栽前土壤硝态氮含量低于铵态氮含量，硝态氮含量主要在耕作层富集，向剖面下层减少。铵态氮在剖面下层有累积现象，这可能与土壤有机碳含量高有关，土壤 40～60 cm 有机碳比上层有机碳偏高，增加了铵态氮的吸附能力。

表 6-1　移栽前土壤剖面硝态氮含量($mg \cdot kg^{-1}$)

土层	N-0	N-1	N-2	N-3	N-4	N-5
0～20 cm	5.39	4.33	3.97	2.81	4.00	3.62
20～40 cm	1.92	5.04	4.49	5.48	4.85	4.56
40～60 cm	1.33	1.80	2.28	2.58	0.77	1.07

表 6-2　移栽前土壤剖面铵态氮含量($mg \cdot kg^{-1}$)

土层	N-0	N-1	N-2	N-3	N-4	N-5
0～20 cm	8.53	12.72	11.02	13.29	11.52	9.95
20～40 cm	9.65	12.31	11.36	12.27	10.45	15.66
40～60 cm	11.04	13.89	18.66	13.99	13.9	16.59

表 6-3　移栽前土壤剖面有机碳含量($g \cdot kg^{-1}$)

土层	N-0	N-1	N-2	N-3	N-4	N-5
0～20 cm	55.83	60.42	60.36	54.55	56.18	63.35
20～40 cm	51.70	52.00	55.57	53.90	47.24	46.27
40～60 cm	71.72	49.51	59.31	55.39	65.85	68.46

1.2　样品采集与测定项目

土壤取样：于田块施基肥前(基础土样)和成熟期(移栽后 108 天)取 0～60 cm土壤样品，取样时用取土钻每 20 cm 为一层，采(0～20 cm、20～40 cm、40～60 cm)土。每施肥处理选择 3 个点，相同层次的土壤混合为一个土样，一部分混合土样放在冰箱中保存，用于硝态氮和铵态氮的测定。一部分土样采集后进行风干、磨碎，过筛，用于土壤全氮和有机质的测定。采环刀样用于土壤容重的测定。

水稻取样：水稻成熟期在每个施肥处理试验小区避开田边，按"S"形采样法采植株样。采样区内采取 10 个样点的样品组成一个混合样，每样点 3 株，共 30 株。用剪刀取植株地上部分，于根部齐地剪断，用大塑料袋包扎好，送回实验室，分茎秆和稻穗做水稻植株全氮分析。成熟期每小区割 0.25 m^2 样方，剪成稻穗和秸秆两部分，于 105℃杀青 30 分钟，70℃烘至恒重，称地上部分干物质重。每小区单打单收实测产量。

灌溉河水取样：水稻每次灌溉时取灌溉河水 500 mL，对灌溉水的全氮进行测定。

水稻植株全氮（分稻穗和秸秆）用 $H_2SO_4-H_2O_2$ 消煮，凯氏定氮蒸馏法测定。土壤无机氮（N_{min}）为硝态氮和铵态氮之和。称取过 2 mm 筛的土样 10 g，用 100 mL 2 mol/L 的氯化钾溶液浸提（液土比 10∶1），震荡 40 分钟，用定量滤纸过滤后，土壤吸附的铵态氮用靛粉蓝比色法测定，硝态氮用紫外分光光度法（双波段法）测定。土壤全氮用凯氏定氮法测定，土壤有机碳采用浓硫酸重铬酸钾法（GB 9834—88）测定。水样全氮采用过硫酸钾氧化—紫外分光光度法测定。

1.3　氮平衡的相关计算

以下简要介绍氮平衡计算中的有关概念和计算方法。

1）外源氮素总收入（$kg \cdot hm^{-2}$）：包括化肥氮、土壤初始氮、土壤矿化氮、大气湿沉降以及灌溉水带入氮五者之和。

2）氮素支出（$kg \cdot hm^{-2}$）：氮支出包括作物吸收、土壤残留无机氮和表观损失三项。

3）氮素表观平衡根据差减法计算

氮素表观平衡（$kg \cdot hm^{-2}$）＝进入土壤中的氮素总量（$kg \cdot hm^{-2}$）－被作物地上部分带走的氮素总量（$kg \cdot hm^{-2}$）

4）作物地上部分带走的氮素总量（$kg \cdot hm^{-2}$）

作物地上部分带走的氮＝植株（地上部分）干物质量（$kg \cdot hm^{-2}$）×植株含氮量（%）×面积

5）作物收获后土壤中残留氮

土壤残留 N_{min}（$kg \cdot hm^{-2}$）＝土层厚度（cm）×土壤容重（$g \cdot cm^{-3}$）× N_{min} 浓度（$kg \cdot hm^{-2}$）/10（0～20 cm，20～40 cm，40～60 cm 土壤容重分别为 0.86 $g \cdot cm^{-3}$、1.12 $g \cdot cm^{-3}$、0.97 $g \cdot cm^{-3}$）

6）氮素表观损失

氮素表观损失则根据氮平衡模型进行计算，即根据氮素输入输出平衡的原

理，即氮表观损失＝氮总输入－作物收获带走量－收获后土壤残留无机氮

7）大气湿沉降

大气湿沉降量带入氮参考长三角地区常熟农业生态试验站实测2002年稻季大气湿沉降带入农田氮素量7.5 kg·hm^{-2}（苏成国，尹斌，朱兆良，2005）。

8）灌溉水带入氮（kg·hm^{-2}）

灌溉水带入氮（kg·hm^{-2}）＝水稻灌溉定额（m^3. hm^{-2}）×灌溉水浓度（mg/L）×1 000

（参照浙江省地方标准DB33_T_769—2009_农业用水定额，浙东沿海平原地区晚稻在灌溉方式为淹灌，90%灌溉保证率下的灌溉用水定额为285 m^3/亩）

9）土壤氮素的表观净矿化量（kg·hm^{-2}）

氮素矿化是根据无氮区作物吸氮量与试验前后土壤无机氮的净变化来加以估计（易琼，张秀芝等，2010）。

土壤氮素的表观净矿化量＝不施氮小区作物吸氮量＋不施氮肥区土壤残留N_{min}－不施氮肥区土壤起始氮N_{min}

由于不考虑氮肥的激发效应，故假定施肥处理的土壤矿化量和无肥区相同。

10）氮素残留率、损失率和利用率

氮素在土壤中的残留率（%）＝0～60 cm土层无机氮量（kg·hm^{-2}）/土壤氮素总收入（kg·hm^{-2}）×100

氮肥损失率（%）＝1－氮肥利用率－氮肥残留率

氮肥利用率是指施入的氮肥被当季作物吸收利用的百分率，采用差减法计算，其公式为：氮肥利用率（%）＝（施氮区吸氮量－无氮区吸氮量）/施氮量×100。

第二节　水稻收获后土壤氮素净残留量变化

我国南方江浙地区为亚热带季风气候，光热充足，雨量充沛，但土壤离子交换量（CEC）低，施入土壤中的氮肥分解速度很快。有研究表明（Sun B，Zhang T L，2000；Shen R F，Zhao Q G，1998），在降雨量大、高渗透性、低阳离子交换量的土壤上，淋失作用是导致化肥利用率低的主要原因。被淋溶出根区的这部分氮肥，通过不饱和层进入地下水，淋出根区的这部分氮肥主要以NO_3^-－N的形式存在，很难被作物吸收利用，不但大大降低了氮肥的利用率，更具有潜在的淋溶损

失倾向，引起地下水的污染，对人体健康造成威胁(梁国庆，2004；朱兆良，文启孝，1992)。

大型土柱试验表明，渗漏液中 20 cm 处 NH_4^+ - N 最高浓度值与施肥量大小成正相关，60 cm 和 120 cm 处渗漏液中 NH_4^+ - N 浓度值与施肥量的关系不大(林清火等，2005)。由于大田试验和土柱模拟不完全一致，施肥量是影响速效氮在土壤中分布的主要因子，为此，研究施肥量对氮素在土壤中的分布特征在理论和实践上都具有重要意义。

水稻生育期施氮量可以影响收获后土壤剖面的氮素残留。为了降低空间差异对土壤氮素累积的影响，本研究用同一施肥处理收获后与施肥前土壤氮素的差值，表示经过作物一季吸收后肥料氮在土壤中的净残留状况。

对土壤剖面硝态氮储量净残留的测定(图 6 - 1)结果表明，经过一季晚稻种植后，20～40 cm 硝态氮相比施肥前有所下降，降低范围为 0.48～8.05 kg • hm^{-2}，下降值 N - 3>N - 2>N - 1>N - 5>N - 4>N - 0。40～60 cm 土壤硝态氮和水稻移栽前相比，只有 N - 2 和 N - 3 小区轻微下降，分别比移栽前下降 0.05 和 0.87 kg • hm^{-2}。其他小区的土壤硝态氮净残留是正值，净残留量 N - 5>N - 4>N - 1>N - 0，净残留值在 1.32～5.04 kg • hm^{-2}。在0～20 cm 耕作层，各施肥处理小区土壤硝态氮有明显积累，净残留量随施肥量增加而增大，净残留值大小 N - 5>N - 3>N - 4>N - 2>N - 1>N - 0。0～20 cm硝态氮出现积累的原因，一方面可能是土壤中的残留氮通过硝化作用释放硝态氮，另一

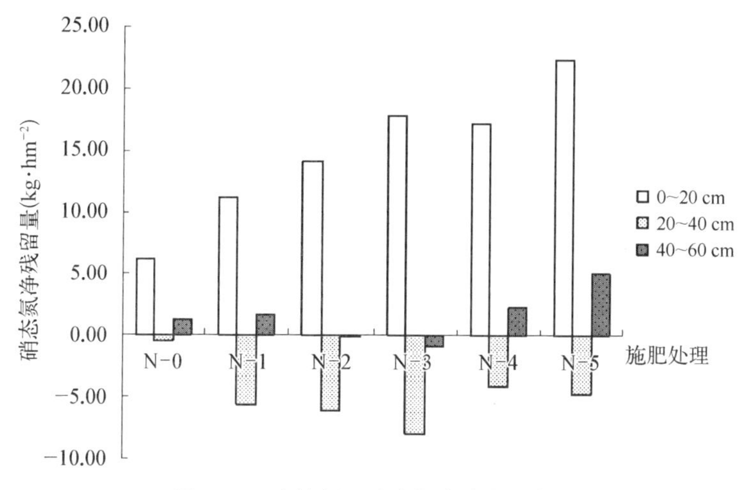

图 6 - 1 土壤剖面硝态氮净残留量变化

方面，可能与该地区地下水位很浅（大约在地下 50 cm），在水稻生长的高温季节硝态氮会通过地下水的蒸发向上迁移，造成耕作层硝态氮积累，这也与该地区水稻土出现酸化有关。

对晚稻收获后的土壤铵态氮净残留量测定结果表明（图 6-2），水稻收获后与施肥前相比，0～20 cm 土壤铵态氮除 N-5 有 4.32 kg·hm^{-2} 上升外，其他施肥处理小区的铵态氮净残留均为负值，下降值在 2.03～10.30 kg·hm^{-2}，下降量 N-1>N-3>N-2>N-0>N-4。20～40 cm 土壤铵态氮除 N-5 施肥小区较施肥前降低 5.62 kg·hm^{-2} 外，其他施肥小区 20～40 cm 铵态氮都比施肥前有不同程度的增加，增加量在 0.82～6.01 kg·hm^{-2}，增加量N-4>N-0>N-2>N-1>N-3。40～60 cm 土壤铵态氮相比施肥前，都出现不同程度下降，下降值 N-3>N-2>N-4>N-1>N-0>N-5。这说明土壤铵态氮相比硝态氮容易被水稻吸收利用，因此在水稻根系范围内，铵态氮总体比施肥前有所下降。至于在 20～40 cm 土壤剖面处铵态氮比移栽前有所增长，可能与铵态氮在 0～40 cm 土层随水向下迁移中在 20～40 cm 处被土壤有机碳吸附有关。

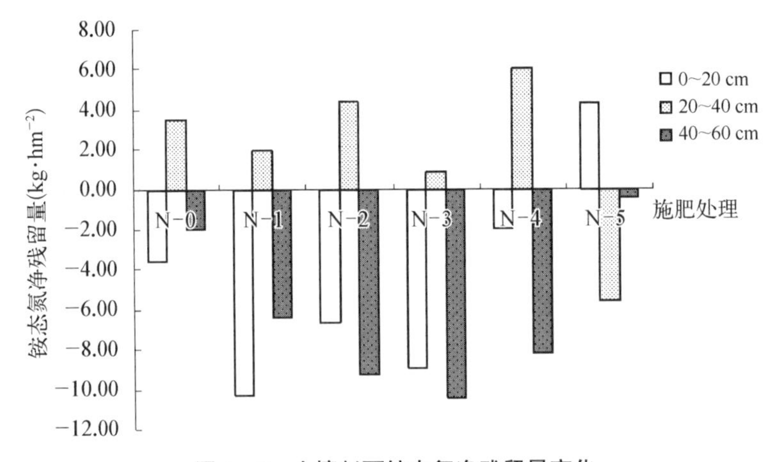

图 6-2　土壤剖面铵态氮净残留量变化

土壤无机氮（或称矿质氮，包括 NH_4^+-N 和 NO_3^--N，简称 N_{min}）与施入土壤的速效氮肥等效的特点很早便为人们所知。它不仅是作物生长的重要氮源，而且与作物产量密切相关，同时也是造成土壤氮淋溶的物质基础。近年来，国外（Neeteson J J，1989）广泛采用土壤剖面无机氮作为土壤氮素诊断指标，优点是其含量与作物产量有较好的相关性且考虑了氮肥的后效，并且在淋溶不强烈的地区尤其适宜。在许多地方利用土壤无机氮进行氮肥推荐时，用播前一定土层累积的土壤无机氮作为土壤供氮指标，确定合理的氮肥用量，以减少土壤无机氮的残留累积和淋溶损失。这样在氮肥推荐时，同时考虑了环境因素和生产因素。

作物对氮素的吸收受产量潜力和作物自身营养特性的限制，其增量总是有限的。因此，在氮肥施用条件下，除一部分通过微生物固持进入有机氮库外，肥料氮往往以无机氮的形式残留，进而以各种途径损失出土壤—作物系统。无机氮作为肥料氮残留于土壤的主要形式，也是衡量氮肥施用合理与否的重要指标。

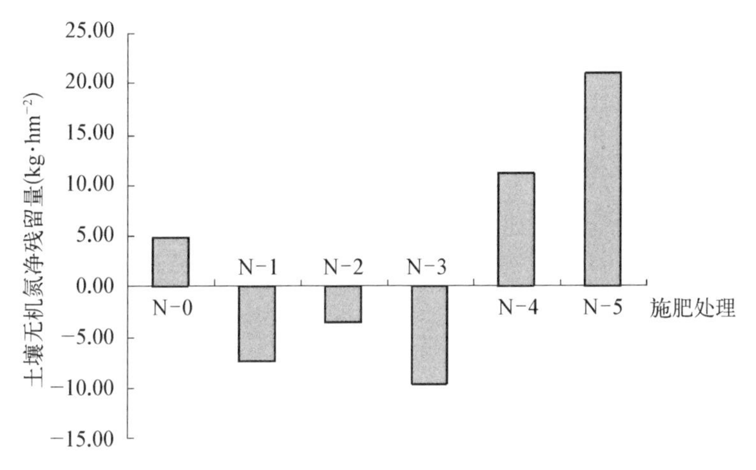

图 6-3 土壤 0～60 cm 无机氮净残留量变化

从图 6-3 可以看出施氮量在 143～185 kg・hm^{-2}之间时，土壤 0～60 cm 无机氮净残留量为负值，N-1、N-2 和 N-3 无机氮比施肥前分别下降 7.46 kg・hm^{-2}、3.59 kg・hm^{-2}、9.69 kg・hm^{-2}。超过 185 kg・hm^{-2}后土壤中经残留无机氮为正值，残留量随施肥量增加，净残留量增加。N-4 和 N-5 无机氮比施肥前分别增加 11.13 kg・hm^{-2}和 21.02 kg・hm^{-2}。不施氮肥对照小区 N-0 土壤无机氮残留出现了正值为 4.88 kg・hm^{-2}，这部分无机氮主要是土壤表层硝态氮的增加引起的，可能与土壤入渗情况和大气干湿沉降以及灌溉水带入的氮有关。另外，许多对残留在土壤中氮肥去向的研究结果表明，残留在土壤中的氮肥对后季作物具有可利用性(张丽娟，巨晓棠，2007；Macdonald A J，2002；Zhang L J，Ju X T，2007)。所以可以在后季种植中合理调控耕层水肥状况，适度减少氮肥施用，挖掘土壤累积氮素资源，以发挥残留氮肥的后效。但是另一方面，当土壤残留氮含量高时，土壤在休耕期内，将会有更多的氮素损失进入环境，从而增加农田氮素损失量。

土壤全氮含量包括有机氮和无机氮，其中无机氮可以被植物直接吸收，土壤全氮作为植物氮素吸收利用的潜在氮库，可以反映土壤供氮潜能。对晚稻收获后土壤全氮净残留量测定结果（图 6－4），总体来看，试验区土壤全氮储量除40～60 cm 比施肥前增加，0～40 cm 全氮储量相比移栽前有降低的趋势。0～20 cm 处只有 N－3 施肥小区全氮储量比施肥前有所增加，增加值为 240.8 kg・hm^{-2}。其余施肥小区全氮储量较施肥前都出现不同程度下降，下降范围为 51.60～636.40 kg・hm^{-2}，降低值 N－4>N－5>N－2>N－0>N－1。20～40 cm 土壤全氮储量只有 N－1 和 N－5 施肥小区比施肥前增加，其他施肥小区都有所下降，但是下降的范围比较小，在 336～403.2 kg・hm^{-2}，不施肥 N－0 小区全氮储量下降最多，下降值为 873.60 kg・hm^{-2}。

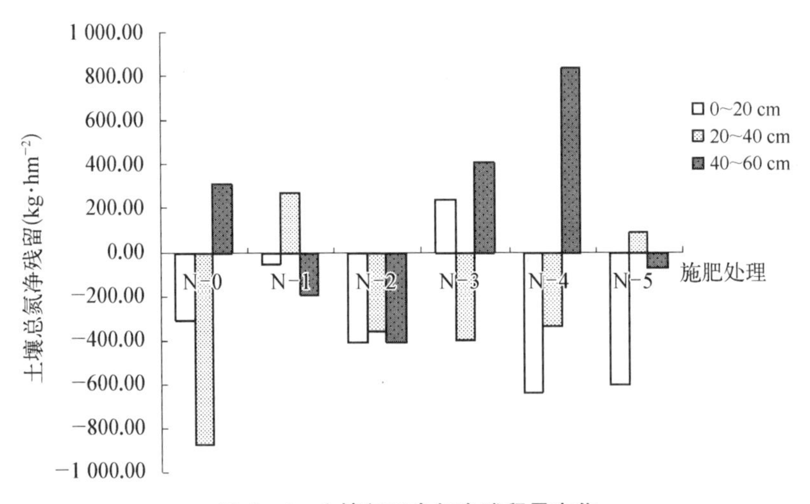

图 6－4　土壤剖面全氮净残留量变化

第三节　土壤—作物系统氮素平衡

土壤—作物系统氮素平衡是评价氮肥合理施用与否的关键，也是氮肥优化管理技术的重要手段。根据晚稻种植土壤—作物体系氮素输入和输出项，表观评估了土壤—作物体系氮素平衡。在计算氮素表观平衡时，将土层定义在 0～60 cm 范围内，即水稻地上部分吸收利用的主要土层范围。

从土壤—作物体系氮素平衡结果来看（表 6－4），在氮素总输入项中，共包括五部分：化肥投入氮、播前土壤无机氮、土壤矿化氮、灌溉水以及稻季湿沉降带入农田氮。其中输入项中，施入肥料氮占主要部分，N－1～N－5各施肥小区肥料氮占总收入的比例分别为41.19%、44.15%、47.42%、50.01%和49.71%。氮总输入量随氮肥施用量增加而显著增大。播前土壤中，无机氮含量除空白不施肥小区比其他施肥小区低外，其他各施肥处理小区土壤无机氮含量相差不大，N－1～N－5各施肥小区播前无机氮含量分别为98.63、101.91、99.60、89.43、102.89 kg·hm^{-2}。播前土壤无机氮占总收入的比例在N－1～N－5各施肥小区分别为28.41%、27.44%、25.53%、22.93%和24.83%。灌溉水以及稻季湿沉降带入的氮在总收入中所占比例较低，灌溉水带入氮在N－1～N－5各施肥小区占总收入的比例分别为7.20%、6.73%、6.41%、6.41%和6.03%。湿沉降带入的氮占总收入的比例更低，分别为2.16%、2.02%、1.92%、1.92%和1.81%。

表6－4 水稻—土壤体系中的氮素平衡(单位：kg·hm^{-2})

氮的去向 \ 不同施肥处理	N－0	N－1	N－2	N－3	N－4	N－5
A 氮输入						
① 施氮量	0	143	164	185	195	206
② 播前 N_{min}	73.86	98.63	101.91	99.60	89.43	102.89
③ 矿化	73.02	73.02	73.02	73.02	73.02	73.02
④ 灌溉水	25.01	25.01	25.01	25.01	25.01	25.01
⑤ 湿沉降	7.5	7.5	7.5	7.5	7.5	7.5
总投入：(①+②+③+④+⑤)	179.39	347.16	371.44	390.13	389.96	414.42
B 氮输出						
⑥ 稻穗吸收	41.00	89.51	77.14	75.93	72.36	80.00
⑦ 茎秆吸收	27.14	44.23	42.72	38.54	37.00	42.57
⑧ 土壤残留	78.74	91.16	98.32	89.91	100.55	123.91
⑨ 表观损失	32.51	122.26	153.25	185.76	180.05	167.94
氮盈余：(⑧+⑨)	111.25	213.42	251.57	275.67	280.60	291.85

外源氮进入农田后有三种去向：植株吸收、土壤残留、通过各种途径进入大气和水体而损失部分。被作物吸收利用程度用氮素利用率表示，氮素利用率不仅和氮肥品种有关，受土壤条件、作物品种、气候特征等因素的影响也较大(张国

梁,章申,1998)。

从农田中氮的去向来看(表 6-5),本次试验水稻对化肥氮的吸收量随施肥量增加而降低,氮肥吸收利用率也表现出这样的规律,当施氮量为 143、164、185、195、206 kg·hm^{-2}时,氮肥当季利用率分别为 45.75%、31.52%、25.07%、21.12%和 26.49%。施肥量增大,使作物对氮肥的利用率降低。水稻收获后,化肥氮在土壤中的残留量相当大(这里土壤氮残留量指水稻收获后存在于土壤中的无机氮)。随着施氮量增大,残留量显著增大,残留量从 91.16 kg·hm^{-2}增加到 123.91 kg·hm^{-2}。随着施氮量提高,化肥氮在当季损失量也在增大,损失量从 27.99 kg·hm^{-2}增加到 53.10 kg·hm^{-2}。分析不同施氮水平下化肥氮的三种基本去向的关系可知,作物吸收肥料氮与施肥量的关系可用幂函数方程 $y=774.59x^{-0.3607}$ ($R^2=0.4839$) 来描述,土壤残留氮与施肥量的关系可用幂函数方程 $y=5.0609x^{-0.5765}$ ($R^2=0.4304$) 来描述。肥料氮被作物吸收量随施肥量增加而降低,土壤残留量不断增大。损失量(或进入环境的氮化物量)与施肥量的关系可用幂函数方程 $y=0.8835x^{1.0044}$ ($R^2=0.7663$) 来描述,损失量也随施肥量增加而增大。施肥量在 143 kg·hm^{-2}时,氮肥利用率>损失率>残留率;施肥量在 164~185 kg·hm^{-2}时,损失率>利用率>残留率;施肥量在 164~185 kg·hm^{-2}时,损失率>残留率>利用率。

表 6-5　氮在晚稻季各输出项所占比例

编号	施氮量	作物吸收肥料氮		0~60 cm 土壤残留氮		肥料氮损失	
	N kg·hm^{-2}	N kg·hm^{-2}	(%)	N kg·hm^{-2}	(%)	N kg·hm^{-2}	(%)
N-1	143	133.74	45.75	91.16	26.26	122.26	27.99
N-2	164	119.87	31.52	98.32	26.47	153.25	42.01
N-3	185	114.46	25.07	89.91	23.05	185.76	51.88
N-4	195	109.36	21.12	100.55	25.78	180.05	53.10
N-5	206	122.58	26.49	123.91	29.90	167.94	43.61

在氮素输出项中,以表观损失为主,这也是氮素盈余的主要来源。各不同施肥处理小区土壤残留氮均高于空白对照小区残留量,土壤残留氮随施氮量增大而增加。氮的盈余,也称表观平衡,是通过外源氮总收入减去作物收获带走的氮量得到的。从氮素平衡计算表中看出,氮盈余随施氮量提高而逐步上升,并且各

施肥处理小区氮盈余明显高于不施氮处理，N0－N5 各不同施肥处理小区氮素盈余量分别为 111.25、213.42、251.57、275.67、280.60、291.85 kg·hm^{-2}。

不施肥小区土壤本身供氮量高达 146.88 kg·hm^{-2}(包括播前土壤 N_{min} 和生育期内的氮素矿化量)，就已经超过了水稻地上部分收获带走的氮(68.14 kg·hm^{-2})。水稻收获后，土壤中残留的氮还有 78.74 kg·hm^{-2}。Shuk la 等研究认为，若水稻土壤背景供氮量达 50～60 kg·hm^{-2}时，即使不施用基肥，产量也不会降低(Shuk la，2004)。而本次试验水稻土壤背景供氮量分别达到 73.86 kg·hm^{-2}，空白对照小区即使不施肥也能获得每亩 411 kg 的产量，因此在本研究基础上进一步减少基肥或者不施用基肥，则有可能进一步优化氮肥管理，提高氮肥利用率。

从其他各施氮处理小区 N－1～N－5 土壤供氮能力来看，水稻移栽前土壤无机氮含量分别为 98.63、101.91、99.60、89.43、102.89 kg·hm^{-2}，加上有机氮矿化量 73.02 kg·hm^{-2}，各小区土壤供氮能力为 171.65、174.93、172.62、162.45、175.91 kg·hm^{-2}，而 N1～N5 小区水稻吸氮量分别为 133.74、119.87、114.46、109.36、122.58 kg·hm^{-2}，土壤供氮能力已经超过了作物吸收所需要的氮含量。

氮肥减施的主要目的是保证高产条件下，减少氮肥的损失，提高氮肥的利用率。有研究认为，高肥力土壤条件下，施氮 0～180 kg·hm^{-2}，土壤硝态氮的累积较为缓和，高于此范围时，土壤硝态氮累积量会大幅度增加，因此推荐适宜的小麦氮肥用量为 150 kg·hm^{-2}(孟建，李雁鸣，2007)；也有研究认为(Zhao R E，Chen X P，2006)，在优化施用氮肥的条件下，根际土壤硝态氮与习惯施肥相比，能维持着一个比较低的水平，并且向深层土层迁移的土壤硝态氮大大减少了。晚稻产量主要受当季施肥量的影响，而受早稻施氮量的影响较小(敖和军等，2007)。因此，在一定程度上降低稻田氮肥用量，不会导致土壤背景氮含量的下降。本研究结果表明，常规施氮处理由于氮素过量，增加了 0～60 cm 土壤无机氮累积和向环境的损失量，但是并没有增加籽粒产量和氮肥利用率，反而造成较高的土壤无机氮残留和较高的氮素表观损失。因此，为了减少氮素的表观残留和损失量，考虑到土壤自身氮素供应能力，本地区应减少氮肥用量，以维持土壤—作物系统氮素的平衡。

第七章 农业用地类型与土壤氮素硝化和反硝化

土壤硝化与反硝化作用是氮循环的重要环节，是土壤中N_2O产生的主要生物学过程，也是生态系统中氮素损失的潜在途径。不同管理措施对土壤氮、碳库及其转化速率的影响也已成为全球变化研究中的重要方面。由于净硝化作用忽略了微生物对 NO_3^- 的吸收，往往低估硝化作用的发生，现在对总硝化作用的研究逐渐增多。在测定土壤总硝化速率和反硝化速率的方法中，气压分离(BaPS)技术比乙炔抑制法和同位素示踪法简单快捷，且不污染土壤。同时利用 BaPS 技术测定土壤总硝化速率不仅包括氮净硝化作用的部分，还将铵态氮到硝态氮的转化及硝态氮被微生物利用以及氮的矿化考虑在内。目前 BaPS 技术已开始用于我国北方地区旱地、森林、草原生态系统土壤总硝化速率和反硝化速率的研究，而南方地区利用 BaPS 技术研究土壤硝化作用和反硝化作用的报道较少。与森林、草地土壤不同，农业土壤在耕作和管理中施用了易降解肥料，为促进作物生长，往往要进行耕翻、灌溉，而且农业种植结构也趋于多样化。农业耕作和管理方法的不同、农业种植结构的调整如何影响农田土壤硝化、反硝化作用，如何影响农业土壤N_2O的排放，开展这些方面的研究将有助于分析土壤氮的转化速率和预测农田温室气体的排放。

上海城郊结合部受人类活动干扰非常强烈。随着上海郊区城市化的快速发展和上海市菜篮子工程建设的推进，城郊农业种植结构不断调整，以果园、蔬菜为主的经济作物面积不断扩大。如浦江镇 2006 年和 2007 年蔬菜地种植面积分别为 1 198、1 051 公顷，但 2008 年其种植面积扩至 3 452 公顷。与其他粮食作物相比，果树和蔬菜生产需氮量高，尤其是叶菜类蔬菜，菜农为获得高产而增施化学氮肥。1997 年我国菜地单位面积施肥量要高于其他农田作物(一季施肥量)，位居农田土壤施肥量第一位，为 150 $kg \cdot hm^{-2}$，小麦和水稻分别为 120、145 $kg \cdot hm^{-2}$，假若每年蔬菜的复种指数为 2.5，单位菜地面积施氮量为 375 $kg \cdot hm^{-2}$(杨云，2005)。农业结构调整，果园、蔬菜地种植面积的扩大，使得土壤氮素增加，影响土壤氮循环。在快速城市化和农业结构的调整中，对上海城郊不同用地类型土壤总硝化速率和反硝化速率进行测定，分析土壤总硝化作用和反硝化作用在不同用地类型中的变化规律及其影响因素，为提高氮肥利用效率、分析预测温室气体排放、控制氮素环境污染提供支持，具有重要的生态价值、应用价值及现实指导意义。

第一节　材料与方法

1.1　研究区概况

研究区域以上海城郊结合部的闵行区浦江镇为主。浦江镇地处上海中心城区南翼，黄浦江东岸，镇域面积为 102.1 km^2(包括黄浦江水域面积)。位于太湖流域下游，长江三角洲太湖碟形洼地东缘，位于东经 121.5°，北纬 31.1°。属于长江三角洲冲积平原，境内上覆松散第四季沉积层，厚度在 180～300 m。境内地势低平，平均海拔 4 m 左右，属于典型的中亚热带东南季风性气候，常年平均气温 15.5℃，8 月份平均气温 27.8℃，1 月份平均气温 3.1℃，无霜期 264 天左右，年平均降雨量 1 094.9～1 281.50 毫米。土壤以近代江海相冲积母质为主，质地偏轻，土质疏松，分属于水稻土和潮土两大土类，潴育型水稻土和果园土两个亚类，包括黄泥、潮沙泥、黄潮地等土属。

随着工业建设用地、房地产开发和林地绿化建设，浦江镇的土地利用年际变化较大，农用地减少，建设用地增加。随着上海郊区城市化的发展和上海市菜篮子工程建设的推进，城郊农业种植结构不断调整，水稻种植减少，蔬菜、果园和园艺种植面积增加。浦江园艺林中主要种植的是香樟树。樟树喜光，稍耐阴；喜温暖湿润气候，耐寒性不强，对土壤要求不严，较耐水湿。因为有较强的吸烟滞尘、涵养水源、固土防沙和美化环境的能力，此外还有抗海潮风和抗有毒气体的能力，并能吸收多种有毒气体，较能适应城市环境，所以种植面积较广。

1.2　样品采集与分析

选取成土母质、土壤类型等环境背景一致的桃园、葡萄园、大棚蔬菜地、露天蔬菜地、园艺林地，各随机选取 2m×2m 样地 3 块，各样地内用环刀采取表层原状土样 3 个，同时对每块样地采取多点混合土壤样品，用于土壤性质分析，采样深度 0～10 cm，采集样品带回实验室后立即置于 4℃冰箱保存，立即用 BaPS 分析。同时采取土壤表层环刀样品。

土壤含水量用烘干法(GB7833－87)，土壤容重用环刀法，pH 用水浸—电位法(GB7859－87)，土壤有机质用浓硫酸重铬酸钾法(GB9834－88)，全氮用半微量开氏定氮法(GB7173－87)，土壤硝态氮用紫外分光光度法，土壤持水性质(土壤含水量与土壤吸力的关系曲线)通过 SS－781 型吸力平板仪测定，以土壤吸力 30 Kpa 对应的土壤含水量为田间持水量，在饱和含水量和田间持水量范围内的土壤孔隙作为为通气孔隙，由此计算土壤通气孔隙度。

1.3 总硝化作用和反硝化作用的测定

每一样方中取 3 个重复的环刀样放入 BaPS 技术测定装置的培养器中，盖上带有传感器的盖子，调整恒温设置到待测温度。系统平衡至少半小时后，抽气检查培养器的密封性，要求用针筒准确抽取 10 mL 气体后，10 分钟之内密闭空间内压力变化小于 0.2 hPa。密闭空间气体体积的 V 计算公式如下。

$$V = 10 \times P_2/(P_1 - P_2)$$

P_1、P_2 为针筒抽取 10 mL 气体前后检测空间压力，输入必要的土壤参数(土重、含水量、pH)之后进行测定，密闭测定过程为 10～12 小时，测定结束之后由 delta 分析或线性回归分析得出土壤硝化速率、反硝化速率和呼吸速率。

1.4 数据分析

采用 SPSS 13.0 软件分析所得数据。运用单因素方差分析(One－way ANOVA)对不同用地类型的土壤总硝化速率和反硝化速率差异性进行分析，运用一元线性回归分析(Linear regression)、相关性分析(Bivariate correlate)对土壤总硝化速率与反硝化速率、土壤总硝化速率与(土壤总硝化速率＋反硝化速率)、土壤总硝化速率和反硝化速率与土壤含水量、pH、土壤的硝态氮、全氮、有机质、碳氮比的关系进行分析。

第二节　土壤基本理化性质

不同农业用地类型土壤性质有显著差异，见表 7－1。研究区域内大棚蔬菜、露天蔬菜和桃园土壤 pH 呈弱酸性。一般而言，上海城郊大棚菜地、露天菜地施肥水平高于传统菜地和其他农业利用类型，而且氮肥用量始终占 75％以上，作物不同，所需的养分、水分条件也不同，田间管理的措施不同，会影响土壤田间持水量。经测定（图 7－1），葡萄园、桃园、园艺林地、大棚蔬菜、露天蔬菜的田间持水量分别为 24.94％、27.61％、25.33％、25.73％、26.46％。

表 7－1　不同用地类型土壤化学性质

用地类型	pH	土壤有机质 $(g \cdot kg^{-1})$	硝态氮 $(mg \cdot kg^{-1})$	全氮 (％)	碳氮比
葡萄园	7.46	16.29	4.13	0.136	11.98
桃　园	6.40	16.54	5.10	0.158	10.47
园艺林	7.61	15.31	6.16	0.129	11.87
露天蔬菜	6.51	15.74	76.62	0.245	6.42
大棚蔬菜	6.83	20.57	159.60	0.343	5.99

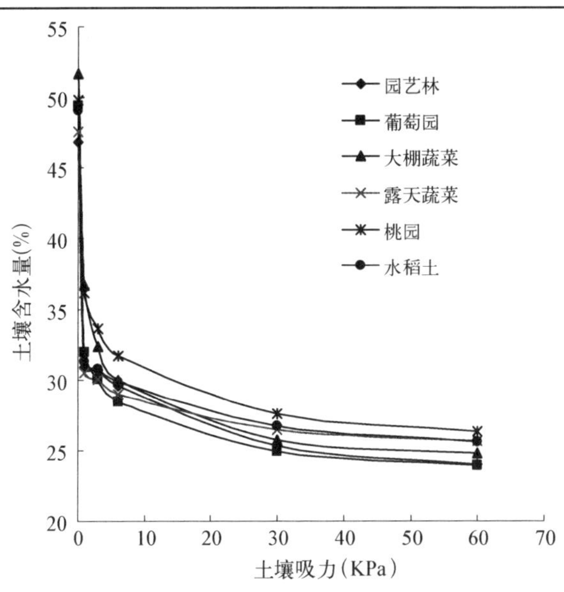

图 7－1　不同用地类型土壤持水曲线

第三节　农业用地类型与土壤总硝化速率和反硝化速率

单因素方差分析表明，不同农业用地类型土壤总硝化速率和反硝化速率存在显著性差异(p<0.05)，如图7-2。总硝化速率表现为：大棚蔬菜地>露天蔬菜地>园艺林地>桃园地>葡萄园地，反硝化速率表现为：大棚蔬菜地>露天蔬菜地>园艺林地>葡萄园地>桃园地，其中大棚蔬菜地总硝化速率和反硝化速率最高，分别为422.43 Nug·kg^{-1}·h^{-1}和466.59 Nug·kg^{-1}·h^{-1}。不同农业用地类型土壤总硝化速率与反硝化速率之间有显著相关性，其线性回归方程为$y = 0.87x + 71.45$($R = 0.95$，$p < 0.05$)。

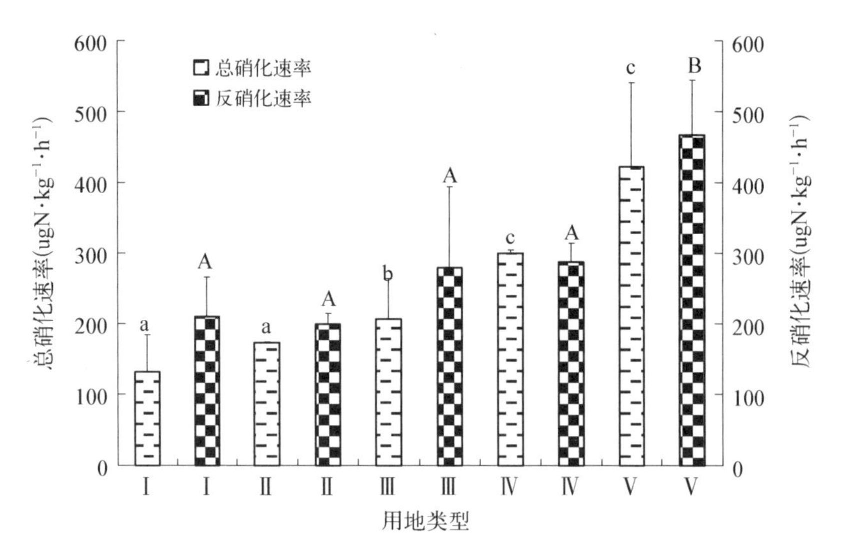

图7-2　不同用地类型下的总硝化速率与反硝化速率

Ⅰ：葡萄园　Ⅱ：桃园　Ⅲ：园艺林地　Ⅳ：露天蔬菜地　Ⅴ：大棚蔬菜地
总硝化速率和反硝化速率柱上的字母不同，表示差异显著，LSD检验，p<0.05

硝化作用和反硝化作用是农田土壤N_2O的两个主要产生源，硝化—反硝化速率之间数量的对比，反映了土壤N_2O排放的相对贡献率。Ralf Kiese(2008)在研究典型热带雨林土壤总硝化作用和反硝化作用时，发现硝化作用比反硝化作用显著，在氮损失中起主要作用。刘巧辉(2005)认为麦田表层土壤硝化作用贡献率大，是土壤N_2O产生的主要途径。本文对土壤总硝化速率和(土壤总硝化速率＋反硝化速率)的比值进行分析，其方程为 $y=0.4684x$ ($R^2=0.965$, $p<0.01$)，即土壤总硝化作用和反硝化作用的贡献率分别为46.8％、53.2％，反硝化作用稍强，这可能与农田土壤湿度、土壤通气性和有机质含量有关。一般认为，好氧和厌氧微区在土体中共存，低含水量条件下，N_2O损失的主要来源是硝化作用；中等含水量条件下，硝化作用和反硝化作用对N_2O排放的贡献率各占一半；高含水量条件下，反硝化作用则是N_2O排放的来源(黄国宏等，1999)。有研究表明，土壤含水量为田间持水量80％时，对硝化作用有一定的抑制作用，60％田间持水量是进行硝化作用的合适含水量。含水量为田间持水量50％～60％时，硝化作用进行得最快(张树兰等，2002)。本文土壤含水量范围在15％～30％，葡萄园、桃园、园艺林地土壤含水量相当于田间持水量的50％～70％，露天蔬菜地、大棚蔬菜地土壤含水量在田间持水量的80％～90％，这种土壤水分条件下，土壤硝化作用受到的抑制不明显，硝化与反硝化作用可同时进行。

第四节 影响土壤总硝化速率和反硝化速率的环境因子

1.1 土壤总硝化速率和反硝化速率与土壤水分含量

本文中不同农业用地类型土壤含水量变化范围为15％～30％。其中大棚蔬菜和露天蔬菜用地土壤相对湿润，葡萄园次之，桃园和园艺林地相对干燥。数据统计分析表明，土壤总硝化速率、反硝化速率与土壤含水量存在显著的正相关性($p<0.05$)(图7－3、7－4)。土壤水分是影响硝化作用的主要因子，Breuer等(2002)发现随着土壤含水量增大，总硝化速率明显降低，这可能与水分增加促进厌氧条件形成有关。但也有研究表明，在适当范围内土壤水分含量增大将促进硝化作用进行(刘义，2005)。本研究中土壤含水量与总硝化速率呈显著正相关，在土壤含水量15％～30％范围内，土壤水分增加能增强土壤微生物活性，促进土壤硝化作用。反硝化作用是在嫌气条件下进行的微生物学过程，土壤水分状况是土壤嫌气环境形成的条件之一，土壤水分与土壤反硝化作用之间有着密切

的联系。在 Susana 等(2007)研究地中海河岸树林土壤反硝化时,发现在整个土壤剖面反硝化作用的进行,都与土壤水分呈极显著正相关。许多研究表明,增大土壤含水量有利于反硝化作用的进行(江德爱等,1987;谢建治等,1999)。本研究中土壤含水量增大也促进了反硝化作用进行。土壤含水量的变化范围对土壤硝化与反硝化作用的影响值得关注。

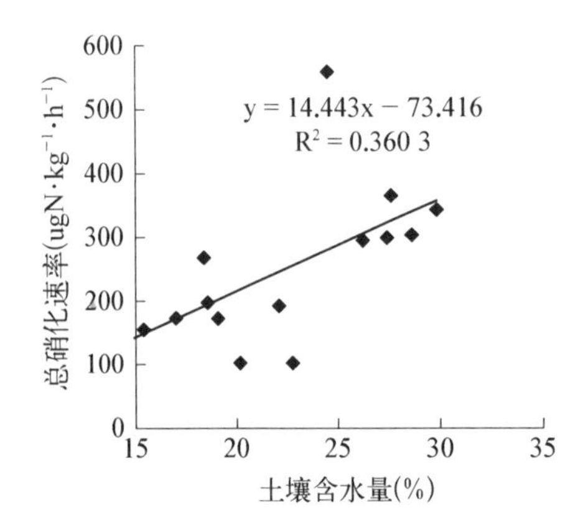

图7-3 总硝化速率与土壤含水量的关系

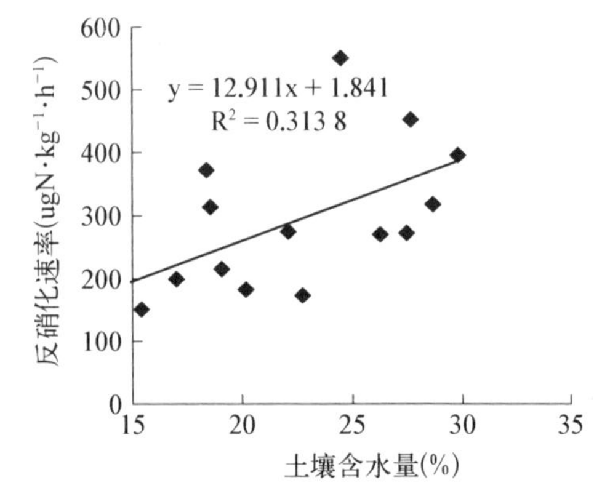

图7-4 反硝化速率与土壤含水量的关系

1.2 土壤硝化和反硝化速率与土壤通气孔隙、土壤有机质的关系

土壤通气性对土壤发育和植物生长有重要影响。土壤通气性状况可通过土壤通气孔隙度来反映。对不同农业利用类型土壤通气孔隙度进行分析比较,研究区域内土壤通气性由好到差依次为大棚蔬菜地、露天蔬菜地、葡萄园地、园艺林地、桃园地。对土壤通气孔隙度与总硝化速率和反硝化速率之间的关系进行统计分析,土壤总硝化速率与土壤通气孔隙度呈显著正相关($p<0.05$)(图7-5)。这是因为土壤硝化细菌是好氧自养型细菌,土壤通气性状况影响其活性,土壤通气孔隙度越大,有助于硝化作用进行。一般认为含水量增大,水分取代土壤孔隙中的空气,厌氧条件得以加强,有利于反硝化细菌活动(Flowers,1983),反硝化活动速度也会增强。但本研究中,土壤反硝化速率与土壤通气孔隙度为极显著性正相关($p<0.01$)(图7-6),这与土壤通气孔隙度、土壤水分的变化范围和共同作用有关。中等含水量条件下,影响硝化与反硝化的环境因素趋于多样和复杂化。

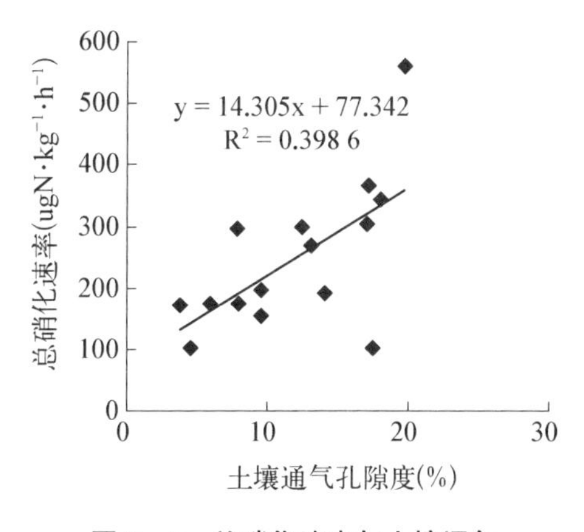

图 7－5　总硝化速率与土壤通气孔隙度之间的关系

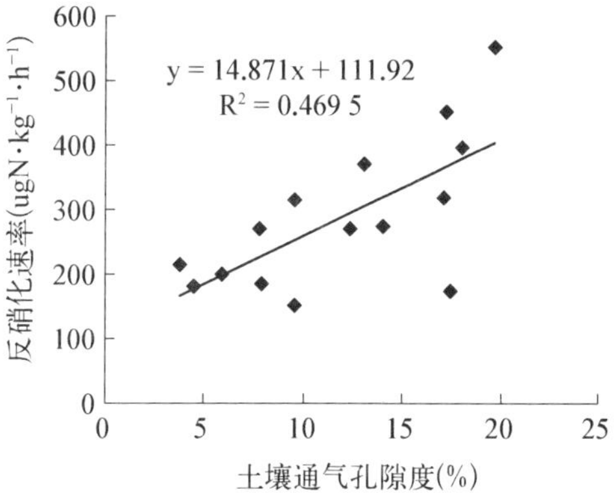

图 7－6　反硝化速率与土壤通气孔隙度之间的关系

土壤总硝化速率与有机质不存在显著相关，与碳氮比呈显著性负相关($p<0.05$)(表 7－2)。硝化作用与土壤有机质之间无显著性相关，间接证实了土壤硝化作用以化能自养型硝化作用途径为主。这与 Sahrawat 培养实验(1982)中土壤有机质与土壤硝化强度无显著性相关是一致的。土壤反硝化速率与土壤有机质、碳氮比无显著相关(表 7－2)。虽然土壤有机质的生物有效性是调节土壤生物反硝化速率和作用强度的重要因子，但本研究中土壤有机质总量和反硝化作用速率无显著相关，这与 Koskinen 和 Keenney(1982)的研究结论一致，这可能是土壤有机质矿化率等比有机质总量对影响土壤生物反硝化作用强度的影响更显著。

表 7－2　总硝化速率和反硝化速率与土壤硝态氮、全氮、有机质、碳氮比的相关性

相关系数	硝态氮	全　氮	有机质	碳氮比	pH
总硝化速率	0.97**	0.96**	0.76	−0.90*	−0.35
反硝化速率	0.94*	0.89*	0.83	−0.73	−0.08

**：显著水平 0.01；*：显著水平 0.05

1.3　土壤硝化和反硝化速率与 NO_3^-－N、全氮的相关关系

铵态氮和硝态氮是土壤速效氮的两种主要形式，它们一起被作为土壤营养元素诊断的氮素营养指标(刘景双等，2003)。研究区域内土壤反硝化速率与土

壤 NO_3^- - N 和全氮之间呈显著正相关($p<0.05$)(表 7 - 2)。在不同农业利用类型下,特别是蔬菜设施栽培条件,大量施用肥料,尤其是氮肥,导致有效氮特别是 NO_3^- - N 含量升高(表 7 - 1)。硝态氮作为反硝化细菌进行反硝化作用的底物,直接影响反硝化作用强度。施氮量越高,反硝化量越大。

1.4 土壤总硝化和反硝化速率与土壤 pH 的关系

pH 对硝化作用有重要影响。本研究中的土壤 pH 在 6.4～7.61,桃园、露天蔬菜、大棚蔬菜地的土壤呈弱酸性,园艺林、葡萄园呈弱碱性。土壤总硝化作用速率与土壤 pH 无显著相关。许多研究发现,硝化作用能在酸性条件下发生,这可能源于异养硝化细菌或自养硝化细菌对酸性环境的适应。大棚蔬菜、露天蔬菜地呈弱酸性,硝化作用速率较高。土壤反硝化作用最合适的 pH 在 6～8,研究区域的土壤 pH 在 6.4～7.61,适于反硝化作用进行,但土壤 pH 和反硝化速率之间无显著相关。这可能与不同耕作管理方式引起的土壤环境变化和土壤反硝化活性的改变有关(丁洪,2003)。

第八章 农业用地土壤硝化和反硝化作用的季节变化

人们为提高作物产量，向农田土壤施加易降解的氮、磷肥料，其农田管理措施也不同于森林、草原土壤。农用地类型、作物种类不同，其生理特性也不一样，如蔬菜生长期较短、根系不发达，桃园、园艺林、葡萄园也不同于森林，这些用地类型受翻耕、灌溉等人为调控措施的影响，植物类型、生理特性、营养和水分利用效率也不同。不同农作物种植制度下土壤硝化和反硝化速率均存在明显的日变化和年变化，其变化规律受气候因素、土壤性状、作物生长、耕作措施等诸多因素的影响。哪些因子是调控土壤氮素转化速率的关键因子？硝化速率和反硝化速率与土壤 N_2O 排放速率之间的关系如何？两者对土壤氮素损失贡献率在不同的土壤性质下有何差别？不同用地类型土壤硝化作用和反硝化作用的情况及其机理研究并不彻底。国内一些研究主要利用 BaPS 技术测定西北草地、高山草甸、高山针叶林等土壤硝化、反硝化作用的季节变化（刘义等，2006；孙庚等，2005）。刘巧辉等（2005）利用 BaPS 技术对麦田、玉米、大豆等作物种植区土壤硝化和反硝化作用季节变化进行了研究。本研究对桃园、园艺林、露天蔬菜地、大棚蔬菜地土壤硝化和反硝化作用季节动态变化及其影响因素进行了分析，为农业生产管理和可持续发展提供依据。

第一节 材料与方法

1.1 样品采样与分析

在上海闵行区浦江农业园区成土母质、土壤类型等环境背景一致的桃园、大棚蔬菜地、露天蔬菜地、园艺林地，随机设置 3 m×3 m 固定样地 3 块，每个样方在 2008 年 10 月，2009 年 5、7、9、12 月，用环刀分别采取表层原状土样及其土壤理化性质分析样，使用 BaPS 技术测定总硝化速率和反硝化速率。土壤含水量用烘干法(GB7833－87)，土壤容重用环刀法，pH 用水浸—电位法(GB7859－87)，土壤有机质用浓硫酸重铬酸钾法(GB9834－88)，全氮用半微量开氏定氮法(GB7173－87)，土壤硝态氮用紫外分光光度法，土壤持水性质通过 SS－781 型吸力平板仪测定。

1.2 硝化作用和反硝化作用温度系数 Q_{10} 评价

各反应过程对温度的依赖性通常用 Q_{10}（温度系数）或者 Arrhenius 方程来描述。Arrhenius 方程能有效拟合温度对大多数生物及化学反应过程的作用速率的影响，土壤总硝化作用和反硝化作用的 Q_{10} 值的计算公式如下。

$$Q_{10\ Nitrification} = Nitrification\ rate_{(T+10)} / Nitrification\ rate_{(T)}$$

$$Q_{10\ Denitrification} = Denitrification\ rate_{(T+10)} / Denitrification\ rate_{(T)}$$

1.3 气样样品采集与分析

对露天蔬菜地和大棚蔬菜地的样品，在 BaPS 测定之前和测定结束之后，用注射器抽取密闭空间内 20 mL 气体，在气相色谱仪上用 ECD 检测器检测其中的 N_2O 气体浓度。根据密闭空间的体积、土壤重量、密闭培养时间和密闭期间的温度来计算测定期间 N_2O 的排放速率，计算公式如下：

$$F_{N_2O} = \rho_1 \times (d_{c1}/d_t) \times V/m \times 273/(273+T)/1\,000$$

式中 F_{N_2O} 为 N_2O 排放速率(ug・kg^{-1}・h^{-1})；ρ_1 为标准情况下 N_2O－N 的密度(g・L^{-1})；d_{c1}/d_t 为 N_2O 气体浓度随时间的变化率(ppb・h^{-1})；m 为土重(kg)；V 为 BaPS 密闭空间的体积(L)；T 为 BaPS 培养时的温度。

第二节　桃园土壤硝化和反硝化速率

桃原产于大陆性高原地带，耐干旱，各品种由于长期在不同气候条件下形成了对水分的不同要求，南方品种耐湿润气候。桃树虽喜干燥，但不同生长期的需水量不同。如在春季生长期、果实膨大期缺水则不利于果实成熟。桃树的生长特性要求土壤湿度不能太高，由表 8－1 可知，除 12 月外，桃园土壤含水量均较低。在较为粗放的管理方式下，桃园土壤容重较高，总孔隙度较小，硝态氮、全氮含量较低。

表 8－1　桃园土壤基本理化性质的变化

日　期	含水量（%）	容重（g/cm³）	总孔隙度（%）	pH	有机质（g·kg⁻¹）	硝态氮（mg·kg⁻¹）	全氮（g·kg⁻¹）	碳氮比
2008－10－28	17.00	1.50	43.55	6.40	16.54	5.10	1.58	10.47
2009－5－6	18.95	1.43	48.16	6.67	16.52	1.98	3.43	4.81
2009－7－22	7.76	1.36	51.75	6.36	19.71	2.36	4.47	4.42
2009－9－24	14.70	1.48	53.52	7.34	15.86	2.69	3.44	4.61
2009－12－7	24.18	1.47	45.79	6.09	18.59	1.95	3.05	6.10

1.1　总硝化作用速率和反硝化速率的季节动态变化

2009 年 5 月份土壤总硝化速率（图 8－1）和反硝化速率均为最大值（图 8－2），7 月土壤硝化速率和反硝化速率均为最小值。土壤总硝化速率与反硝化速率之间呈极显著相关性，其线性回归方程为 $y = 1.28x - 20.51$（$R^2 = 0.81$，$p < 0.01$）。单因素方差分析表明，不同季节桃园土壤总硝化速率存在显著性差异

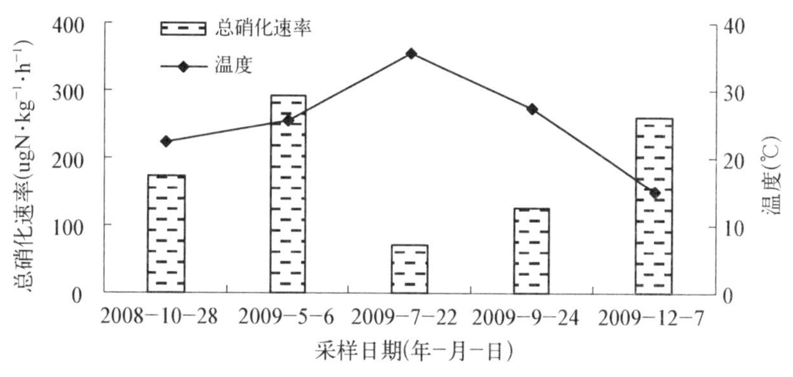

图 8－1　桃园土壤总硝化速率的季节动态变化

($p<0.01, N=5$)，反硝化速率也存在显著性差异($p<0.01$)(图 8-3)。对桃园土壤总硝化速率和(土壤总硝化速率+反硝化速率)的比值进行分析，其方程为 $y=0.448x$($R^2=0.969, p<0.01$)(图 8-4)，即土壤总硝化作用和反硝化作用的贡献率分别为 44.8%、55.2%，反硝化作用稍强，这可能与农田土壤湿度、土壤通气性和有机质含量有关。

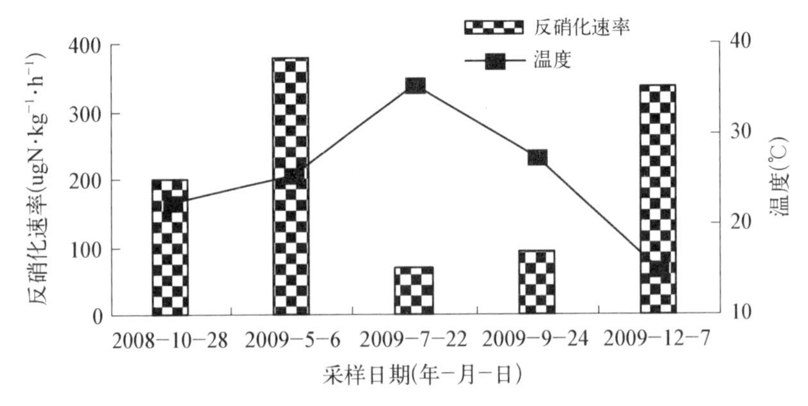

图 8-2　桃园反硝化速率的季节动态变化

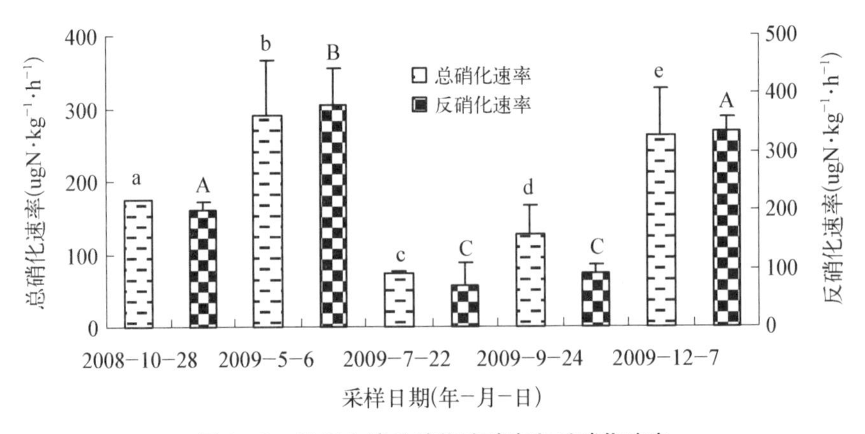

图 8-3　桃园土壤总硝化速硝率和反硝化速率

1.2　总硝化速率和反硝化速率与影响因素的关系

总硝化速率和反硝化速率柱上的字母不同表示差异显著，LSD 检验，$p<0.01$。

土壤温度与桃园总硝化速率和反硝化速率呈极显著性负相关($p<0.01$)

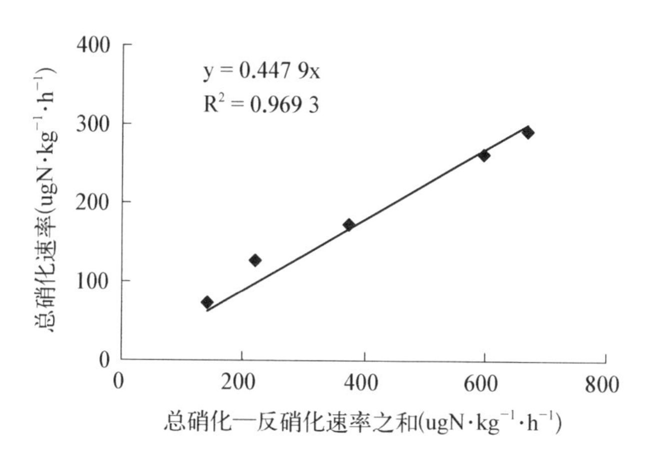

图 8－4　总硝化速率与(总硝化速率＋反硝化速率)的相关性

(表 8－2)。7 月土壤温度最高时,桃园土壤总硝化速率和反硝化速率却为最低值,分别为 71.91 和 68.86 $ugN \cdot kg^{-1} \cdot h^{-1}$。

表 8－2　总硝化速率和反硝化速率与影响因子相关性

相关系数	温度	含水量	总孔隙度	容重	有机质	硝态氮	全氮	碳氮比	pH
总硝化速率	−0.66**	0.781**	−0.50	0.27	−0.26	−0.25	−0.33	0.09	−0.26
反硝化速率	−0.69**	0.789**	−0.58*	0.21	−0.15	−0.27	−0.29	0.13	−0.38

在适宜温度范围内,温度升高会激化土壤微生物活性,有利于硝化作用进行。一般情况下,硝化作用的适宜温度范围为 25～35℃。Malhi 和 Mcgill (1982)的研究表明,对加拿大 Alberta 的 3 种土壤来说,硝化作用的最适宜温度为 20℃,30℃时硝化作用停止。Ingwersen 等(1999)认为土壤温度在 5～25℃,土壤总硝化速率随温度升高而显著增大,25℃时土壤总硝化速率达到最高值。Breuer 等(2002)认为,在澳大利亚热带雨林生态系统中,土壤总硝化速率和土壤温度存在显著相关,总硝化速率随土壤温度增加而增大,最高总硝化速率出现在土壤温度 20～22℃。周才平等(2001)认为,温度会影响土壤硝化速率,低温时净硝化速率随温度升高而有所增大,当超过一定温度范围时,则呈下降趋势。张树兰等(2002)认为,30℃时土壤硝化速率出现最大值,较低温度(20℃)对土壤硝化有抑制作用,较高温度(40℃)时土壤硝化作用微弱。本研究中,土壤温度与桃园总硝化速率呈极显著性负相关,说明在 15～35.5℃,桃园土壤总硝化速率

随温度升高而降低，且较适宜温度是25℃(图8-1)。12月份温度为15℃，温度较低，但土壤含水量较高导致总硝化速率值较高。35.5℃时，土壤硝化作用受抑制，可能是由于温度过高会促进有机质分解，造成土壤O_2供应不足，对硝化作用有抑制。

Breuer等(2002)研究表明，在14～24℃，土壤硝化作用的Q_{10}值(温度系数)为3.60。Ingwersen等(1999)研究报道，在15～25℃，温带云杉林生态系统土壤硝化作用的Q_{10}值为4.13。在Ryden(1980)的反硝化作用研究中，Q_{10}为11。本研究中，25～35℃桃园土壤总硝化作用Q_{10}值为0.25，说明桃园土壤总硝化作用随温度增加而下降，在25℃时总硝化作用进行强烈。土壤总硝化作用Q_{10}值随研究区域和温度范围改变而有所不同，土壤总硝化速率对温度的敏感性随研究区域和植被类型的变化产生差异。桃园土壤反硝化速率和土壤温度呈极显著负相关(图8-2)。7月份土壤温度35.5℃时，土壤反硝化速率值最低，25℃时土壤反硝化速率值最高。一般而言，在2～65℃范围内可以进行反硝化作用，较适宜温度在25℃左右。在25～35℃，桃园土壤反硝化作用Q_{10}值为0.18。

桃园土壤含水量变化范围为7.71%～24.7%。2009年7月份桃园土壤含水量最低，为7.71%，2009年12月份土壤含水量最高，为24%左右，这与上海地区气候季节性变化有关(表8-1)。数据统计分析表明，桃园土壤总硝化速率、反硝化速率与土壤含水量呈极显著正相关($p<0.01$)(表8-2)。

土壤水分是影响硝化作用的主要因子，一般而言，土壤总硝化速率随含水量增加而增大。在桃园土壤总硝化速率和反硝化速率季节变化中，土壤温度和水分的影响占主导地位。2009年7月份土壤温度高，且土壤含水量低，在温度和水分的共同影响下，其总硝化速率和反硝化速率最低。2009年12月土壤温度虽然低，但含水量高，为土壤硝化作用和反硝化作用的进行提供了适宜的水分环境。土壤含水量在7.71%～24.7%，土壤水分增加能增强土壤微生物活性，促进土壤硝化、反硝化作用。

许多研究用相对含水量(含水量与田间持水量的比例关系)来描述土壤水分含量变化与土壤硝化、反硝化作用的关系。Doran(1984)发现土壤含水量为田间持水量的50%～60%时，硝化作用进行得最快。李良谟等(1987)报道，土壤水分含量为田间持水量的65%时，土壤硝化速率明显高于土壤含水量为田间持水量的30%时的土壤硝化速率。张树兰等(2002)研究表明，土壤含水量为田间持水量的80%时，对硝化作用有一定的抑制作用，60%田间持水量是进行硝化作用的适宜含水量。本研究中，2009 年 5 月份土壤含水量为田间持水量的 68%与 2009 年 12 月份土壤含水量为田间持水量的 88%时的土壤总硝化速率、反硝化速率较高；2008 年 10 月份土壤含水量为田间持水量的 62%时的土壤总硝化速率、反硝化速率次之；2009 年 9 月土壤含水量为田间持水量的 53%时的土壤总硝化速率、反硝化速率较低；2009 年 7 月份土壤含水量为田间持水量的 28%时的土壤总硝化速率、反硝化速率最低。这说明桃园土壤含水量为田间持水量的 62%～88%时，土壤硝化作用受抑制不明显，土壤硝化作用和反硝化作用同时进行。但土壤含水量/田间持水量低于 60%时硝化作用与反硝化作用进行缓慢（图 8-5）。

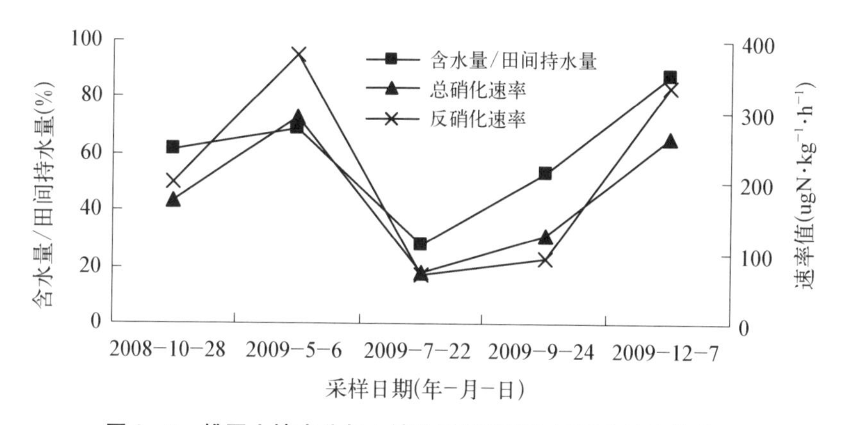

图 8-5　桃园土壤水分与土壤总硝化速率和反硝化速率的关系

一般认为，随土壤含水量增大，水分取代土壤孔隙中空气的程度增加，使厌氧条件得以加强，有利于反硝化细菌活动，反硝化活动速度也会加快。数据统计分析表明，在桃园土壤总硝化速率和反硝化速率的季节动态变化中，土壤总硝化速率与土壤温度呈极显著负相关（$p<0.01$），与土壤含水量呈极显著正相关（$p<0.01$）。土壤反硝化速率与土壤温度呈极显著负相关（$p<0.01$），与土壤含水量呈极显著正相关（$p<0.01$），与土壤总孔隙度呈显著正相关（$p<0.05$）（表 8-2）。土壤总硝化速率与土壤总孔隙度无显著相关性（$p>0.05$），土壤总硝化速率和反硝化速率与土壤容重无显著相关性（$p>0.05$）（表 8-2）。桃园土壤总硝化速率、反硝化速率与土壤有机质、硝态氮、全氮、碳氮比、pH 均无显著相关性（$p>0.05$）（表 8-2）。说明影响桃园土壤硝化和反硝化季节动态变化的主要因素为土壤水分和土壤温度，在季节变化分析中，降雨和温度也是主要的变异因素。

第三节　园艺林土壤硝化和反硝化速率

园艺林中种植的主要是香樟树，樟树喜湿，其土壤含水量的变幅低于桃园土壤（表8-3）。樟树林种植密度较大，盖度高，地表有枯枝落叶覆盖，土壤水分蒸发量较小，樟树林具有保持水分、涵养水源的作用。樟树林管理方式也相对粗放，实验阶段内土壤没有翻动，土壤容重较高，土壤总孔隙度、土壤硝态氮和全氮含量相对于其他类型低。虽然地表有较多枯枝落叶，但因樟树叶有蜡质层，其土壤微生物分解速率较慢，因此园艺林土壤有机质含量相对较低，且季节变化不大。

表8-3　园艺林土壤基本理化性质的季节变化

日　期	含水量（%）	容重（g/cm^3）	总孔隙度（%）	pH	有机质（$g \cdot kg^{-1}$）	硝态氮（$mg \cdot kg^{-1}$）	全氮（$g \cdot kg^{-1}$）	碳氮比
2008-10-28	17.45	1.41	46.79	7.61	15.31	6.16	1.29	11.87
2009-5-6	24.93	1.43	47.17	7.70	16.65	0.61	2.79	5.97
2009-7-22	16.18	1.52	45.54	7.45	16.62	5.32	3.21	5.19
2009-9-24	13.17	1.51	53.09	8.12	18.18	1.32	2.85	6.37
2009-12-7	28.01	1.46	46.44	7.62	22.43	2.33	2.88	7.80

1.1　总硝化作用速率和反硝化速率的季节变化

园艺林土壤总硝化速率的变化为2008年10月>2009年7月>2009年9月>2009年5月>2009年12月，其中2008年10月总硝化速率最高，为206.88 $ugN \cdot kg^{-1} \cdot h^{-1}$；2009年12月土壤硝化速率最小，为8.22 $ugN \cdot kg^{-1} \cdot h^{-1}$（图8-6）。园艺林土壤反硝化速率的变化为2008年10月>2009年7月>2009年9月>2009年12月>2009年5月，其中2008年10月反硝化速率最高，为278.67 $ugN \cdot kg^{-1} \cdot h^{-1}$；2009年5月土壤反硝化速率最低，为118.72 $ugN \cdot kg^{-1} \cdot h^{-1}$（图8-7）。

土壤总硝化速率与反硝化速率之间有显著相关性，其线性回归方程为$y = 0.458x + 163.01$（$R^2 = 0.58$，$p < 0.05$）。单因素方差分析表明，不同季节

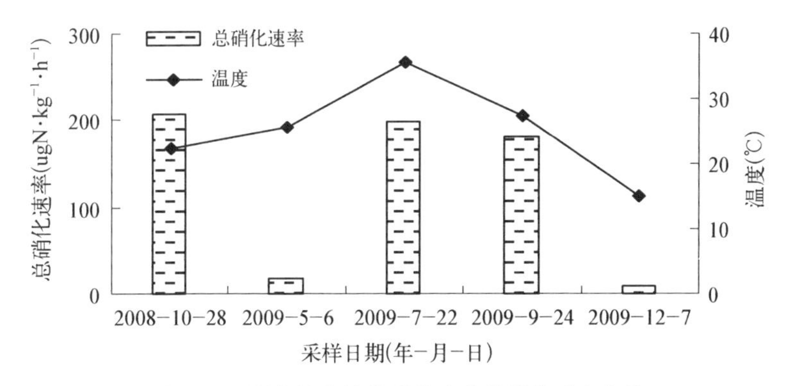

图 8-6　园艺林土壤总硝化速率的季节动态变化

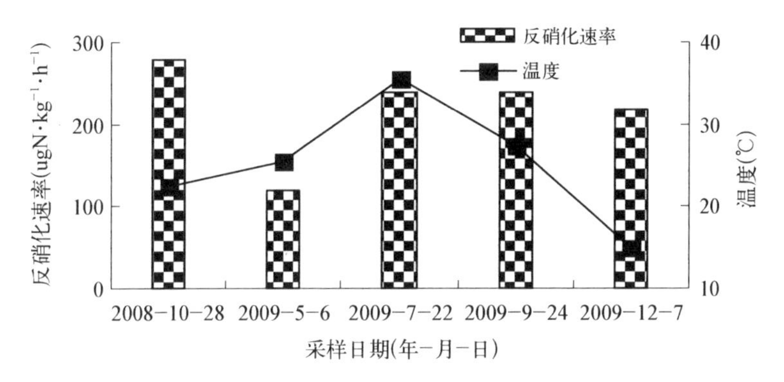

图 8-7　园艺林土壤反硝化速率的季节动态变化

园艺林土壤总硝化速率存在显著差异性（$p<0.01, N=5$），反硝化速率差异性不显著（$p>0.01, N=5$）（图 8-8）。对园艺林土壤总硝化速率和（土壤总硝化速率＋反硝化速率）的比值进行分析，其方程为 $y=0.396x$（$R^2=0.777$，$p<0.05$）（图 8-9），即土壤总硝化作用和反硝化作用的贡献率分别为 39.6%、60.4%，反硝化作用强，这可能与园艺林土壤含水量较高有关。

总硝化速率柱上的字母不同，表示差异显著 $p<0.01$。反硝化速率柱上的字母相同，表示差异不显著，LSD 检验，$p>0.01$。

1.2　总硝化速率和反硝化速率与影响因素的关系

土壤温度与园艺林总硝化速率呈显著性正相关（$p<0.05$）（表 8-4）。土壤温度在 25～35℃时，园艺林土壤总硝化作用 Q_{10} 值为 11.27，说明在此温度范围内，土壤硝化速率随温度增加而增大。与桃园相比，园艺林土壤硝化作用的适宜

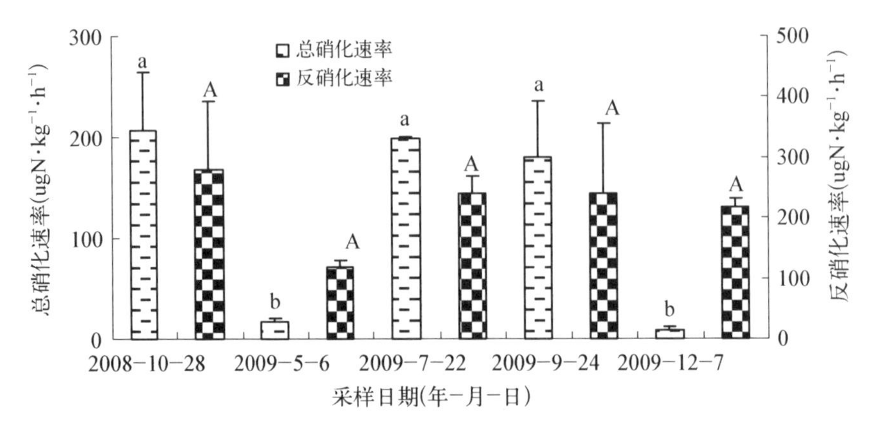

图 8-8　园艺林土壤总硝化速率和反硝化速率

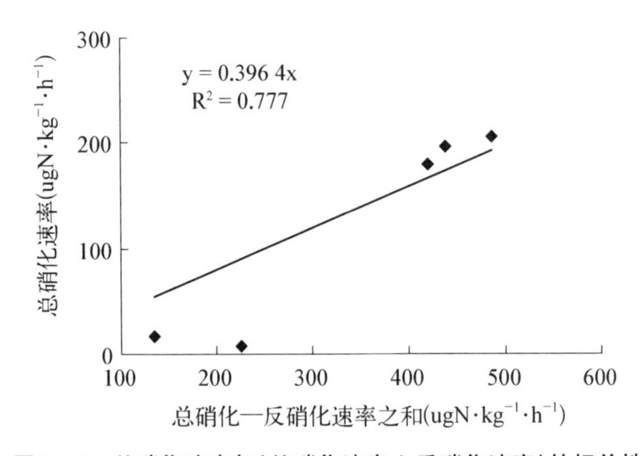

图 8-9　总硝化速率与(总硝化速率+反硝化速率)的相关性

温度比桃园高。Mahendrappa 等(1966)发现,美国北部土壤硝化作用的最适温度为 20℃和 25℃,而南部土壤则为 35℃。可见土壤硝化作用对温度的敏感度随环境和植被类型不同而变化。土壤温度与园艺林反硝化速率无显著相关性($p>0.05$)(表 8-4)。本研究中土壤温度在 25～35℃,园艺林土壤反硝化作用 Q_{10} 值为 2.02,这说明本研究中温度对园艺林反硝化作用不敏感。

园艺林土壤含水量变化范围为 15.4%～30%。在 2008 年 10 月份,2009 年 7、9 月份时,园艺林土壤相对干燥,土壤含水量在 13%～17%,2009 年的 5、12 月份相对湿润,在 28%左右(图 8-10)。一般而言,土壤总硝化速率随含水量的增加而增大。但园艺林土壤总硝化速率与土壤含水量呈极显著负相关性($p<0.01$)(表 8-4),这可能与园艺林地含水量较高有关。随含水量上升,土壤通气状况变差,硝化作用下降。Breuer 等(2002)发现,随着水分含量的增大,总硝化

速率明显降低，这可能是由于水分增加促进厌氧条件的形成所致。

表 8-4　总硝化速率和反硝化速率与影响因子相关关系

相关系数	温度	含水量	总孔隙度	容重	有机质	硝态氮	全氮	碳氮比	pH
总硝化速率	0.57*	−0.85**	0.25	0.16	−0.60*	0.65**	−0.32	0.30	0.07
反硝化速率	0.03	−0.31	0.10	0.15	−0.05	0.50	−0.29	0.36	−0.03

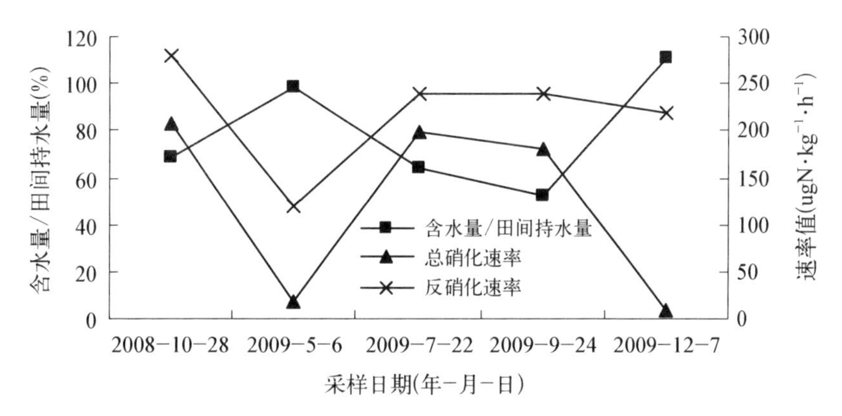

图 8-10　园艺林地土壤水分与土壤总硝化速率和反硝化速率的关系

2008 年 10 月土壤含水量为田间持水量 68%时，土壤总硝化速率最高。2009 年 7 月土壤含水量为田间持水量的 64%与 2009 年 9 月份土壤含水量为田间持水量的 52%时，土壤总硝化速率次之。2009 年 5 月土壤含水量为田间持水量的 98%时的土壤总硝化速率和 2009 年 12 月土壤含水量为田间持水量 110%时的总硝化速率值很低，说明园艺林土壤含水量接近田间持水量时，土壤硝化作用受到抑制，进行缓慢。在土壤含水量为田间持水量的 60%左右时，有利于土壤硝化作用进行(图 8-10)。土壤总硝化速率与土壤总孔隙度、土壤容重无显著相关性($p>0.05$)(表 8-4)。

园艺林土壤反硝化速率与土壤温度、土壤含水量、总孔隙度、容重无显著性相关($p>0.05$)。由单因素方差分析可知，园艺林土壤反硝化速率差异性不显著($p>0.01$，$N=5$)，土壤反硝化速率季节性变化不明显，这与园艺林香樟树土壤反硝化细菌活性稳定有关。数据统计分析表明，园艺林土壤总硝化速率与土壤有机质呈显著性负相关($p<0.05$)，与硝态氮呈极显著性正相关($p<0.01$)，与土壤全氮、碳氮比、pH 均无显著相关性($p>0.05$)(表 8-4)。

园艺林土壤总硝化速率与土壤有机质呈显著性负相关($p<0.05$),土壤有机碳的增加为异养微生物生长提供了所需碳源,异养微生物和硝化细菌竞争可利用的 NH_4^+-N,而硝化细菌为自养微生物,与土壤中数量庞大的异养微生物相比,其增殖速率以及对底物的竞争能力明显较低。土壤有机质可能抑制了土壤硝化作用的进行(Prosser,1989)。数据统计分析表明,园艺林土壤反硝化速率与土壤有机质、硝态氮、全氮、碳氮比、pH 均无显著相关性($p>0.05$)(表 8-4)。

第四节 大棚蔬菜土壤硝化和反硝化速率

大棚因有塑料薄膜覆盖,形成了相对封闭的与露地不同的特殊小气候。白天光照充足,薄膜密闭,棚内温度升高很快,有时温度比棚外高 20℃以上。塑料膜封闭性强,棚内空气与外界空气交换受到阻碍,土壤蒸发和叶面蒸腾的水汽难以发散,棚内湿度较大。大棚蔬菜由于多是浅根系蔬菜,在人为精耕细作管理措施的调控下,土壤容重低,总孔隙度较高,土壤偏弱酸性和中性(表 8-5)。由于大棚长期覆盖,缺少雨水淋洗,盐分随地下水由下向上移动,易引起耕作层土壤盐分积累,土壤中硝态氮含量较高。在大棚密闭环境下,各土壤理化性质季节变化不是很大。

表 8-5 大棚蔬菜地土壤基本理化性质的季节变化

日 期	含水量(%)	容重(g/cm^3)	总孔隙度(%)	pH	有机质($g\cdot kg^{-1}$)	硝态氮($mg\cdot kg^{-1}$)	全氮($g\cdot kg^{-1}$)	碳氮比
2008-10-28	27.33	1.28	51.65	6.83	20.57	159.60	3.43	5.99
2009-5-6	27.81	1.35	52.86	6.78	20.51	220.72	5.10	4.02
2009-7-22	21.29	1.36	52.04	6.47	20.91	152.05	5.53	3.89
2009-9-24	12.35	1.35	56.92	7.55	15.50	14.52	3.71	4.17
2009-12-7	31.58	1.31	53.34	6.41	22.60	329.10	3.37	6.70

1.1 总硝化作用速率和反硝化速率的季节动态变化

大棚蔬菜地土壤总硝化速率变化为 2009 年 5 月>2008 年 10 月>2009 年 7 月>2009 年 12 月>2009 年 9 月,其中 2009 年 5 月总硝化速率最高,为

1 122.17 $ugN \cdot kg^{-1} \cdot h^{-1}$；2009 年 9 月土壤硝化速率最小，为 191.15 $ugN \cdot kg^{-1} \cdot h^{-1}$。大棚蔬菜地土壤反硝化速率变化为 2009 年 5 月＞2008 年 10 月＞2009 年 12 月＞2009 年 7 月＞2009 年 9 月，其中 2009 年 5 月份反硝化速率最高，为 1 725.03 $ugN \cdot kg^{-1} \cdot h^{-1}$；2009 年 9 月土壤反硝化速率最小，为 231.57 $ugN \cdot kg^{-1} \cdot h^{-1}$（图 8-11）。

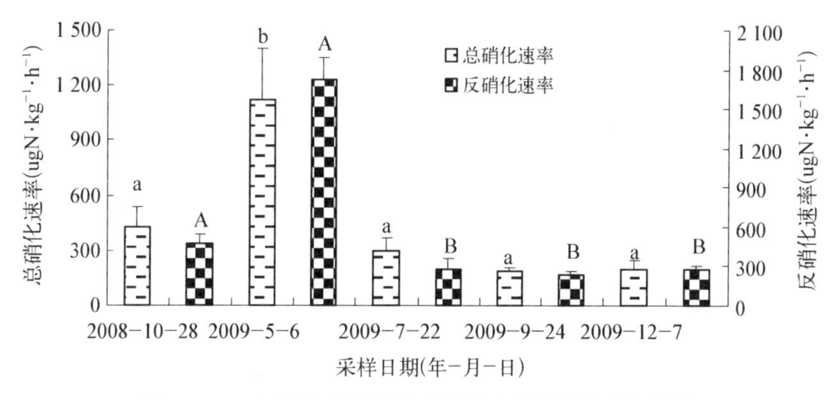

图 8-11　大棚蔬菜地土壤反硝化速率的季节动态变化

总硝化速率和反硝化速率柱上的字母不同，表示差异显著，LSD 检验，$p<0.01$。

土壤总硝化速率与反硝化速率之间有显著相关性，其线性回归方程为 $y=1.63x-133.06$（$R^2=0.58$，$p<0.01$）。单因素方差分析表明，不同季节土壤总硝化速率、反硝化速率存在显著性差异（$p<0.01$，$N=5$）。本研究对土壤总硝化速率和（土壤总硝化速率＋反硝化速率）的比值进行分析，其方程为 $y=0.4068x$（$R^2=0.777$，$p<0.01$）（图 8-12），即土壤总硝化作用和反硝化作用的贡献率分别为 40.68%、59.32%，反硝化作用稍强。

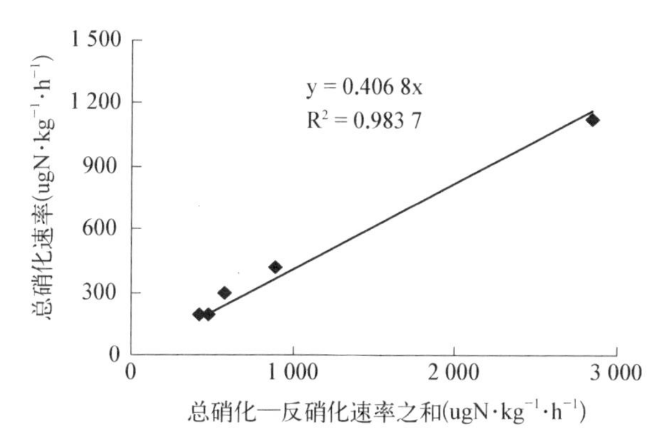

图 8-12　总硝化速率与（总硝化速率＋反硝化速率）的相关性

1.2 总硝化速率和反硝化速率与影响因素的关系

大棚环境相对密闭，棚内温度、湿度较高，肥料腐熟分解快。在本研究中，大棚温度均在30℃左右，温度季节变化不明显。

大棚蔬菜地土壤含水量变化范围为12%～32%（表8-5）。数据统计分析表明，大棚蔬菜地土壤总硝化速率和反硝化速率与土壤含水量、总孔隙度、容重相关性不显著（$p>0.05$）。

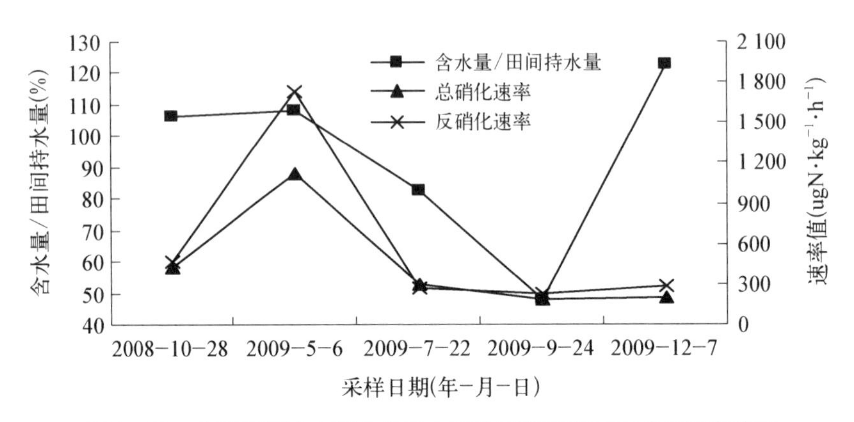

图8-13 大棚蔬菜地土壤水分与土壤总硝化速率和反硝化速率关系

数据统计分析表明，大棚蔬菜地土壤总硝化和反硝化速率与土壤有机质、硝态氮、全氮、碳氮比、pH均无显著相关性（$p>0.05$）（表8-6），这可能与大棚蔬菜环境下土壤硝化细菌和反硝化细菌的活性较为稳定有关。

表8-6 总硝化速率和反硝化速率与影响因子相关关系

相关系数	含水量	总孔隙度	容重	有机质	硝态氮	全氮	碳氮比	pH	N_2O
总硝化速率	0.32	−0.15	−0.18	0.17	0.21	0.48	−0.36	0.07	0.92**
反硝化速率	0.34	−0.13	−0.02	0.15	0.24	0.44	−0.34	−0.03	0.98**

1.3 大棚蔬菜地土壤N_2O排放

由图8-14可知，2009年5月大棚蔬菜地土壤N_2O排放最强。由于产生

N_2O的硝化过程和反硝化过程均受土壤水分影响，当土壤含水量既能促进硝化作用又能促进反硝化作用时，会导致较多N_2O生成与排放。试验表明，当土壤含水量为饱和持水量的45%～75%时，硝化细菌和反硝化细菌都可能成为N_2O的主要制造者，土壤微生物的硝化和反硝化作用产生的N_2O大约各占一半。郑循化等(1987)指出，稻麦轮作周期内N_2O排放受土壤湿度的强烈制约，土壤湿度为田间持水量97%～100%时，N_2O排放最强。由图8-12、8-13可知，5月土壤湿度为田间持水量的119%时，N_2O排放很高，且反硝化作用产生的N_2O在一半以上。

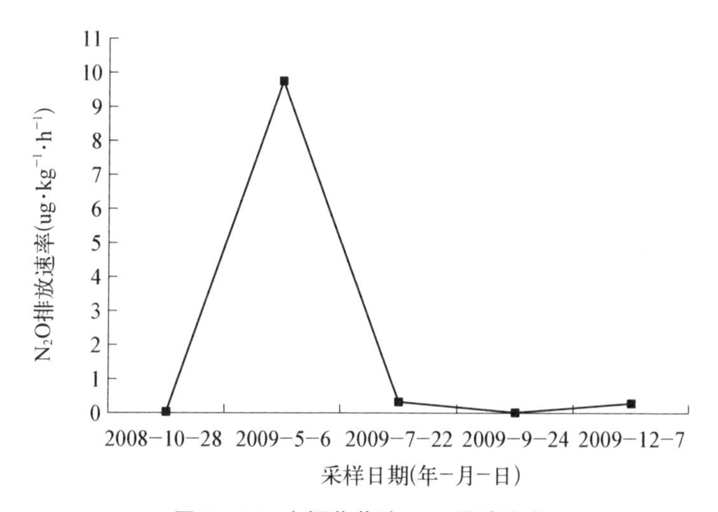

图8-14　大棚蔬菜地N_2O排放速率

2009年7月虽然气温升高，但相对于5月土壤含水量较低，这可能限制了温室气体的产生，所以N_2O排放速率相对于5月低了很多。2009年9月较低的土壤含水量，使N_2O排放速率小。2009年12月土壤含水量较高，可能因有机质含量较高或土壤速效氮减少导致硝化作用和反硝化作用微弱，所以N_2O排放速率低于5月的速率值。由图8-12可知，大棚蔬菜地土壤总硝化作用和反硝化作用的贡献率分别为40.68%、59.32%，反硝化作用稍强，因此总硝化作用和反硝化作用都是土壤N_2O排放的主要来源。且数据统计分析表明(表8-6)，大棚蔬菜地土壤总硝化速率和反硝化速率均与土壤N_2O排放速率呈极显著性相关($p<0.01$)。

第五节 露天蔬菜土壤硝化和反硝化速率

与大棚蔬菜地相比，露天蔬菜地受外界自然条件的影响较大，春季常受连续低温阴雨天气的影响，夏季受高温暴雨的威胁，土壤含水量、土壤有机质等季节变化较为明显。土壤硝态氮含量没有大棚蔬菜地的高，主要是因为雨水淋溶的影响或施肥量相对小。

表 8-7 露天蔬菜地土壤基本理化性质的季节变化

日期	含水量（%）	容重（g/cm^3）	总孔隙度（%）	pH	有机质（$g\cdot kg^{-1}$）	硝态氮（$mg\cdot kg^{-1}$）	全氮（$g\cdot kg^{-1}$）	碳氮比
2009-5-6	28.27	1.22	55.60	4.71	25.85	32.42	5.22	4.95
2009-7-22	19.05	1.38	49.17	5.88	23.17	52.25	4.95	4.73
2009-9-24	15.60	1.43	51.75	5.31	21.52	55.23	3.74	5.76
2009-12-7	25.16	1.38	50.88	6.81	16.92	13.21	3.08	5.49

1.1 总硝化作用速率和反硝化速率的季节动态变化

露天蔬菜地总硝化速率和反硝化速率值均为 2009 年 5 月>2009 年 9 月>2009 年 12 月>2009 年 7 月其中 2009 年 5 月总硝化速率和反硝化速率最高，分别为 610.79、697.18 $ugN\cdot kg^{-1}\cdot h^{-1}$；2009 年 7 月土壤硝化速率和反硝化速率最小，分别为 129.96、129.39 $ugN\cdot kg^{-1}\cdot h^{-1}$（图 8-15，8-16）。土壤总硝化速率与反硝化速率呈极显著相关，其线性回归方程为 $y=1.05x+24.61$（$R^2=0.937$，$p<0.01$）。单因素方差分析表明，不同季节露天蔬菜地土壤总硝化速率、反硝化速率存在显著性差异（$p<0.01$，$N=5$）（图8-17）。本研究对露天蔬菜地土壤总硝化速率和（土壤总硝化速率+反硝化速率）的比值进行分析，其方程为 $y=0.663x$（$R^2=0.732$，$p<0.05$）（图 8-18），即土壤总硝化作用和反硝化作用的贡献率分别为 66.3%、33.7%，总硝化作用强。

总硝化速率和反硝化速率柱上的字母不同，表示差异显著，LSD 检验，$p<0.05$。

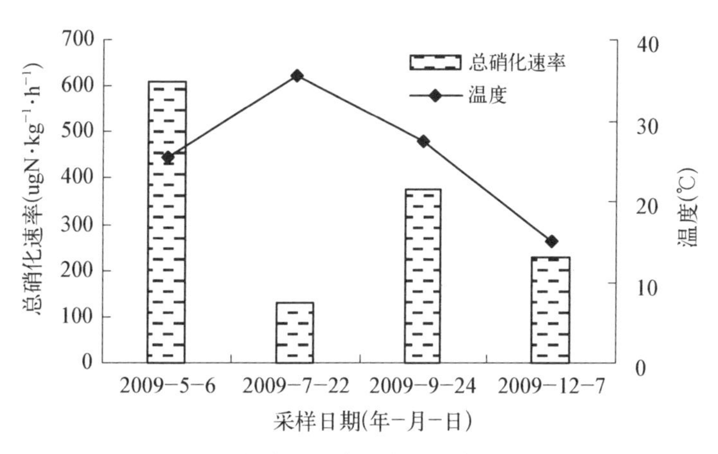

图 8-15　露天蔬菜地土壤总硝化速率的季节动态变化

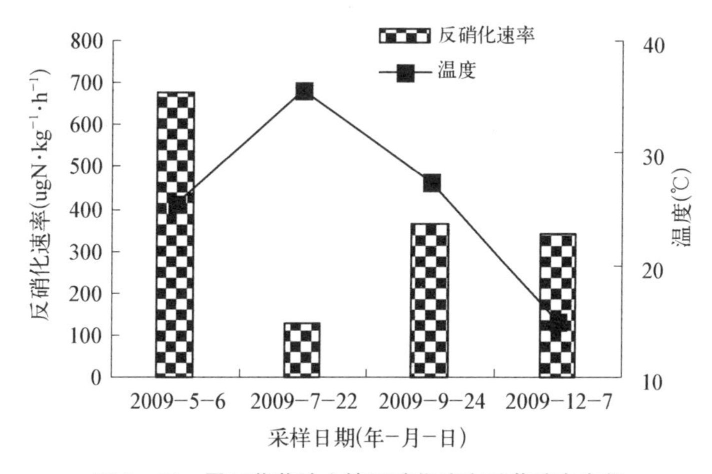

图 8-16　露天蔬菜地土壤反硝化速率季节动态变化

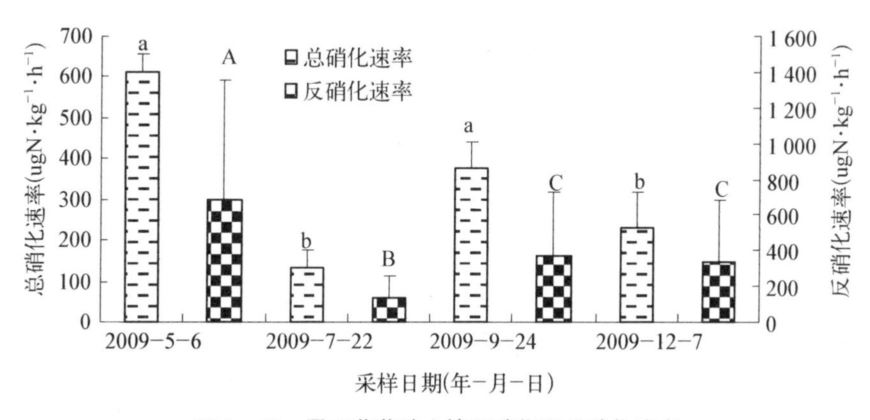

图 8-17　露天蔬菜地土壤总硝化和反硝化速率

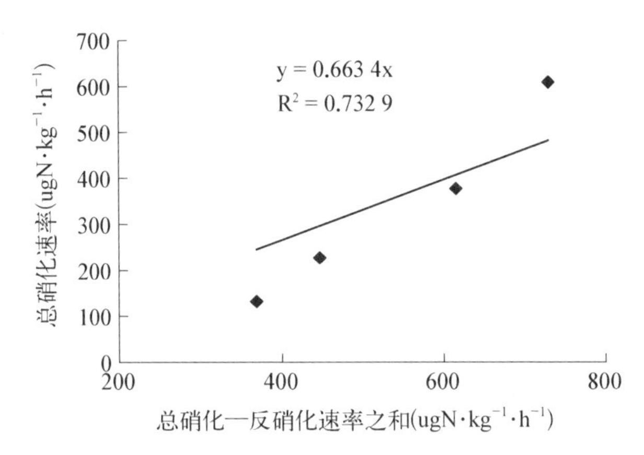

图 8-18 土壤总硝化与(总硝化速率+反硝化速率)的相关性分析

1.2 总硝化速率和反硝化速率与影响因素的关系

数据统计分析表明,露天蔬菜地土壤温度与总硝化速率、反硝化速率均无显著性相关($p>0.05$)(表 8-8)。在本研究中,25～35℃露天蔬菜地土壤总硝化作用 Q_{10} 值为 0.21,反硝化作用 Q_{10} 值为 0.19,温度对露天蔬菜地土壤硝化作用和反硝化作用的敏感度低,土壤硝化作用的较适宜温度是 25℃(图 8-15、8-16)。

表 8-8 总硝化速率和反硝化速率与影响因子的相关关系

相关系数	温度	含水量	总孔隙度	容重	有机质	硝态氮	全氮	pH	碳氮比	N_2O
总硝化速率	−0.16	0.46	0.60*	−0.59*	0.57	−0.09	0.34	−0.79	0.07	0.91**
反硝化速率	−0.37	0.63*	0.54	−0.57*	0.42	−0.34	0.25	−0.62	0.07	0.89**

露天蔬菜地土壤含水量变化范围为 15.6%～28.27%。在 2009 年 5、12 月,土壤含水量相对较高;2009 年的 7、9 月相对干燥(图 8-19)。数据统计分析表明,露天蔬菜地土壤总硝化速率和土壤总孔隙度呈显著性正相关($p<0.05$),与土壤容重呈显著性负相关($p<0.05$),与土壤含水量的相关性不显著($p>0.05$)(表 8-8)。

数据统计分析表明,露天蔬菜地土壤反硝化速率和土壤含水量呈显著性正相关($p<0.05$),与土壤容重呈显著性负相关($p<0.05$),与土壤孔隙度的相关

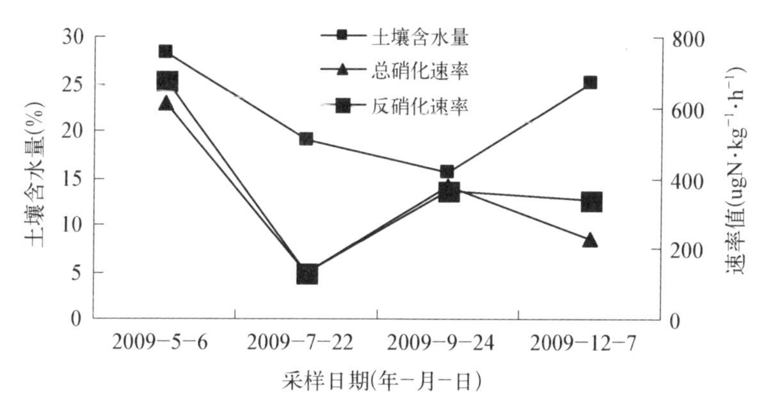

图 8-19　土壤水分与土壤总硝化速率和反硝化速率关系

性不显著($p>0.05$)(表 8-8)。江德爱等(1987)和谢建治等(1999)的研究表明,增大土壤含水量有利于反硝化作用进行。一般认为含水量增大,能增强厌氧环境,有利于反硝化细菌活动,反硝化活动速度也会增强。在露天蔬菜地中,土壤含水量增大促进了反硝化作用的进行。

土壤容重大小,受土壤质地、结构、有机质含量及各种自然因素和人工管理措施的影响,是一个重要的土壤参数,根据其大小可对土壤松紧程度作出评价。露天蔬菜地土壤总硝化速率和反硝化速率与土壤容重呈负相关,土壤容重越大,土壤越紧实,不利于硝化作用和反硝化作用的进行。数据统计分析表明,露天蔬菜地土壤总硝化速率、反硝化速率与土壤有机质、硝态氮、全氮、碳氮比、pH 均无显著相关性($p>0.05$)(表 8-8)。

1.3　露天蔬菜地土壤 N_2O 排放

由图 8-20 可知,露天蔬菜地土壤 N_2O 排放速率在 2009 年 5 月份排放最大,一方面是由于土壤含水量高引起的,其土壤含水量为田间持水量的 106%;另一方面是 5 月份露天蔬菜全氮含量和有机含量最高(表 8-7),增大了土壤中的生物量,导致 N_2O 排放最大。2009 年 7 月因土壤强烈蒸发或降雨、灌溉较少,土壤含水量较低,限制了温室气体产生,土壤总硝化速率和反硝化速率较低,N_2O 排放速率也较低。2009 年 9 月 N_2O 排放速率较高,这可能是因为土壤中较高含量的有机质促进了反硝化作用的进行。2009 年 12 月份土壤含水量较高,虽然为田间持水量的 95%,但可能因为土壤速效氮减少及温度较低的情况下土

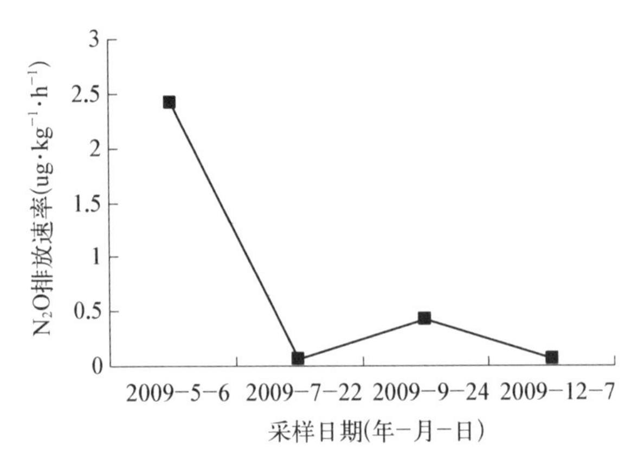

图 8-20　露天蔬菜地 N_2O 排放速率

壤微生物活性较弱，导致土壤硝化作用和反硝化作用与 5 月、9 月相比较弱，N_2O 排放速率低。

由图 8-18 可知，露天蔬菜地土壤总硝化作用和反硝化作用的贡献率分别为 66.3%、33.7%，总硝化作用强，因此总硝化作用是土壤 N_2O 排放的主要来源，且数据统计分析(表 8-8)表明，大棚蔬菜地土壤总硝化速率和反硝化速率均与土壤 N_2O 排放速率呈极显著性相关($p<0.01$)。

由图 8-21,8-22 可知，大棚蔬菜地、露天蔬菜地土壤总硝化速率较其他用地类型高(露天蔬菜地在 2008 年 10 月的数据缺失)，大棚蔬菜地和露天蔬菜地土壤硝态氮含量高，特别是大棚蔬菜地，这与大量氮肥的施用有关，也有可能与设施栽培中温度高，土壤水分蒸发强烈，深层土壤硝态氮随水分上移，导致大棚土壤硝态氮聚集。大棚蔬菜地和露天蔬菜地在人为精耕细作的管理措施下，显

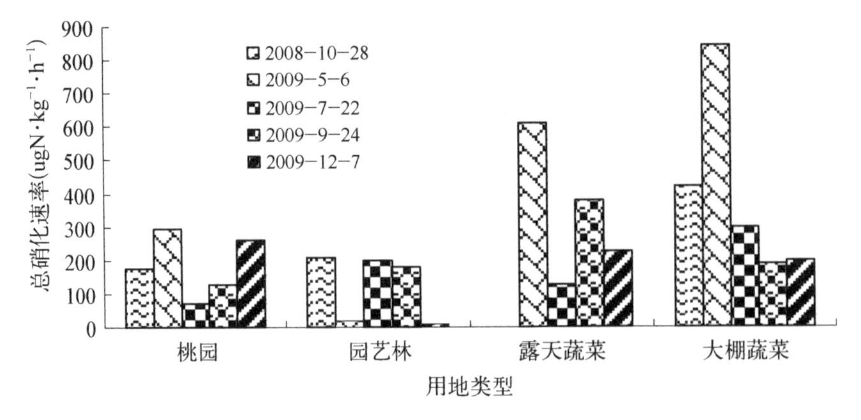

图 8-21　不同农业用地类型的总硝化速率值汇总图

示出硝态氮含量丰富的特点，因而土壤的硝化活性和反硝化活性明显高于其他用地类型。园艺林土壤硝化活性和反硝化活性相对于其他用地类型较弱，在这种用地类型中土壤硝态氮含量较低。这也反映了土地利用影响了土壤养分含量的高低变化，影响土壤的理化性质，间接影响着土壤硝化和反硝化活性的差异。

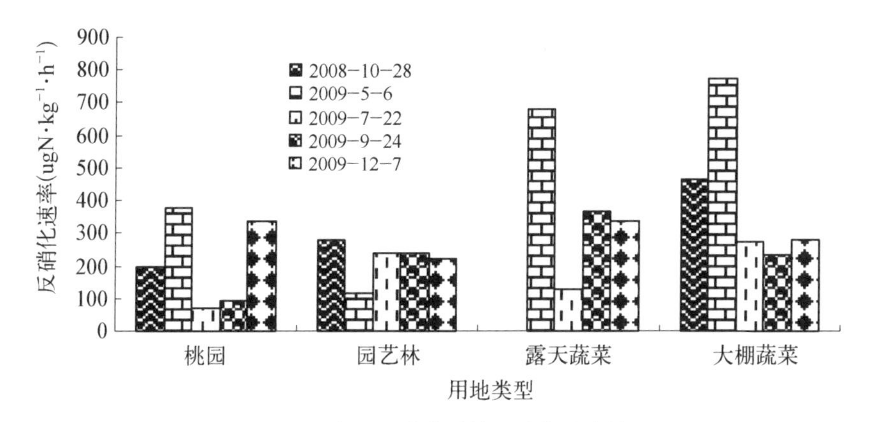

图 8－22　不同农业用地类型的反硝化速率值汇总图

第九章　农业用地土壤反硝化作用与 N_2O 排放

城市土壤是在地带性土壤背景下，在城市化过程中受人类活动影响而形成的一种特殊土壤。与自然生态系统相比，社会—经济—自然复合的城市生态系统是一个极不稳定的生态系统，而城市土壤是其重要的组成部分，对城市可持续发展有重要的意义。城市土壤是城市绿色植物的生长介质和养分的供应者，是土壤微生物的栖息地和能量的来源，是城市污染物的汇集和净化器。与自然土壤相比，城市土壤功能发生了转变，环境功能成为主体。由于城市土壤关系到城市生态质量和人类健康，从 20 世纪 90 年代到现在，全球对城市土壤的关注越来越多(张甘霖等，2006)。城市化是人类社会高度物质文明的体现，但城市化过程中大规模的工程建设、交通运输、污染物排放以及不当的土地利用和管理，使土壤遭到了剧烈的影响，并发生了许多不良的变化，有些甚至是不可逆的演变。

在城市土壤中硝态氮经常性积累在土壤中，虽然驻留时间并不长，但是由于大量的输入，所以这种积累总能维持。有研究表明城市地下水含氮量较高。城市土壤氮在不同地区，其污染源是不同的。总的来说，城市土壤氮素的研究较少，而作为土壤氮循环的重要环节——城市地区土壤硝化、反硝化作用，国内外有关研究均较少。国外研究主要集中在城郊样带林业土壤矿化作用和硝化作用，影响硝化作用主要因素的研究主要集中在枯枝落叶量及分解速率、蚯蚓种类和数量，特别是外来蚯蚓种类，且大多数研究表明城市森林土壤硝化速率要高于农村土壤硝化速率。相关的研究主要基于城郊森林样带，利用加盖原位培养法等测定硝化速率，比较土壤硝化速率差异，但没有进行反硝化作用测定。城市土壤硝化作用较活跃(可能因外来物种的侵入)，对城市生态系统氮循环产生很大影响，研究城郊梯度样带土壤硝化、反硝化作用具有重要的意义。城郊地区是敏感的过渡地带，其土壤性质也表现出城市土壤的特征，如土壤偏碱性、土壤重金属污染较为严重等。本研究对上海城郊过渡带绿地土壤反硝化作用进行测定，并与农业用地类型土壤反硝化作用进行比较，分析城镇用地类型和农用地类型土壤N_2O排放情况，旨在揭示城市土壤下土壤反硝化作用的影响因素，为制定科学的土地利用规划和进行生态系统的有效管理提供依据。

第一节　样品采集与分析

1.1　研究区概况

浦江镇地处城郊结合部，是上海市区域面积最大的一个镇。浦江镇辖内包括10.3 km^2中心城区、8.3 km^2漕河泾浦江高新科技园区、19.58 km^2现代农业园区、4.2 km^2别墅居住区、10 km^2黄浦江滨江开发预留地，以及60 km^2浦江森林区域。其城镇面积不断扩大，且城镇功能分区也逐渐明显。浦江镇中心城区规划的三个组团，三个主要功能区分区已基本形成，北部以高档别墅为主，中部为公共建筑和商业居住建筑相混合的商住综合区，南部为多层居住区，三个功能区通过景观道路和景观河道联成一个整体。2003年耕地面积为4 989公顷，2005年为3 084公顷，2006年为2 806公顷，2007年为2 658公顷，农业耕地面积呈下降趋势，这主要是由城市化引起的。

1.2　野外采样

在浦江镇镇中心面积较大的功能区如居民区、工业区、商业区、交通建设用地及陈行公园和浦江森林公园绿地上，各选取3块3 m×3 m的样地；另在离镇中心较远的浦江农业园区不同农用地类型如桃园、园艺林、葡萄园、露天蔬菜地和大棚蔬菜地同样各选取3块3 m×3 m的样地，各样地内用环刀采取表层原状土样3份，同时对每块样地采取多点混合土壤样品，用于土壤性质分析。野外采样于2009年5月完成。

1.3　室内分析

室内测定土壤理化性质和各用地类型土壤总硝化速率和反硝化速率。对农用地类型样品和城镇用地类型样品，在 BaPS 测定之前和测定结束之后，用注射器抽取密闭空间内 20 mL 气体，在气相色谱仪上用 ECD 检测器检测其中N_2O的浓度，计算N_2O排放通量。

1.4 数据分析

影响硝化作用和反硝化作用的土壤环境因子众多，为了高效、减少重叠信息，本文采用多元相关和因子分析进行土壤硝化、反硝化作用和环境因子之间关系的分析。因子分析是主成分分析的发展和延伸，是多元统计分析中一种重要的方法，多个指标的线性组合，将众多具有相关关系的指标归结为少数几个综合指标，通过新因子的线性组合来构造一个结构简洁的模型，同时能再现研究体内变量之间的内在联系，筛选和精简指标体系。

第二节 不同用地类型土壤基本性质

所选农业用地和城镇用地类型均位于城郊结合部(浦江镇)，农业用地包括葡萄园、园艺林地、桃园、露天蔬菜地和大棚蔬菜地。不同用地类型土壤基本的理化性质如表 9-1。由表可知，除葡萄园和园艺林地外，土壤偏酸性，特别是露天蔬菜地土壤呈强酸性，其 pH 为 4.71。土壤酸化可能与肥料使用有关，特别是氮肥。城镇用地类型中土壤 pH 都偏碱性，特别是浦江森林公园、工业区，其 pH 均为 8.23，呈碱性。这可能与城市化过程中人工碱的使用有关，城镇土壤有偏碱化的趋势。

从土壤有机质的变化来看，桃园土壤有机质含量相对较低是因为田间管理方式较粗放，土壤有机肥施用较少。葡萄园、大棚蔬菜地、露天蔬菜地土壤有机质较高，与田间管理过程中有机肥的施用有关。城镇居民区、商业区、陈行公园土壤表层覆盖较多的枯枝落叶，提供了较好的有机物质来源，有机质含量较高。浦江森林公园距离城镇中心较远，作为林业建设用地年限较短，有机质含量相对较低。城镇公路两旁植被稀疏，土壤紧实，土壤有机质含量最低。与城镇土壤相比，除桃园、园艺林地外，其他用地类型如露天蔬菜地、大棚蔬菜地和葡萄园，其土壤硝态氮含量 NO_3^- 明显较高，特别是大棚蔬菜地，其土壤 NO_3^- 含量远高于其

表 9-1 不同用地类型土壤理化性质

用地类型	含水量(%)	容重(g·cm⁻³)	总孔隙度(%)	WFPS	pH	有机质(g·kg⁻¹)	硝态氮(mg·kg⁻¹)	全氮(g·kg⁻¹)	碳氮比
葡萄园	23.40	1.30	50.73	60.14	7.56	19.35	76.24	4.13	4.68
桃园	18.95	1.43	48.16	56.43	6.67	16.52	1.98	3.43	4.81
园艺林地	24.93	1.43	47.17	75.38	7.70	16.65	0.61	2.79	5.97
露天蔬菜地	28.27	1.22	55.60	62.93	4.71	25.85	32.42	5.22	4.95
大棚蔬菜地	27.81	1.35	52.86	70.90	6.78	20.51	220.72	5.10	4.02
森林公园	20.71	1.48	44.10	74.76	8.23	15.50	0.33	3.03	5.12
居民区	21.31	1.41	46.75	64.30	7.84	26.39	16.14	3.03	8.71
工业区	21.90	1.45	45.36	70.92	8.23	11.63	6.94	3.00	3.88
陈行公园	24.24	1.41	46.68	74.82	7.93	19.98	7.31	2.99	6.67
商业区	21.97	1.41	46.73	66.78	7.99	24.08	2.19	2.99	8.05
交通建设用地	20.73	1.47	44.70	68.45	8.01	14.20	2.10	2.98	4.76

他用地类型，有明显的硝态氮积累现象。对于露天蔬菜地、大棚蔬菜地和葡萄园这类高强度开发的土壤，化肥的大量使用，特别是氮肥过量施用和灌水现象相当普遍，大量肥料不被作物吸收而残留土中，成为土壤硝态氮积累和盐分的主要来源(程美廷[121])。由于 NO_3^- 不能被土壤保持，易流失，对水环境和人体健康产生影响，对于蔬菜用地中土壤 NO_3^- 的积累和管理应该引起重视。蔬菜地特别是设施大棚栽培，化肥施用对维持与提高作物产量有不可替代的作用，但过多施用化肥也会对作物产量、品质和环境产生不良影响。在城镇建设用地中，居民区土壤有机质含量高，土壤硝态氮含量也明显高于其他用地类型，这与居民区土壤管理和培育以及有机物质来源有关。除园艺林地外，农业用地类型土壤全氮含量均高于城镇建设用地类型。

第三节 不同用地类型土壤反硝化速率的比较

对农业用地和城镇用地类型，利用 BaPS 技术对土壤总硝化速率和反硝化速率进行了分析测定。但城镇建设用地土壤总硝化速率的测定超出了 BaPS 系统的测定极限，这与城镇建设用地土壤呈碱性有关，在碱性土壤中 BaPS 系统的应用受到限制，其原因尚需进一步的探究。本文仅对农业用地类型和城市建设用地土壤的反硝化速率进行比较分析，分析城市化过程对土壤反硝化过程的影响。

不同农业用地类型土壤反硝化速率差异显著（$p<0.01$），由高到低依次为大棚蔬菜地（1 725.03 ugN・kg^{-1}・h^{-1}）、露天蔬菜地（679.18 ugN・kg^{-1}・h^{-1}）、葡萄园（484.85 ugN・kg^{-1}・h^{-1}）、桃园（379.82 ugN・kg^{-1}・h^{-1}）、园艺林地（118.72 ugN・kg^{-1}・h^{-1}）。

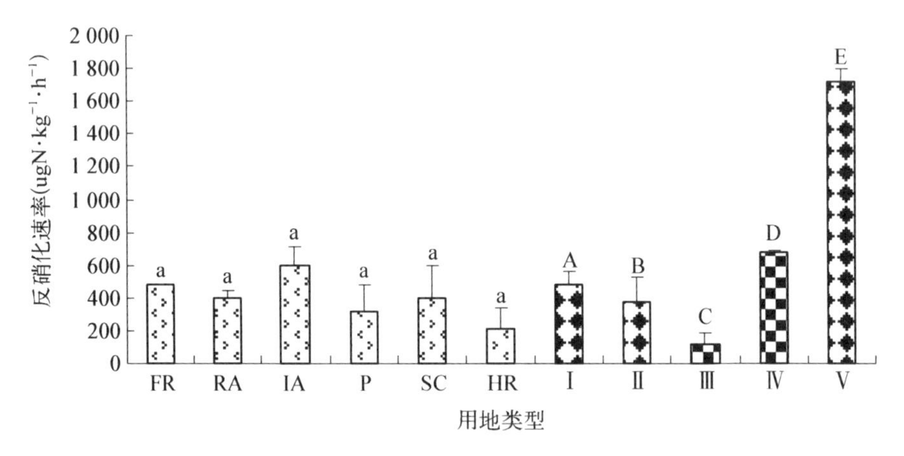

图 9-1　城镇用地和农用地类型土壤反硝化速率比较

FR：浦江森林公园　RA：商业区　IA：工业区　P：陈行公园　SC：商业区　HR：交通建设用地
Ⅰ：葡萄园　Ⅱ：桃园　Ⅲ：园艺林地　Ⅳ：露天蔬菜地　Ⅴ：大棚蔬菜地
反硝化速率柱上的字母不同表示差异显著，LSD 检验，$p<0.05$。

大棚蔬菜地的土壤反硝化速率是园艺林地的十余倍，这与各农业用地类型中土壤硝态氮的分布是一致的。各城镇建设用地中，土壤反硝化速率的差异相对较小，土壤反硝化速率由大到小依次为工业区（593.70 Nug・kg^{-1}・h^{-1}）、浦江森林公园（474.45 Nug・kg^{-1}・h^{-1}）、居民区（395.3 Nug・kg^{-1}・h^{-1}）、商业区（339.86 Nug・kg^{-1}・h^{-1}）、陈行公园（319.92 Nug・kg^{-1}・h^{-1}）、交通建设用地（212.04 Nug・kg^{-1}・h^{-1}）（图 9-1）。交通建设用地土壤反硝化速率最低，可能是因为植被稀疏、土壤紧实而贫瘠、土壤反硝化细菌数量少等引起。将农业用地和城镇建设用地相比较，单因素方差分析结果显示，农业用地和城镇建设用地土壤反硝化速率差异不显著（$p>0.05$）。总体而言，虽然农业用地中大棚蔬菜地和露天蔬菜地土壤反硝化速率较高，但城镇用地类型土壤反硝化速率并不比其他农用地类型土壤反硝化速率低，交通建设用地作为城镇用地类型中土壤反硝化速率最低者，也要比农业用地中的园艺林反硝化速率高，这说明城镇土壤反硝化作用活动存在，而且其反硝化细菌活性较强。城市化过程中土壤压实和土壤性质的改变在另一方面也促进了土壤反硝化作用的进行，这有利于土壤中硝酸盐的控制，防止其对水环境的影响。

对各农业用地类型土壤环境指标进行因子分析，结果如表 9－2。由表可知，土壤环境中有 3 个主因子可表征土壤环境因子，影响硝化作用进行，分别记为 F_1、F_2、F_3，其累积贡献率达到 96.77%，用这 3 个因子代替原来的 9 个原始变量，已概括了土壤指标信息的 96.77%。但主因子中各变量的系数差别不明显，需利用方差最大旋转对因子载荷矩阵进行旋转，由旋转后的主成分载荷可知，第一主成分主要反映 pH、有机质、全氮、容重、总孔隙度。土壤容重、总孔隙度是土壤物理性质，反映土壤结构状况。土壤 pH、有机质、全氮是土壤化学性质，反映土壤养分状况和土壤环境。第二主成分主要反映硝态氮和碳氮比，主要反映土壤化学性质信息。第三主成分反映的是土壤充水孔隙度、含水量，是土壤物理性质，反映土壤水分状况。

表 9－2　农业用地类型土壤环境因子指标的因子分析

因　子	初始主成分载荷			旋转后主成分载荷		
	F_1	F_2	F_3	F_1	F_2	F_3
pH	−0.75	0.48	−0.22	−0.90	0.07	0.19
有机质	0.95	−0.18	0.26	0.99	0.13	0.09
硝态氮	0.51	0.71	−0.48	0.07	0.93	0.35
全氮	0.98	0.06	−0.20	0.79	0.61	0.03
碳氮比	−0.58	−0.16	0.80	−0.22	−0.93	0.28
含水量	0.75	0.48	0.46	0.65	0.22	0.73
容重	−0.89	0.22	−0.17	−0.92	−0.16	−0.01
总孔隙度	1.00	−0.07	0.04	0.92	0.38	0.06
土壤充水孔隙度	−0.08	0.82	0.55	−0.17	−0.05	0.98
特征值	5.38	1.76	1.56			
贡献率	56.76	19.62	17.39			
累计贡献率	59.76	79.38	96.77			

对各土壤环境指标进行相关分析，结果如表 9－3。分析结果表明容重、总孔隙度、有机质之间的相关性较高。土壤孔隙状况受质地、结构和有机质含量的影响，因此在有机质、容重、总孔隙度中选取有机质作为代表进行分析。经筛选，第一主成分中的 pH、有机质、全氮，第二主成分中的硝态氮、碳氮比和第三主成分中的含水量、土壤充水孔隙度作为精减指标与农业反硝化速率进行相关分析，结果见表 9－6。

表 9－3　农业用地土壤环境指标的相关分析

	pH	有机质	硝态氮	碳氮比	含水量	容重	总孔隙度	充水孔隙度	全氮
pH	1								
有机质	−0.85	1							
硝态氮	0.06	0.23	1						
碳氮比	0.21	−0.31	−0.79	1					
含水量	−0.42	0.74	0.51	−0.14	1				
容重	0.69	**−0.94**	−0.21	0.32	−0.65	1			
总孔隙度	−0.79	**0.97**	0.45	−0.54	0.73	**−0.91**	1		
充水孔隙度	0.30	−0.09	0.28	0.35	0.58	0.20	−0.12	1	
全氮	−0.68	0.86	0.64	−0.74	0.67	−0.82	**0.96**	−0.14	1

对各城镇用地类型土壤环境指标进行因子分析，结果如表 9－4，土壤环境中有 3 个主因子可表征土壤环境信息，记为 F_1、F_2、F_3，其累积贡献率达到 90.28%。用这 3 个主因子代替原来的 9 个原始变量，已概括原有土壤环境信息的 90.28%。但主因子中各变量系数差异不明显，需利用方差最大旋转对因子载荷矩阵进行旋转，由旋转后的主成分载荷可以看出：第一主成分反映 pH、有机质、碳氮比、容重、总孔隙度；第二主成分主要反映含水量和土壤充水孔隙度，反映土壤物理性质的信息；第三主成分反映全氮，反映土壤化学性质的信息。

对各土壤环境变量进行相关分析，分析结果如表 9－5。结果表明，有机质与碳氮比、容重与总孔隙度相关性高，选取有机质和总孔隙度。经筛选，将第一主成分中的 pH、有机质、总孔隙度，第二主成分中的含水量和土壤充水孔隙度，第三主成分中的全氮作为精简指标与城镇反硝化速率进行相关分析，结果见表 9－6。

表 9-4 城镇用地类型土壤环境因子指标的因子分析

因 子	初始主成分载荷			旋转后主成分载荷		
	F_1	F_2	F_3	F_1	F_2	F_3
pH	−0.88	0.00	0.21	−0.89	0.17	0.10
有机质	0.93	−0.08	0.11	0.91	−0.12	0.22
硝态氮	0.71	−0.19	0.33	0.66	−0.11	0.45
全氮	0.10	−0.44	0.89	−0.01	−0.05	0.99
碳氮比	0.94	−0.07	0.09	0.91	−0.12	0.20
含水量	0.15	0.95	0.28	0.26	0.96	−0.10
容重	−0.92	−0.33	0.05	−0.96	−0.19	0.08
总孔隙度	0.92	0.30	−0.10	0.96	0.14	−0.12
土壤充水孔隙度	−0.61	0.67	0.37	−0.54	0.82	0.01
特征值	5.15	1.79	1.18			
贡献率	57.20	19.94	13.14			
累计贡献率	57.20	77.14	90.28			

表 9-5 城镇用地土壤环境指标的相关分析

	pH	有机质	碳氮比	容重	总孔隙度	含水量	充水孔隙度	全氮
pH	1							
有机质	−0.81	1						
碳氮比	−0.81	**1.00**	1					
容重	0.75	−0.81	**−0.81**	1				
总孔隙度	−0.76	0.79	0.80	**−1.00**	1			
含水量	−0.08	0.09	0.09	−0.44	0.40	1		
土壤充水孔隙度	0.55	−0.56	−0.56	0.40	−0.44	0.65	1	
全氮	0.11	0.25	0.23	0.09	−0.13	−0.16	−0.03	1

农业用地土壤含水量变化范围为18.95%～28.27%。城镇用地土壤含水量变化范围为20.85%～24.26%。相对城市土壤而言,农业用地土壤含水量变化范围较大。数据统计分析表明,农用地反硝化速率与土壤含水量相关性显著($p<0.05$)。土壤全氮、有机质、硝态氮均对农用地反硝化作用的进行有显著影响。城镇用地反硝化速率与其有机质、全氮、土壤含水量、WFPS、土壤总孔隙度

相关性不显著($p>0.05$)(表 9-2)。

表 9-6 土壤反硝化速率与影响因子相关关系

类　　型	pH	有机质	全氮	碳氮比	硝态氮	含水量	WFPS
农用地反硝化速率	-0.22	0.38	0.75**	-0.82**	0.94**	0.52*	0.16
类　　型	pH	有机质	总孔隙度	含水量	WFPS	全氮	—
城镇反硝化速率	0.78*	-0.18	-0.25	0.094	0.29	0.36	—

数据统计分析表明,农业用地土壤反硝化速率与硝态氮、全氮含量呈极显著性正相关($p<0.01$),与碳氮比呈极显著性负相关($p<0.01$),与土壤有机质、pH 均无显著相关性($p>0.05$)。城镇建设用地土壤反硝化速率与 pH 呈正相关($p<0.05$),与土壤有机质、硝态氮、全氮、碳氮比无显著相关性($p>0.05$)(表 9-3)。城镇土壤反硝化速率大小主要受土壤 pH 影响,一般而言,反硝化细菌进行反硝化反应的最适 pH 范围是 6~8,也有人认为是 7~8。反硝化作用强度与土壤 pH 呈正相关,pH 下降,反硝化强度减弱。城镇土壤 pH 均在 7.8 以上,表明城市化过程影响了土壤 pH,碱性土壤有利于激活反硝化细菌的活性,促进城镇土壤反硝化作用的进行。在农业用地土壤中,总硝化速率和反硝化速率均与土壤全氮含量和碳氮比关系密切。施肥总量和施肥种类均影响土壤硝化作用

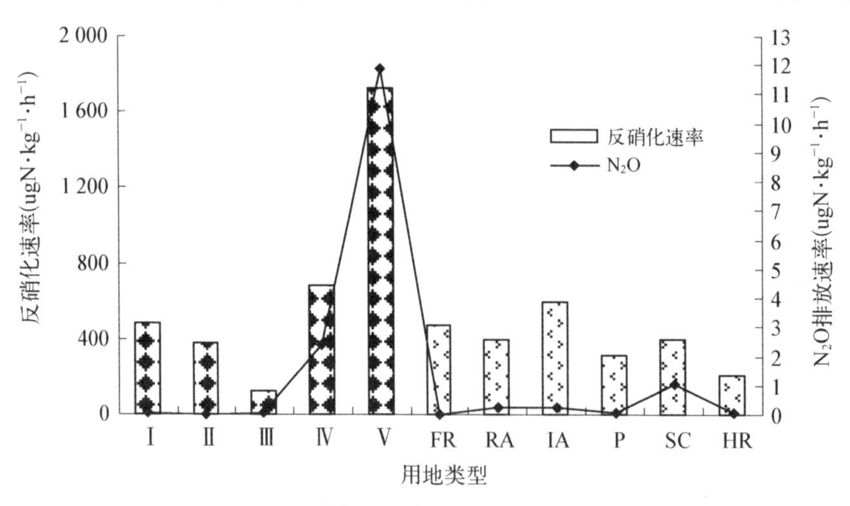

图 9-2 不同用地类型土壤反硝化速率与 N_2O 排放速率

FR:浦江森林公园　RA:商业区　IA:工业区　P:陈行公园　SC:商业区　HR:交通建设用地
Ⅰ:葡萄园　Ⅱ:桃园　Ⅲ:园艺林地　Ⅳ:露天蔬菜地　Ⅴ:大棚蔬菜地

和反硝化作用的进行。硝化速率随施肥量增大而增高。城市和农业土壤反硝化作用的差异，说明城镇土壤反硝化作用过程的机制与农业土壤明显不同，影响城市土壤反硝化速率的机制较为复杂，具体机理尚需进一步研究。

浦江镇这些用地类型中N_2O排放速率：大棚蔬菜地＞露天蔬菜地＞商业区＞居民区＞工业区＞园艺林地＞葡萄园＞交通建设用地＞陈行公园＞桃园＞浦江森林公园。由图 9－2 可知，大棚蔬菜地N_2O排放速率最高，达 11.88 $ug \cdot kg^{-1} \cdot h^{-1}$。但城镇用地类型中商业区、居民区等绿地土壤的$N_2O$排放速率高于部分农业用地，如桃园土壤，这表明城镇用地土壤N_2O排放量也是温室气体排放中的重要部分，城市用地类型中土壤N_2O的排放及其机理需要进一步认识。

第十章　农田土壤养分空间变异性

土壤养分空间变异是普遍存在的，并且比较复杂。成土母质、地形、人类活动等对土壤养分空间变异均有较大影响。对土壤特性，尤其是土壤养分空间变异的充分了解，是管理好土壤养分和合理施肥的基础。养分管理的精度取决于田间养分管理基本单元的大小。但过小的管理单元使养分管理技术难度及实施时的成本大大提高。过大的管理单元往往会掩盖了土壤养分空间变异的某些特征，以致达不到田间养分精确管理的目标。目前在我国南方小田块操作单元的条件下，在目前还不可能以自然小田块为管理单元，那么经济合理的管理单元的确定就成了我国南方小田块特征养分管理的技术难点之一。我国测土推荐施肥技术仍未真正实现，主要问题是对土壤养分状况及其变异情况缺乏全面系统的了解，因而尚未形成适合我国国情的推荐施肥技术。很有必要通过在较大范围内的土壤养分空间变异的研究，揭示土壤养分空间变异特征，探讨土壤养分分区管理的可行性，为发展适合我国国情的分区平衡施肥技术提供理论基础。

第一节　材料与方法

1.1　研究区概况

研究区域位于浙江省宁波市余姚三七镇内。三七镇位于浙江省东部宁绍平原南部，总面积 68.35 km^2。镇域内北半部属低山丘陵，中部有峡谷平地，南半部属姚江平原，土地平坦，河网密布。从气候类型来说，属亚热带季风性湿润气候，温暖湿润，雨量充沛，四季分明，年平均气温 16.1℃，年降水量 1 325 mm，无霜期 228 天。主要土壤类型：低丘山地有红粉土、黄泥土、石砂土；水田有洪积泥砂田、泥砂田、青紫泥田、烂青紫泥田。研究区域位于三七镇域农业示范区内，面积 256 公顷，土壤类型为潮土性水稻土，土壤质地为粉砂黏土，该土壤类型在宁绍、杭嘉湖水网平原地区有广泛的代表性。主要种植农作物类型有水稻、蔺草和茭白，主要种植制度为粮食两熟制(早稻—晚稻或早稻—茭白)，施肥结构以化肥为主，有机肥并重。有机肥主要是农家肥、绿肥等。

1.2　样品采集

利用 GPS 定位技术在研究区内采用随机法进行定点采样。采集土壤表层 0～20 cm 的土样，记录每个样点的坐标，每个样点周围再取 5 个点，以 6 个点的混合土样作为该点的样本，共采集样品 209 个，将所采样品分别装于采集袋中，带回实验室分析，土壤样点分布如图 10－1。

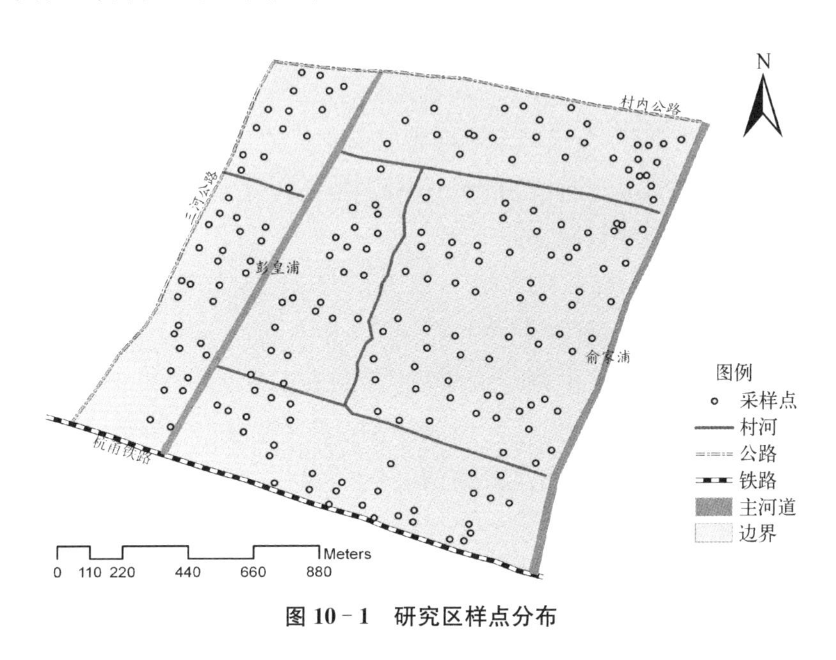

图 10－1　研究区样点分布

1.3　样品分析

将所采土样分出杂物风干，磨碎，过 1 mm 筛，装于广口瓶中，用于样品进一步分析。测定项目包括土壤碱解氮、有效磷、速效钾、土壤有机质含量和土壤

pH。碱解氮用扩散法测定，有效磷用 $NaHCO_3$ 溶液浸提—钼兰比色法测定，速效钾为中性醋酸铵浸提—原子分光光度计法测定，pH 用 pH 计测定，有机质采用重铬酸钾氧化—外加热法测定。

1.3.1 土壤碱解氮

土壤中氮的形态包括有机氮和无机氮。有机氮一般占土壤全氮的 98%，其中水解性有机氮经过酸、碱和酶处理后，能水解成较简单的水溶性化合物或铵盐，包括蛋白质和其他未鉴定的有机氮，经微生物分解后，作为植物氮源在植物氮素营养方面具有重要意义。目前我国普遍采用全氮、碱解氮、铵态氮来衡量稻田土壤的供氮能力，用全氮、碱解氮、土壤矿化氮和硝态氮来衡量旱地土壤的供氮能力。无论对于水田还是旱地来讲，土壤碱解氮都是一个重要的养分指标。

1.3.2 有效磷

磷是植物生长发育不可缺少的营养元素之一。土壤全磷含量是土壤供磷潜力的一个重要指标，但不能反映土壤磷素的供应水平。目前用土壤有效磷含量表示土壤供磷状况较为普遍，它指能被作物当季吸收利用的磷，是衡量土壤养分容量和强度水平的重要指标。

1.3.3 速效钾

速效钾是指土壤溶液中钾、土壤有机质和黏粒矿物上负电荷所吸附的钾，对作物生长及其品质起着重要作用。其含量不仅反映土壤的供钾能力和程度，而且在一定程度上也成为评价土壤质量的主要指标之一。

1.3.4 土壤有机质

土壤有机质的积累与矿化是土壤与生态环境之间物质和能量循环的一个重要环节，它是土壤的重要组成部分，与土壤的发生演变、肥力水平和许多属性都有密切关系，是评价土壤肥力质量的重要指标。土壤有机质含有作物生长所需的各种养分，可直接或间接地为作物生长提供氮、磷、钾、钙、镁、硫和各种微量元素；有机质具有改善土壤理化性状，促进土壤团粒结构生成，对土壤水、气、热各个肥力因素起着重要的调节作用，能增强土壤交换性能和土壤保水保肥性能等。

1.3.5　pH

土壤酸碱性是指土壤溶液的反应，它反映了土壤溶液中 H^+ 浓度和 OH^- 浓度的比例，同时也取决于土壤胶体上致酸离子（H^+ 或者 Al^{3+}）或碱性离子（Na^+）的数量及土壤中酸性盐类和碱性盐类存在的数量，是成土条件、理化性质、肥力特征的综合反映，也是划分土壤类型、评价土壤肥力的重要指标。

1.4　制图和数据处理

以三七镇土地利用类型图为底图，在 ARCGIS 9.0 软件工具下，进行地图数字化，投影选择高斯克吕格投影，比例尺为 1∶15 000。将各样点的 GPS 定位坐标输入后，生成样点分布图。将各样点分析数据(碱解氮、有效磷、速效钾和土壤有机质和土壤 pH)输入到属性表中。

实验数据分析采用 Fisher 统计学和地统计学相结合的方法。涉及地统计学的主要包括半方差函数及其模型和 Kriging 插值。地统计学中半方差分析采用 GS^+ 5.3 软件进行。采用的 GIS 平台为 ARCGIS 9.0，主要用于 GIS 中矢量图形的编辑与等值线图制作等。

对各样品的实验分析数据进行分析处理是进行地统计分析的前提和基础。如果数据中存在一些误差较大而对分析影响较大的数据，那么就会对统计结果和由此计算出来的变异函数产生影响，如引起块金值和基台值的明显增大等。一些误差更大的测量数据可以掩盖变异函数的空间结构，从而造成变量连续表面的中断，影响变量的分布特征，致使半方差函数失去结构性。因此为了保证数据的分析结果，就必须对异常值加以剔除。

本文采用 GS^+ 软件判断离均值最远的观测值为异常值，再用软件中 Filter 功能滤去异常值，剔除异常值 12 个。将检验后的 197 个样点的土壤养分含量数据输入到样点属性表中，生成属性数据，从而有利于进行常规分析和地统计分析工作的开展。

1.4.1　半方差函数

半方差函数是描述土壤性质空间变异的一个函数，反映了不同距离的观测值之间的变化，所谓半方差函数就是两点间差值的方差的一半，即：

$$r(h)=(1/2)Var[Z(x+h)-Z(x)]$$

式中 $r(h)$ 为间距为 h 的半方差，在一定范围内随 h 的增加而增大，当测点间距大于最大相关距离时，该值趋于稳定。

1.4.2 半方差函数模型

半方差函数模型有球状(Spherical)、高斯(Gaussian)、指数(Exponential)和线性(Linear,Linear to sill)等模型。涉及本研究的模型主要是球状和指数模型，其数学表达式如下：

球状模型：

$r(h)=C_0+C[1.5h/a-0.5(h/a)3],0<h\leqslant a$

$r(h)=C_0+C,h>a$

$r(0)=0,h=0$

指数模型：

$r(h)=C_0+C[1-exp(-h/a)],h>0$

$r(0)=0,h=0$

式中 C_0 表示块金方差(间距为 0 时的半方差)，C 为结构方差，C_0+C 为基台值(半方差函数随间距递增到一定程度后出现的平稳值)，a 为变程(半方差达到基台值的样本间距)。对于球状和线性模型，a 表示观测点之间的最大相关距离，而高斯模型的最大相关距离为 $(3)^{1/2}a$，指数模型的最大相关距离为 $3a$。

1.4.3 Kriging 插值

Kriging 插值是目前地统计学中应用最广泛的最优内插法，它是利用已知点的数据去估计未知点(X_0)的数值，其实质是一个实行局部估计的加权平均值：

$$Z(x_0)=\sum_{i=1}^{n}\lambda iZ(Xi)$$

式中 $Z(X_0)$ 是在未经观测的点 X_0 上的内插估计值，$Z(X_i)$ 是在点 X_0 附近的若干观测点上获得的实测值。λ_i 是考虑了半方差图中表示空间的权重，Z 值估计无偏，$\sum_{i=1}^{n}\lambda i=1$。

第二节　土壤养分含量的统计特征

对土壤养分含量数据进行统计特征分析是建立养分含量变异模型的前提和基础。利用 SPSS 13.0 统计软件对研究区域内 197 个采样点的养分数据进行常规统计分析，统计分析结果见表 10－1。

表 10－1　土壤养分含量以及属性的统计特征

养分类型	最大值	最小值	平均值	标准方差	偏度	中值	峰度	变异系数
碱解氮 (mg・kg^{-1})	175.67	37.65	101.26	27.6	0.539 2	94.17	2.833 2	0.27
有效磷 (mg・kg^{-1})	205.67	16.26	92.53	47.861	0.408 2	83.65	2.074 9	0.52
速效钾 (mg・kg^{-1})	164.31	45.09	82.59	19.697	1.264 3	77.68	5.103 2	0.24
pH	5.78	4.39	5.10	0.237 0	0.245 0	5.08	3.231 9	0.05
有机质 (g・kg^{-1})	97.62	27.81	62.73	11.872	−0.100 2	63.67	3.292 1	0.19

由表 10－1 可知，从养分含量的变化范围来看，碱解氮、有效磷、速效钾含量变化的范围分别为 37.65～175.67、16.26～205.67、45.09～164.31 mg・kg^{-1}，有机质和 pH 的变化范围分别是 27.81～97.62 g・kg^{-1}、4.39～5.78。从养分含量的均值来看，土壤碱解氮、有效磷、速效钾、有机质的平均值分别为 101.26、92.53、82.59、62.73 mg・kg^{-1}，土壤 pH 的平均值为 5.10，土壤总体上呈酸性。从变异系数来看，土壤碱解氮、有效磷、速效钾、pH、有机质的变异系数分别为 27.26%、51.72%、23.85%、4.64%、18.92%。按照变异系数的划分等级可分为弱变异性(<0.1)、中等变异性(0.1～1.0)和强变异性(>1.0)，则土壤碱解氮、有效磷、速效钾和有机质的变异都属于中等变异，而 pH 的变异属于弱变异。但在中等变异中，几种主要养分的变异程度也有所区别，其中有效磷变异系数最大，而其他三种养分变异系数的由大至小依次为碱解氮、速效钾、有机质，但三者的变异系数并不大且较为接近，说明这三种养分含量在土壤中比较稳定。土壤氮、磷和钾是目前土壤养分管理中最重要的三个元素。土壤氮的空间变异大小主要与施氮

量、方法、种类等田间管理措施有关。土壤磷含量变异较大，而土壤钾含量变异相对较小，可能与磷和钾在土壤中的化学行为及目前磷、钾肥施用状况有关，施入土壤中的磷，因其移动性小、当季利用率低、土壤磷收支平衡一般为盈余等而使磷肥在土壤中残留较多，导致土壤中磷分布不均；而施入土壤中的钾，因其移动性相对较大、当季利用率较高、土壤钾收支平衡一般为亏缺等而使钾肥在土壤中残留较少（局部地区可能有残留），致使土壤中钾相对于土壤磷要均匀些。

对土壤特性养分的常规统计分析能够概括土壤养分的全貌和整体特征，但不能够反映其局部的变化特征，即只在一定程度上反映样本全体，而不能定量地刻画土壤养分的随机性和结构性、独立性和相关性。为更好地了解土壤养分的空间变异特征，必须进一步采用地统计方法对土壤养分空间变异结构进行分析和探讨。

第三节　农田土壤养分的地统计分析

1.1　数据分布检验

土壤养分含量频率分布图可以较好地反映所测养分数据的分布类型，而土壤养分数据的分布类型会影响土壤养分类型的正确评价。如果某一变量是正态分布，那么就会对这一变量的理论分析和估计方法的处理带来很多便利，而变异函数的计算一般要求数据符合正态分布，否则可能会使变异函数产生比例效应。比例效应可被认为是当样品的平均值增加时，样品的方差也增加。判断比例效应是否存在主要是通过分析平均值和方差或标准差之间的关系来确定。如果平均值和标准差之间存在明显的线性关系，则比例效应存在。比例效应的存在会使实验函数产生畸变，抬高基台值和块金值，增大误差估计，导致变异函数的变动较大，从而掩盖其变异结构，因此必须加以消除。消除比例效应的方法主要是通过对原始数据的对数转换，将数据分布类型转换为正态分布或接近正态分布。

根据碱解氮、有效磷、速效钾、有机质以及 pH 的实验分析数据，利用 SPSS 统计分析软件，绘制不同养分类型的频数分布图，见图 10－2。从几种养分要素的频数分布图以及偏度和峰度的统计值可以判断出几种养分含量数据的分布类型。其中土壤 pH、土壤有机质的频数分布图两端接近对称，偏斜系数较低，峰度数值接近 3，接近正态分布，而碱解氮、有效磷、速效钾偏斜系数较大则不属于正态分布，其

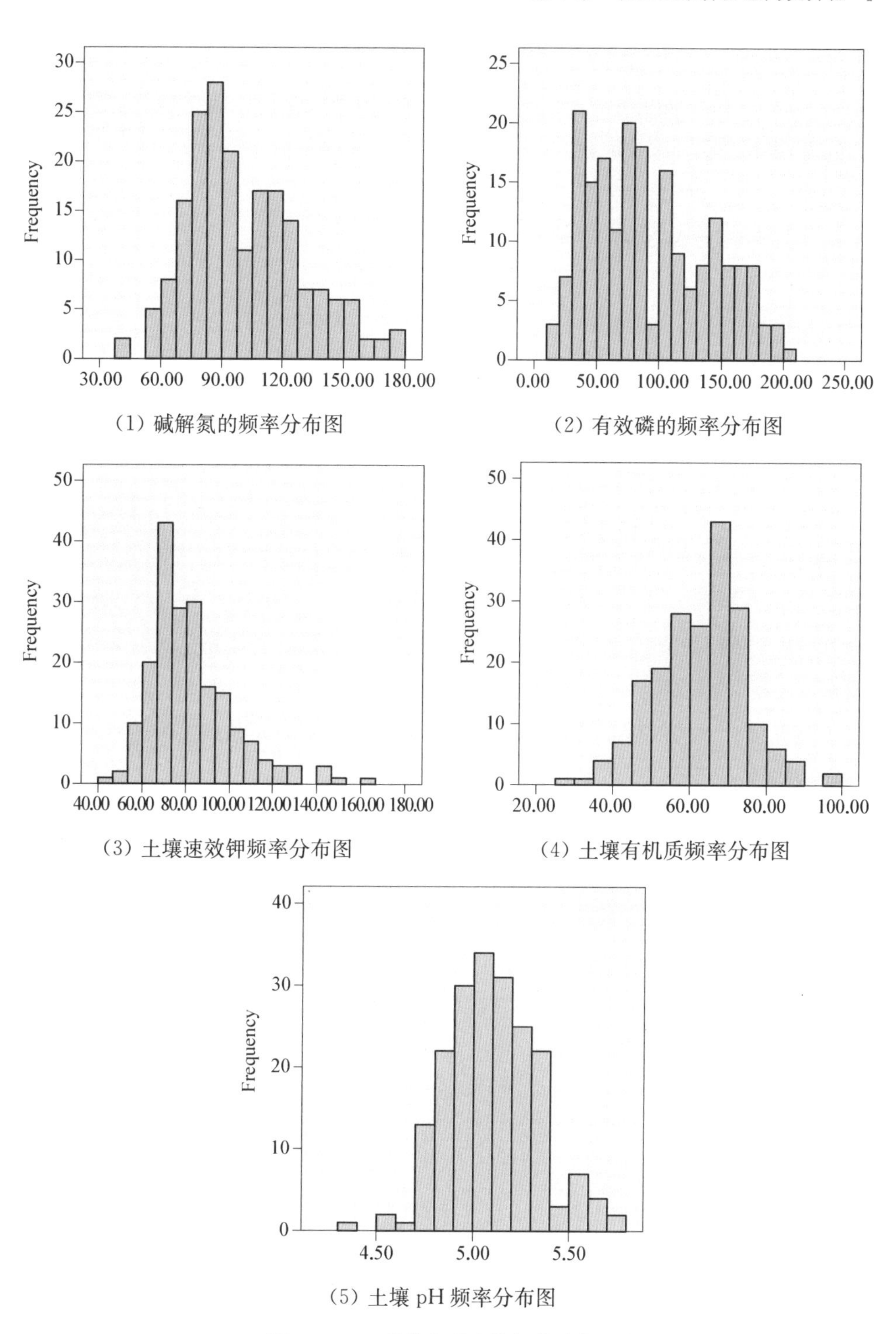

（1）碱解氮的频率分布图

（2）有效磷的频率分布图

（3）土壤速效钾频率分布图

（4）土壤有机质频率分布图

（5）土壤 pH 频率分布图

图 10-2　5 种养分要素的频数分布图

中有效磷的数据在经对数转换后仍然不能满足正态分布的要求，而且偏斜系数进一步增大，转换效果并不理想，因此可以放弃转换，保持原数据进行变异结构的分析，而碱解氮、速效钾数据在经对数转换后基本接近正态分布。

1.2 土壤养分数据半方差分析

变异函数用来表征随机变量的空间变异结构，或空间变异的连续性，是地统计分析的基础。半方差函数也可称半变异函数，是地统计学中研究土壤特性变异性的关键函数，反映了不同距离观测值之间的变化，即两点之间差值的方差的一半。

$$\gamma(h)=\frac{1}{2N(h)}\sum_{i=1}^{N(h)}[Z(x_i)-Z(x_i+h)]^2$$

式中 $N(h)$ 是以 h 为间距所有观测点的成对数目，某个特定方向的半方差函数图是由 $\gamma(h)$ 对 h 作图获得。根据不同空间位置上土壤各养分含量的分析数据，计算其半方差值，并绘制半方差曲线图，这不仅是土壤养分空间变异性分析的基本步骤，也是确定是否进行 Kriging 插值的前提。半方差函数曲线图表示了土壤养分含量的区域化变量在不同距离和方向上所有成对点之间的观测值的空间相关性。

利用地统计软件 GS^+ 5.3 对采样点的养分数据进行半方差分析，并根据数据采用不同类型的半方差模型进行拟合，根据拟合度和残差值的大小判断选取最合适的拟合模型，得到的结果及相应参数如下(表 10－2)。

表 10－2　土壤养分变异函数理论模型及其参数

养分类型	拟合模型	C_0	C_0+C	$C_0/(C_0+C)$	变程(m)	R^2	RSS
碱解氮	球状模型	0.000 10	0.058 60	0.2%	24.0	0.117	0.001 251
有效磷	球状模型	0.099 20	0.284 40	34.9%	182.2	0.788	0.016 1
速效钾	球状模型	0.011 60	0.049 40	23.5%	182.0	0.705	0.001 21
有机质	球状模型	0.000 01	0.030 520	0%	62.0	0.487	0.001 332
pH	球状模型	0.000 291	0.001 572	18.5%	23.1	0.002	0.000 015 33

表 10－2 中的 C_0 表示块金效应；$C+C_0$ 表示基台值；R^2 表示拟合度，变程是指变异函数达到基台值所对应的距离，它表明土壤养分的空间自相关范围，也叫

独立间距，表示某变量观测值之间的距离大于该值时，则说明它们之间是相互独立的；若小于该值时，则说明它们之间存在一定的空间相关性。*RSS* 表示残差值，其值越小，代表模型模拟的效果越好，是选择模型的主要依据。

由表 10-2 可知，5 种养分要素均在一定范围内存在空间相关性，其中有效磷变程最大，为 182.2 m，pH 变程最小，为 23.1 m，其余 3 种养分类型的变程依次为速效钾＞有机质＞碱解氮。根据拟合系数和残差值来选择拟合模型，5 种土壤养分的半方差函数用球状模型拟合效果最好。自然过程（地形、母质、土壤类型）是土壤特性空间变异的内在驱力，它有利于土壤属性空间变异结构性的加强和相关性的提高，尤其是在较大尺度水平上表现更为明显；而人为过程如施肥、耕作措施、种植制度则是土壤特性变异的外在影响因素，表现为较大的随机性，它往往对变量空间变异的结构性和相关性具有削弱作用，使土壤特性的空间分布朝均一方向发展，尤其是在小尺度水平上更为强烈。块金值 C_0 是由实验误差和小于实际取样尺度引起的变异，表示随机部分的空间异质性，块金值大，表明较小尺度上的某种过程不可忽视。基台值 C_0+C 通常表示系统内总变异。块金值与基台值的比值 $C_0/(C_0+C)$ 表示随机部分引起的空间异质性占系统总变异的比例，如果该比值高，说明随机部分引起的空间异质性程度较高。土壤养分空间变异是由结构性因素和随机性因素共同作用的结果。

5 种养分的块金值和基台值的比都小于 50%，这表明结构性因素如地形、母质和土壤类型等对这几种土壤养分的空间变异起主要作用。从结构性因素的角度来看，块金值与基台值的比值可以表明系统变量的空间相关性的程度，如果比值＜25%，说明系统具有强烈的空间相关性；如果比值在 25%～75%，表明系统具有中等的空间相关性；若＞75%，说明系统空间相关性很弱。由表 10-2 可知，5 种土壤养分中：碱解氮、速效钾、有机质、pH 的 $C_0/(C_0+C)$ 均＜25%，表现出强烈的空间相关性；有效磷的 $C_0/(C_0+C)$ 在 25%～75%，表明有效磷的空间分布具有中等空间相关性；而有机质的 $C_0/(C_0+C)$ 最低，表现出强烈的空间相关性。说明结构性因素对有机质的空间变异起着主导作用，而随机因素对其空间变异的影响较小。碱解氮的 $C_0/(C_0+C)$ 也很低，为 0.2%，表现出强烈的空间相关性；而速效钾、pH 的 $C_0/(C_0+C)$ 均＜25%，说明随机因素对土壤酸碱度的影响并不大，土壤酸碱度的大小主要受土壤类型和母质等因素的影响。而有效磷的 $C_0/(C_0+C)$ 在25%～75%，表现出中等的空间相关性，其空间相关性在 5 种养分要素中相对较弱，随机因素对其空间变异的影响较大，这与该地区的磷肥施用有关。

1.3 土壤养分空间变异格局

由于研究区域内各土壤养分的变化都具有一定的变程，在空间上具有相关性，因此可以根据所得到的半方差函数模型，利用 ARCGIS 9.0 中的 Geostatistic analysis 模块进行 Kriging 最优内插，绘制出各养分的 Kriging 插值图，从而可以更直观地反映出整个研究区域的土壤养分含量的空间分布情况，同时有利于对养分含量的空间分布特征和变异情况进行具体分析。Kriging 插值的结果受变异函数的模拟精度、样点的分布、邻近样点的选取数的影响。

1.3.1 碱解氮的空间变异特征

图 10－3 是用普通克里格法插值后，结合研究区域内养分数据，参照土壤养分分级标准，将研究区内碱解氮养分含量划分为缺乏、中等、丰富、极丰富 4 个等级，得到碱解氮空间变异图。从图 10－4 来看，碱解氮含量在整个研究区域内空间变异较为明显，其中含量高的区域（碱解氮含量＞120 mg · kg^{-1}）出现在东北部和中部，其面积占整个研究区域的 7.0％，其中，东北部区域碱解氮含量高可能与这部分田块种植水稻、氮肥施用较多的影响所致，而中部区域碱解氮含量高可能与靠近居民点有关。碱解氮含量在 30～60 mg · kg^{-1} 的区域（缺乏水平），其面积

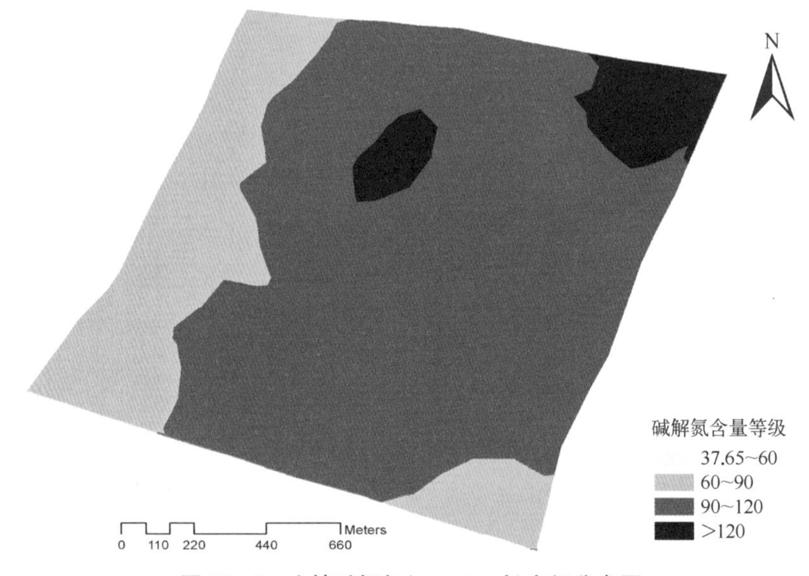

图 10－3　土壤碱解氮（mg · kg^{-1}）空间分布图

非常小,仅占研究区面积的0.01%。总的来看,碱解氮含量>60 mg·kg^{-1}的中等水平以上的区域面积占到整个研究区面积的99.99%,而处于缺乏、极缺乏水平的区域比例很小,含量在90～120 mg·kg^{-1}处于丰富等级的区域占到研究区面积的69.7%,由此反映出研究区内农田土壤碱解氮含量整体上处于中上水平。

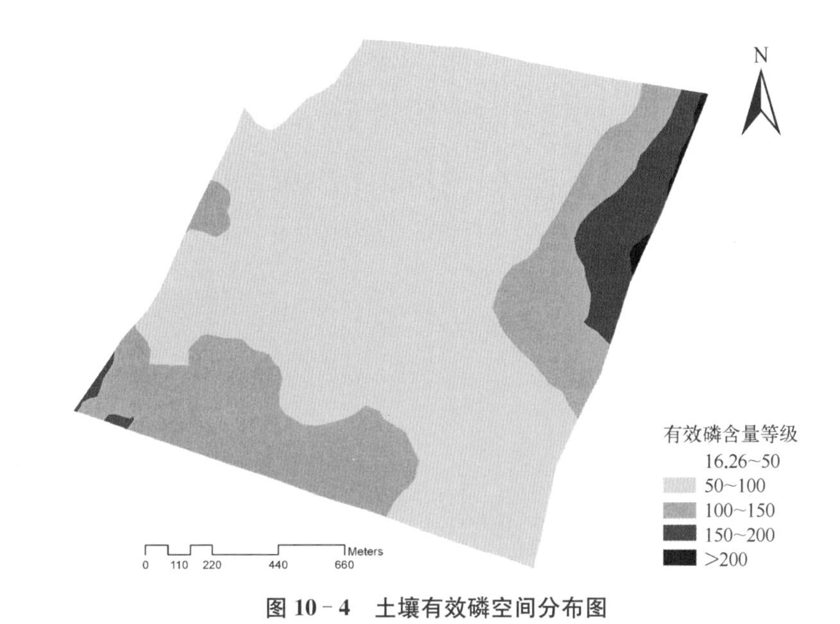

图10-4　土壤有效磷空间分布图

表10-3　碱解氮分级标准

分级标准(mg·kg^{-1})	<30	30～60	60～90	90～120	>120
等　级	极缺乏	缺乏	中等	丰富	极丰富

*参照《土壤肥料学》,陆欣主编,中国农业大学出版社,2001

表10-4　碱解氮插值后的分级面积统计表

级　别	缺乏	中等	丰富	极丰富
养分含量等级(mg·kg^{-1})	30～60	60～90	90～120	>120
面积比例(%)	0.01	23.1	69.7	7.2

1.3.2　有效磷的空间变异特征

利用普通Kriging插值方法,依据有效磷数据含量的变化范围和其分级标准进行等级划分，可分为缺乏、中等和较高三个等级。所得到的有效磷的空间变异图，见图 10－4。从所得到的有效磷的空间变异图来看，有效磷的空间变异结构较为复杂，表现出 5 个等级区域相互嵌合分布，其中有效磷含量处于较高等级的区域（16.26～50 mg・kg^{-1}），其面积占整个区域面积的 3.1%。土壤有效磷含量处于极高水平等级的区域（大于 200 mg・kg^{-1}），其面积占整个研究区域的 0.3%，可能是由于施肥等随机因素造成的。土壤有效磷含量处于中高、高、很高、极高等级的区域（50～200 mg・kg^{-1}），其面积占整个区域面积的 96.6%。土壤有效磷的空间变异与分布状况可能与土壤酸碱度、土壤有机质含量变化有很大的相关性，土壤酸碱度直接影响土壤溶液的成分和形态，因而影响其有效性。再者，微地形影响，局部地区土壤淹水，区内河流分布的影响也会使有效磷含量发生变化。总体来看，研究区域内有效磷含量都处于较高水平，其中处于中高水平以上的区域（大于 50 mg・kg^{-1}）占整个研究区面积的 96.9%，整个研究区域内土壤有效磷含量都超过浙江省磷的临界值（15 mg・kg^{-1}），研究区域内土壤有效磷处于很丰富的水平。控制磷肥的合理施用，成为今后改善土壤环境和提高土壤肥力的一个重点。

表 10－5　有效磷的分级标准

等　　级	较高	中高	高	很高	极高
分级标准（mg・kg^{-1}）	10～50	50～100	100～150	150～200	>200

＊参照《土壤肥料学》，陆欣主编，中国农业大学出版社，2001

表 10－6　浙江省土壤有效磷的分级标准

等　　级	高		中		低	
	1	2	3	4	5	6
分级标准（mg・kg^{-1}）	>40	20～40	15～20	10～15	5～10	≤5

表 10－7　有效磷插值后的分级面积统计表

等　　级	较高	中高	高	很高
分级标准（mg・kg^{-1}）	16.26～50	50～100	100～150	>150
面积比例（%）	3.3	65.3	26.9	4.5

1.3.3　速效钾的空间变异特征

速效钾经对数转换后接近正态分布，用普通 Kriging 法插值后，根据浙江省养分分级标准并结合养分数据进行划分等级，得到速效钾含量的空间变异图。如图 10－5 所示，依照速效钾养分的分级标准，整个研究区域被划分为低等和中等两个等级区。其中土壤速效钾含量处于临界值以上（>100 mg・kg^{-1}）的区域仅占整个研究区域面积的 2.3%。速效钾含量处于中等水平等级区域（80～100 mg・kg^{-1}）的面积占整个研究区面积的 47.8%。而速效钾含量处于低水平等级（45.09～80 mg・kg^{-1}）的区域，其面积占研究区面积的 49.9%。总体来看，研究区域内土壤供钾水平处于中低等水平。速效钾变异系数低于有效磷，表现出强烈的空间相关性，从而说明结构性因素对速效钾的空间分布起着优势的主导作用，土壤酸碱度的高低、土壤有机质含量的大小对其空间分布也具有一定的影响。

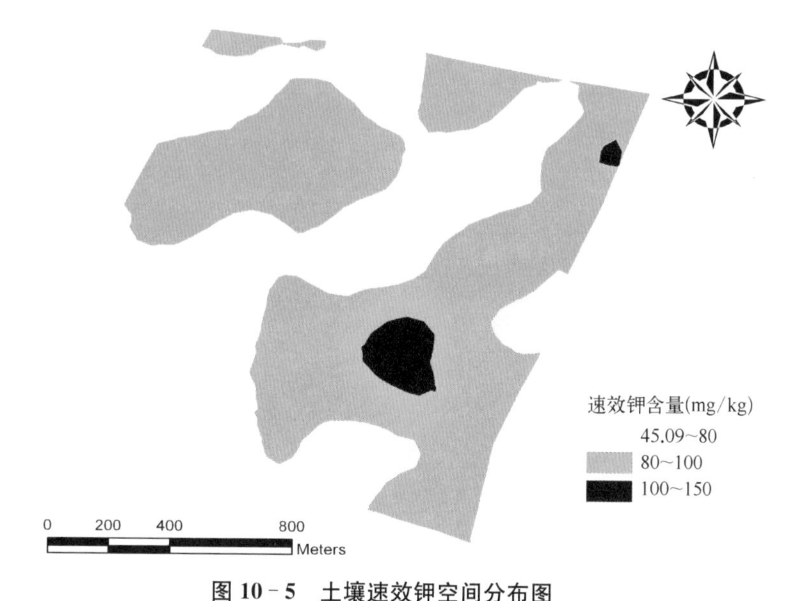

图 10－5　土壤速效钾空间分布图

表 10－8　速效钾的分级标准

等　级	极低	低	中	高	极高
含量（mg・kg^{-1}）	<40	40～60	60～90	90～120	>120

＊参照《土壤肥料学》，陆欣主编，中国农业大学出版社，2001

表 10-9　浙江省土壤速效钾的分级标准

等　　级	高		中		低	
	1	2	3	4	5	6
分级标准($mg \cdot kg^{-1}$)	>200	150～200	100～150	80～100	50～80	≤50

表 10-10　速效钾插值后的分级面积统计表

级　　别	低	中	高
含量($mg \cdot kg^{-1}$)	45.09～80	80～100	100～150
面积比例(%)	49.9	47.8	2.3

1.3.4　土壤有机质的空间变异特征

图 10-6 显示的是土壤有机质的空间变异状况，采用普通 Kriging 插值法，依据浙江省耕地养分的有机质的分级标准并参照土壤养分的分级标准，将研究区分为丰富、高、中等 3 个等级区域。从图 10-6 可以看出，有机质的空间分布总体格局清晰，其中土壤有机质含量处于丰富水平(大于 50 $g \cdot kg^{-1}$)的区域，其面积占研究区域面积的 95.5%，覆盖了研究区的绝大部分区域，该片农田主要种植水稻且地势较低，由于水稻地经常处于还原和高含水量状态，有机质分解比较慢，容易积累，含量较高。土壤有机质含量处于高水平等级的区域(40～50 $g \cdot kg^{-1}$)，分

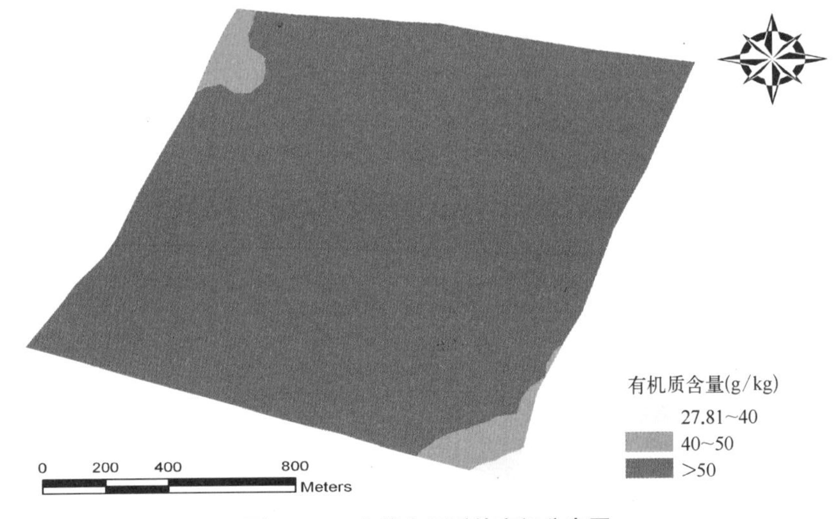

图 10-6　土壤有机质的空间分布图

布在研究区西北部和东南部的小片区域，其面积占整个研究区的 4.0%。有机质含量处于中等水平(27.81～40 g·kg^{-1})的区域，出现在研究区东南角，面积仅占 0.5%。总体而言，土壤有机质的空间分布格局主要受结构性因素(地形、母质等)的影响，整个区域土壤有机质含量较为均衡且处于高水平。

表 10-11　土壤有机质的分级标准

等　级	中	高	丰　富
含量(g·kg^{-1})	20～30	30～40	>40

* 参照《土壤肥料学》，陆欣主编，中国农业大学出版社，2001

表 10-12　浙江省耕地土壤养分的分级标准

等　级	高		中		低	
	1	2	3	4	5	6
分级标准(mg·kg^{-1})	〉50	40～50	30～40	20～30	10～20	≤10

表 10-13　土壤有机质的分级面积统计表

等　级	中	高	很丰富
含量(g·kg^{-1})	27.81～40	40～50	>50
面积比例(%)	0.5	4.0	95.5

1.3.5　土壤 pH 空间变异特征

图 10-7 是用普通克里格插值后，根据浙江省耕地土壤酸碱度分级标准并参照土壤养分分级标准，将研究区土壤分为强酸性和酸性两个等级。从图中可以看出，土壤 pH 总体表现为中部高、两侧低。pH 在 5.0～5.78 的酸性等级区域，其面积占整个研究区面积的 92.1%。而 pH 在 4.39～5.0 的强酸性土壤，其面积仅占研究区总面积的 7.9%。总体来看，研究区土壤总体呈酸性。

表 10-14　土壤 pH 分级标准

等　级	强酸性	酸　性	中　性	碱　性	强碱性
pH	<5.0	5.0～6.5	6.5～7.5	7.5～8.5	>8.5

* 参照《土壤肥料学》，陆欣主编，中国农业大学出版社，2001

表 10-15 浙江省土壤 pH 分级标准

等　级	1	2	3	4	5	6
分级标准(mg·kg^{-1})	6.5～7.0	6.0～6.5	5.5～6.0	5.0～5.5	4.5～5.0	≤4.5

表 10-16 土壤 pH 的分级面积统计表

级　别	强酸性	酸　性
pH	4.39～5	5.0～5.78
面积比例(%)	7.9	92.1

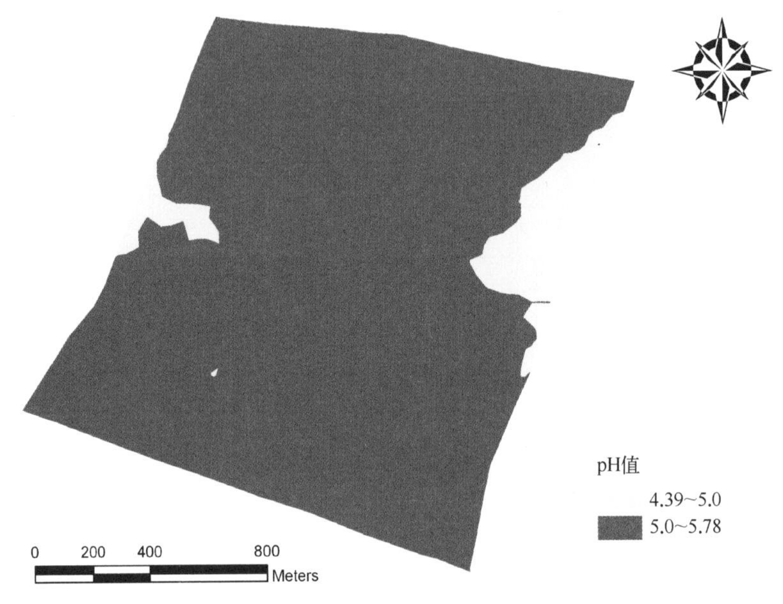

图 10-7 土壤 pH 空间分布图

第十一章　流域土壤氮空间分布特征及其流失风险评价

第一节　区域概况与研究方法

1.1　区域概况

自19世纪工业革命以来，世界经济飞速发展，人口不断膨胀，人类对能源、食物的需求不断增加，化肥生产、肥料的过量施用、固氮植物扩种等人类活动使生态系统中的氮、磷负荷不断增加，直接引发了酸雨、温室效应、地下水硝酸盐污染与水体富营养化、森林生态功能减退等环境问题。同时，氮、磷的过量输入也会对碳、硅等元素的收支造成影响。土壤是一个营养库，土壤中氮和磷元素受多种因素(如降雨、施肥、水分管理、土壤质地等)影响，土壤内部持续发生物理、化学、生物的变化，进行各种能量交换和物质流动，进而发生氮和磷的淋溶流失现象。土壤氮、磷流失不仅对地下水产生影响，也是面源污染和富营养化的重要成因之一。Okeechobee湖位于美国佛罗里达州东南部，是佛罗里达州最大、美国本土第二大淡水湖，湖泊面积约为1 730 km^2。Okeechobee湖流域面积13 000 km^2，是农业之乡，环湖区域多为农田，主要种植杂粮、果树、甘蔗以及柑橘。同时因为Okeechobee湖风景秀丽、环境清新、丛林茂盛，多种国家稀有野生动物在此栖息，带动了该地区旅游业的发展。Okeechobee湖流域地势低平，海拔高度大部分在300米以下。美国土壤调查地理数据库的土壤数据显示，Okeechobee湖流域旱地土壤由51%灰土，30.3%新成土，14.2%淋溶土，4.2%软土，0.3%的始成土和<1%的其他的土壤组成。Okeechobee湖流域湿地的土壤由81.8%有机土、8.2%始成土、9.6%淋溶土和0.4%软土组成。湿地是Okeechobee湖流域的重要组成部分，1976年测得总面积占流域面积的25%。1995年Okeechobee

湖流域土地利用类型为：改良牧场(29%)、湿地(20%)、甘蔗地(14%)、森林旱地(11%)、牧场(8%)、未改良的牧场(5%)、城市和建筑用地(4%)、柑橘园(4%)、交通通讯和公用设施(1%)。可见从1976年到1995年,湿地面积下降了5%。2003年Okeechobee湖流域土地主要利用类型为：改良牧场(36%)、湿地(21%)、未改良的牧场(16%)、森林旱地(10%)、柑橘属果树(5%)、城市(3%)、甘蔗地(2%)、奶牛场(2%)、草皮场(0.9%)、园艺(0.6%)和行播作物(0.6%)。与1995年相比,湿地面积有所增加;改良牧场面积有显著增加,由29%增加到36%;未改良牧场面积也由5%增加到16%;而甘蔗地和奶牛场面积明显减少,分别由14%降到2%、5%降到2%。20世纪50年代后期,流域内土地利用的改变造成Okeechobee湖水体富营养化不断加剧,对Okeechobee湖的生态健康造成不利影响。20世纪70年代,由于人们不断地进行农用地改良,开发建造工厂,Okeechobee湖水质逐渐恶化。在2007年干旱时,管理人员从湖底运出了几千卡车有毒污泥。2008年上半年,湖面面积远远低于一般水平,湖床裸露,部分被有机质覆盖的湖床甚至被晒干着火。2008年8月底,热带风暴"仙女"带来破纪录的强降雨,使Okeechobee湖水位上升了1.2米,同时周围区域的土壤污染物也从支流汇入湖中,导致数以千计的鱼类死亡,大量氮、磷等营养物质累积造成了湖水的富营养化。虽然已经对Okeechobee湖进行了一系列的恢复工作,减少营养物质的排放,但是地表径流仍然能将旱地土壤中的营养物质带入湖中。据估计,2009年超过656吨磷迁移入湖中,而湖底沉积物中约有30 000吨磷的沉积。水体富营养化,不但减少了Okeechobee湖的生物多样性,也对Okeechobee湖流域以旅游业生存的居民造成了影响,而土壤氮、磷的分布与流失造成的环境影响也是全世界所关注的问题,对Okeechobee湖流域土壤氮、磷的分析可以为Okeechobee湖水体富营养化的治理提供参考。

1.2 数据来源与分析方法

综合考虑Okeechobee湖流域内地形分布、土地利用、土壤类型等因素后,在研究区域的数字底图上,确定采样点的基本分布和取样数,使取样点分布相对均匀。采样点采用GPS精确定位,经ArcGis 9.2软件转换为以米为显示单位的美国国家平面坐标系NAD1983坐标,并生成相应的采样点。对土壤表层土壤(0～20 cm)与亚表层土壤(20～40 cm)各采集57个样品,总计采集104个样品。

另外针对流域内主要的土壤和土地利用类型采集 5 个典型土壤剖面样品，取样深度分别为 0～20 cm、20～40 cm、40～70 cm、70～100 cm。土壤 pH 用 pH 电导仪测定；电导率用电导率仪测定；全氮用氮分析仪测定；硝态氮用酚二磺酸比色法；铵态氮用靛酚蓝比色法；土壤有机碳用重铬酸钾外加热法测定。土壤采样点分布状况如图 11－1 所示。数据正态分布检验、数据描述性统计和相关分析由 SPSS 17.0 软件完成。半方差函数计算和拟合均采用地统计学软件 GS+ 9.0 进行。空间插值分析采用 ESRI 的 ArcGIS 9.2 地统计模块 Kriging 插值法进行分析。

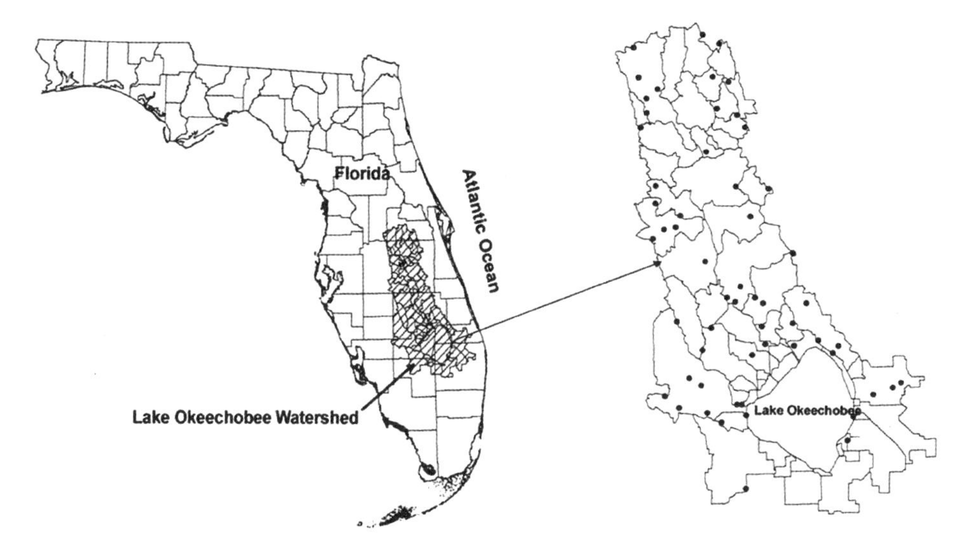

图 11－1　Okeechobee 湖流域位置与土壤样点分布图

第二节　流域土壤氮统计特征

Okeechobee 湖流域表层与亚表层土壤全氮、硝态氮、铵态氮、土壤有机碳 SOC 含量值、pH、电导率 EC 值统计结果列于表 11－1、11－2。由表 11－1 可见，Okeechobee 湖流域表层土壤全氮、硝态氮、铵态氮的平均含量分别为 1 416.18、4.58、5.23 mg・kg^{-1}，含量变化范围分别为 34.85～15 299.5、0.17～44.18、0.91～54.07 mg・kg^{-1}。变化幅度均较大，说明 Okeechobee 湖流域表层土壤全氮、硝态氮、铵态氮含量在土壤中存在明显差异。流域表层土壤平均表现为酸性，电导率均值为157.34 us/cm。

由表11-2可见，Okeechobee湖流域亚表层土壤全氮、硝态氮、铵态氮的平均含量分别为920.1、3.85、2.84 mg·kg^{-1}，含量变化范围分别为81.55～15 267.6、0.16～38.61、0.68～13.67 mg·kg^{-1}。变化幅度均较大，说明Okeechobee湖流域亚表层土壤全氮、硝态氮、铵态氮含量在土壤中存在明显差异。Okeechobee湖流域亚表层土壤整体呈酸性，电导率均值为134.26 us/cm，低于表层土壤。

表11-1 表层土壤氮的描述性统计分析(mg·kg^{-1})

表层	最小值	最大值	均值	标准差	偏度	峰度	变异系数	K-S检验	
								Asymp. Sig. (2-tailed)	对数转换 (2-tailed)
全氮	34.85	15 299.5	1 416.18	2 613.82	3.91	16.31	1.85	0.00	0.12
硝态氮	0.17	44.18	4.58	6.21	4.91	30.06	1.36	0.00	0.88
铵态氮	0.91	54.07	5.23	7.48	5.34	33.43	1.43	0.00	0.52
SOC	732.79	232 137	21 939.4	37 699.6	4.25	19.89	1.71	0.00	0.60
pH	3.66	7.82	5.62	1.17	0.18	−1.17	0.20	0.56	—
EC(us/cm)	16.22	2 711	157.34	444.86	5.14	26.34	2.82	0.00	0.16

表11-2 亚表层土壤氮的描述性统计分析(mg·kg^{-1})

表层	最小值	最大值	均值	标准差	偏度	峰度	变异系数	K-S检验	
								Asymp. Sig. (2-tailed)	对数转换 (2-tailed)
全氮	81.55	15 267.6	920.10	2 375.21	4.89	25.90	2.58	0.00	0.05
硝态氮	0.16	38.61	3.85	5.46	4.94	29.94	1.42	0.00	0.33
铵态氮	0.68	13.67	2.84	2.14	3.09	12.30	0.76	0.00	0.74
C	474.11	208 975	13 643	37 699	5.14	29.94	2.76	0.00	0.03
pH	3.81	8.16	5.65	1.17	0.33	−1.13	0.2	0.19	—
EC(us/cm)	10.03	2 329	134.26	444.86	5.1	26.52	3.31	0.00	0.4

变异系数反映了总体样本中各采样点的平均变异程度。按照反映离散程度的变异系数大小，可将土壤变异性进行粗略分级：变异系数(CV%)<10%为弱变异性；变异系数(CV%)在10%～100%为中等变异性；变异系数

(CV%)＞100%为强度变异性。由表 11－1、11－2 可见，Okeechobee 湖流域表层土壤全氮、硝态氮、铵态氮的变异系数分别为：1.85、1.36、1.43，均属于强度变异性。流域亚表层土壤全氮、硝态氮的变异系数分别为：2.58、1.42，均属于强度变异性。说明表层土壤全氮、硝态氮、铵态氮，亚表层土壤全氮、硝态氮受外界干扰比较显著，空间分异较大，这种分异很大程度上可以归结为流域内施肥灌溉等人为活动的影响。亚表层土壤铵态氮的变异系数范围为 0.76，属于中等变异，说明亚表层土壤铵态氮受外界影响相对较小，空间分异相对不显著。

传统统计分析只能概括土壤特性的全貌，不能反映其局部的变化特征，即只在一定程度上反映样本全体，而不能定量地刻画土壤特性的随机性和结构性、独立性和相关性。为解决这些问题，需采用地统计方法进行土壤特性空间变异结构的分析。地统计学探索土壤元素空间分布特征及其变异规律，是土壤元素研究中有效的空间分析方法，对查找污染源，研究污染空间迁移规律和人为污染等问题具有良好的指示作用。检验数据的正态分布是使用地统计学 Kriging 方法进行土壤特性数据分析的前提，半方差函数要求数据符合正态分布或近似正态分布，否则可能存在比例效应。通过单样本 K－S 法正态检验($p<0.05$，2－tailed)表明：K－S 检验结果表明，Okeechobee 湖流域表层与亚表层土壤全氮、硝态氮、铵态氮均不符合正态分布，呈现的直方图形态为尖峰、偏态，经对数转换后 P 值均大于 0.05，均属于正态分布。

第三节　流域土壤氮空间变异结构特征

C_0为块金常数，是半方差函数在原点处的数值，C_0反映了区域化变量内部的随机程度。一般来说，C_0为微观结构与采样及化验误差之和，属随机变异；C为结构方差，由土壤母质、地形、地貌、气候等非人为因素引起的结构性变异；(C_0+C)为基台值，表示系统内总的变异，包括结构性变异和随机性变异，是两者之和。$C_0/(C_0+C)$是块金系数，表示随机性变异在系统总变异中占的比例，可以反映所测样点在一定范围内的空间自相关程度，所以土壤氮、磷等元素的空间变异性可根据块金系数来划分。当块金系数(即 $C_0/(C_0+C)$)＜0.25 时，表明结构性变异占主导，变量的空间相关性强烈；当块金系数在 0.25～0.5 时，变量的空间相关性明显；当块金系数在0.5～0.75时，变量的空间相关性为中等；当块金系数>0.75时，随机变异占主导，变量的空间相关性很弱。变程反应的是空间自相关范围，它与观测以及取样尺度上影响土壤性状的各种过程的相互作用有关。在变程范围内，变量有空间自相关性，反之则不存在。研究区表层与亚表层土壤全氮、硝态氮、铵态氮的半方差模型及其参数值如表11-3、11-4。

表11-3　表层土壤氮的半方差函数理论模型及其相关参数

元素	拟合模型 Model	块金值 Nugget	基台值 Sill	变程(km) Range	块金系数 Nugget/$Sill_0$	残差	决定系数
全氮	线性模型	0.97	0.97	101.92	1	0.53	0.18
硝态氮	指数模型	0.09	0.85	1.45	0.11	0.59	0.02
铵态氮	线性模型	0.52	0.52	101.97	1	0.12	0.15

表11-4　亚表层土壤氮的半方差函数理论模型及其相关参数

元素	拟合模型 Model	块金值 Nugget	基台值 Sill	变程(km) Range	块金系数 Nugget/$Sill_0$	残差	决定系数
全氮	指数模型	0.06	0.98	5.82	0.06	0.77	0.13
硝态氮	球状模型	0.11	1.14	16.34	0.10	0.42	0.35
铵态氮	线性模型	0.32	0.32	101.92	1	0.03	0.14

由表11-3、11-4可知，研究区表层土壤硝态氮和亚表层土壤全氮均符合指数模型，决定系数分别为0.02和0.13；亚表层土壤硝态氮符合球状模型，决定系数为0.35。表层土壤全氮、铵态氮和亚表层土壤铵态氮的半方差拟合模型均为线性模型，表现为纯块金形式，说明各土壤样点之间表现出较强的独立性和随机性。这反映了在强烈的人类活动影响和干扰下表层土壤全氮、铵态氮和亚表层土壤铵态氮空间变异的复杂性，同时也说明本研究的采样密度不能全面有效地反映样本的空间变异结构，要更全面地反映土壤氮元素的空间变异结构，需要提高采样点密度、进行更小尺度的详细研究。而对土壤元素的空间变异性的分析有助于提高土壤元素样品采集的代表性和合理性。

由表11-3、11-4可知，研究区表层土壤全氮、硝态氮、铵态氮的变程分别为：101.92、1.45、101.97 km，表层土壤全氮和铵态氮的空间变异结构未能得到有效反映。研究区亚表层土壤全氮、硝态氮、铵态氮的变程分别为5.82、16.34、

101.92 km，亚表层土壤铵态氮的空间变异结构未能得到有效反映。研究区表层土壤硝态氮、亚表层土壤全氮、亚表层土壤硝态氮的块金系数分别为 0.11、0.06、0.10，具有强烈的空间相关性，说明表层土壤硝态氮、亚表层土壤全氮、亚表层土壤硝态氮主要受土壤母质、地形、地貌、气候等非人为因素影响。表层土壤全氮、表层土壤铵态氮、亚表层土壤铵态氮的块金系数均为 1，表明其空间相关性很弱，即表层土壤全氮、表层土壤铵态氮、亚表层土壤铵态氮在研究区域内以随机变异为主，主要受外在人为因素干扰强烈。

第四节 流域土壤氮空间分布特征

ArcGIS 地统计模块 Kriging 插值方法是利用区域变量的原始数据和变异函数的结构特点，对采样点区域化变量的取值进行线性无偏最优估计，即通过已知点来推测未知点的氮素含量状况以估计其周围采样点土壤的特征。为更直观地反映表层和亚表层土壤全氮、硝态氮、铵态氮含量的空间分布情况，在 ArcGIS 软件中根据各样点的 GPS 坐标，生成点层，建立属性表，录入各样点的全氮、硝态氮、铵态氮的含量值。在 ArcGIS 9.2 软件地统计模块中，结合 GS^{+} 9.0 所拟合的半方差函数模型，对其采用 Kriging 插值方法中的普通 Kriging 最优内插法进行无偏估值，所绘制的表层与亚表层土壤全氮、硝态氮、铵态氮含量的空间分布图，如图 11－2、11－3、11－4、11－5。

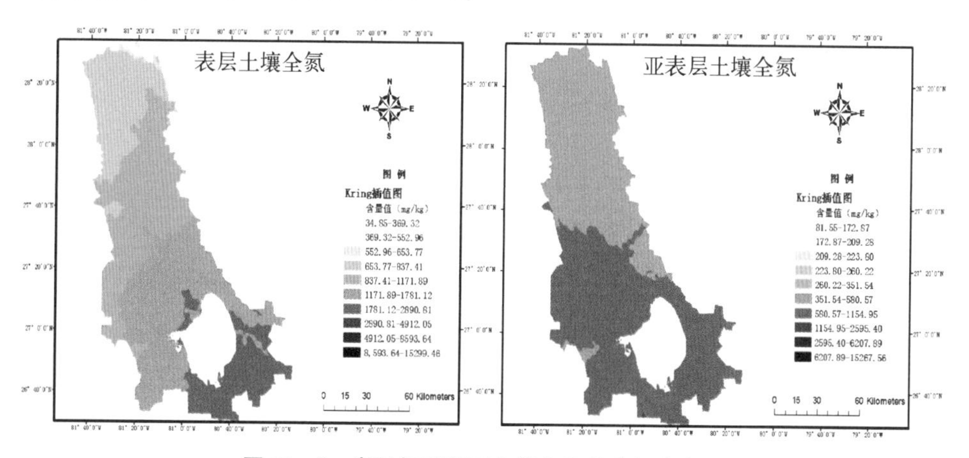

图 11－2 表层与亚表层土壤全氮的空间分布图

由图 11-2 可见，表层与亚表层土壤全氮含量均呈明显条带状分布，整体呈现从北向南递增趋势。Okeechobee 湖流域最北部土壤全氮含量最低，该区域为居民区，农业活动较少，氮素来源相对较少。在 Okeechobee 湖北部区域出现小片高值区，该地为中耕作物带，农业活动频繁，氮源丰富。Okeechobee 湖四周土壤全氮含量最高，因为 Okeechobee 湖流域地势低平，地势呈现南高北低的特征，Okeechobee 湖四周海拔高度在 15～20 m，该区域地下水位接近地表，这些因素易造成土壤氮元素的累积。Okeechobee 湖南部土壤全氮含量明显高于其他地区，该地区是甘蔗的种植区，土壤类型为有机土。

由图 11-3 可见，表层土壤硝态氮分布表现为岛状与条带状相结合的特点，整体从北向南含量值递增。在流域中部出现高值区，该地区土地利用方式为大田作物区，土壤类型为有机土，硝态氮含量高可能与人为施肥活动有关。亚表层土壤硝态氮的空间分布也呈岛状与条带状相结合的特点，整体从北向南含量值递增。在流域中部有高值区，这与表层土壤表现相一致。亚表层土壤硝态氮含量整体低于表层，但是由于硝态氮的易流失性，表层与亚表层含量相差不大。

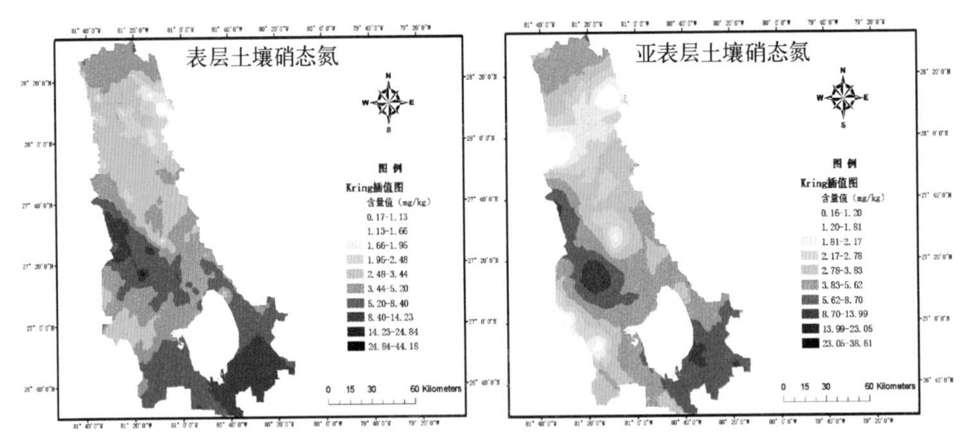

图 11-3 表层与亚表层土壤硝态氮的空间分布图

由图 11-4 可见，表层土壤铵态氮的空间分布表现为条带状与岛状相结合的特点，从北部向南部，铵态氮含量值递增。亚表层土壤铵态氮分布特征为条带状，从北部向南部，铵态氮含量值递增。与表层土壤铵态氮相比，亚表层无明显岛状高值区。由于铵态氮容易被土壤胶体吸附不易流失，人为活动输入的铵态氮易在地表累积，因此表层与亚表层的铵态氮含量差别明显，表层铵态氮含量显

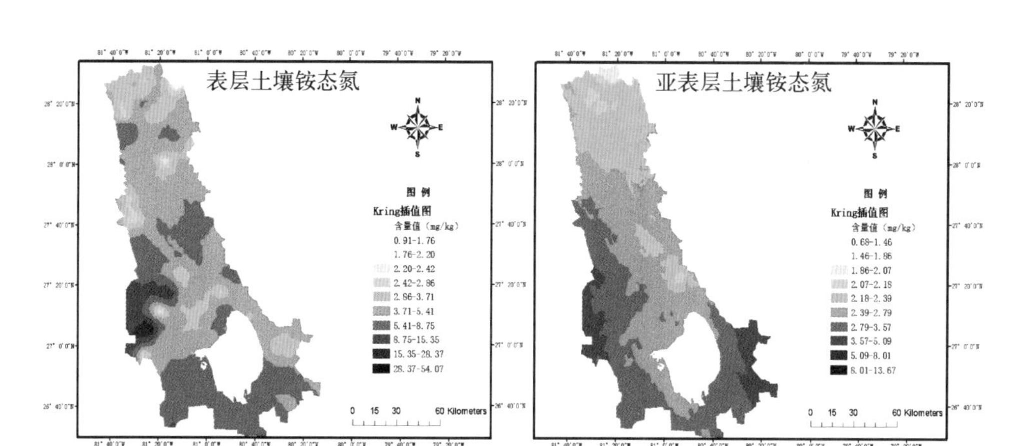

图 11－4　表层与亚表层土壤铵态氮的空间分布图

著高于亚表层。

流域内土壤全氮、硝态氮和铵态氮的含量分布均呈现从北向南递增趋势，Okeechobee 湖四周含量最高，而近些年由于经济发展需要，Okeechobee 湖四周土壤不断地被开发利用，这些开发活动易引起土壤有机碳的分解，从而引起土壤氮的流失。

第五节　流域土壤类型与土壤氮分布特征

1.1　土壤性质与土壤氮含量

Okeechobee 湖流域表层土壤、亚表层土壤中的全氮、硝态氮、铵态氮含量与土壤电导率(EC)以及土壤各化学元素的相关关系如表 11－5、11－6。由表 11－5 可见，表层土壤全氮含量与土壤 Fe、Mg、Na、Ni、Pb、SOC、Al、Ca、Co、EC 表现出显著正相关关系；土壤铵态氮与土壤有机碳表现出显著正相关关系；土壤硝态氮含量与土壤 Fe、Mg、Ni、SOC、Ca、EC 表现出显著正相关关系。由表 11－6 可见，亚表层土壤全氮含量与土壤 Fe、K、Mg、Na、Ni、Pb、SOC、Ca、EC 表现出显著正相关关系；土壤铵态氮与土壤 Fe、Mg、Na、Ni、Pb、SOC、Ca、EC 表现出显著正相关关系；土壤硝态氮含量与土壤 Fe、K、Mg、Ni、Pb、Zn、SOC、Ca、Cu、EC 表现出显著正相关关系。这是由于土壤中的胶体矿物对氮元素有吸附作用，易造成氮元素在土壤中的累积。

表 11－5　表层土壤全氮、硝态氮、铵态氮与土壤理化性质相关关系

	Fe	K	Mg	Mn	Na	Ni	Pb	Zn
全氮	0.557**	0.21	0.809**	0.09	0.336*	0.432**	0.307*	0.12
铵态氮	0.00	0.01	0.16	−0.09	0.05	0.09	0.02	−0.10
硝态氮	0.598**	0.14	0.696**	0.08	0.19	0.308*	0.17	0.26
	SOC	Al	Ca	Cd	Co	Cr	Cu	EC
全氮	0.983**	0.445**	0.559**	0.08	0.279*	0.10	−0.04	0.605**
铵态氮	0.318*	0.16	0.10	0.00	0.04	−0.02	−0.12	0.133
硝态氮	0.738**	0.13	0.497**	−0.04	0.15	0.03	0.09	0.693**

** 显著相关($P<0.01$)　* 显著相关($P<0.05$)

表 11－6　亚表层土壤全氮、硝态氮、铵态氮与土壤理化性质相关关系

	Fe	K	Mg	Mn	Na	Ni	Pb	Zn
全氮	0.746**	0.392**	0.905**	0.18	0.314*	0.389**	0.525**	0.23
铵态氮	0.518**	0.24	0.663**	0.13	0.278*	0.317*	0.335*	0.13
硝态氮	0.601**	0.501**	0.663**	0.22	0.24	0.272*	0.327*	0.369**
	SOC	Al	Ca	Cd	Co	Cr	Cu	EC
全氮	0.988**	0.22	0.662**	−0.02	0.23	0.04	0.15	0.772**
铵态氮	0.792**	0.20	0.428**	0.02	0.18	0.05	0.12	0.588**
硝态氮	0.817**	0.13	0.428**	−0.06	0.14	0.02	0.334*	0.732**

** 显著相关($P<0.01$)　* 显著相关($P<0.05$)

1.2　土壤类型与土壤氮含量

不同土壤类型由于其发育程度，土壤有机质含量以及土壤肥力等特性的不同，造成土壤氮含量的不同。研究区土壤类型主要有有机土、灰土、始成土、新成土、淋溶土、软土、老成土。不同土壤类型下表层与亚表层土壤全氮、硝态氮、铵态氮、SOC、pH、EC 均值如表 11－7，不同土壤类型下表层与亚表层土壤全氮、铵态氮和硝态氮含量如图 11－5、11－6、11－7。

表 11-7　不同土壤类型土壤氮含量($mg \cdot kg^{-1}$)

土壤类型	表层土壤					
	全　氮	硝态氮	铵态氮	SOC	pH	EC(us/cm)
新成土	642.29	3.12	2.40	11 344	6	264
灰　土	777.43	3.65	6.02	13 457	5	68
软　土	1 127.89	2.72	4.87	16 139	6	90
有机土	5 612.84	10.14	8.66	81 464	6	468
老成土	194.83	5.29	2.01	2 922	5	64
淋溶土	679.64	3.51	4.10	10 768	5	47
始成土	490.87	7.37	3.15	6 984	6	67
土壤类型	亚表层土壤					
	全　氮	硝态氮	铵态氮	SOC	pH	EC(us/cm)
新成土	508.21	3.89	1.83	8 851	6	220
灰　土	359.52	2.72	2.77	6 647	5	59
软　土	302.06	1.57	2.74	4 590	6	51
有机土	4 230.66	8.66	5.25	57 022	6	405
老成土	206.02	7.84	3.06	2 447	5	94
淋溶土	373.34	1.66	2.00	5 249	5	48
始成土	334.89	5.60	1.54	6 022	6	35

由表 11-7 可见，研究区表层土壤全氮含量最高和最低分别为有机土和老成土，含量值分别为 5 612.84、194.83 $mg \cdot kg^{-1}$；亚表层土壤全氮含量最高和最低分别为有机土和老成土，其含量分别为 4 230.66、206.02 $mg \cdot kg^{-1}$；表层土壤硝态氮含量最高和最低分别为有机土和软土，其含量分别为 10.14、2.72 $mg \cdot kg^{-1}$；亚表层土壤硝态氮含量最高和最低分别为有机土和软土，其含量分别为 8.66、1.57 $mg \cdot kg^{-1}$；表层土壤铵态氮含量最高和最低分别为有机土和老成土，其含量分别为 8.66、2.01 $mg \cdot kg^{-1}$；亚表层土壤铵态氮含量最高和最低分别为有机土和始成土，其含量分别为 5.25 $mg \cdot kg^{-1}$、1.54 $mg \cdot kg^{-1}$。不同土壤类型 pH 均值均呈酸性。新成土和有机土的电导率明显高于其他土壤类型。土壤有机碳含量由大到小依次为：有机土、软土、灰土、新成土、淋溶土、始成土、老成土。

由表 11-7 可知，不同土壤类型下表层土壤全氮平均含量由高到低依次为有机土、软土、灰土、淋溶土、新成土、始成土和老成土。表层土壤全氮平均含量最高的为有机土，全氮平均含量接近 6 000 mg • kg^{-1}，明显高于其他土壤类型。有机土中有机质含量高，土壤有机质是土壤营养元素氮的重要来源之一，也是土壤微生物不可或缺的碳源和能源，对土壤肥力的形成有重要的影响。软土中全氮含量较高也与软土土壤有机质含量高有关。不同土壤类型下亚表层土壤全氮含量均小于表层。

不同土壤类型下表层土壤硝态氮平均含量由高到低依次为有机土、始成土、老成土、灰土、淋溶土、新成土、软土。老成土和新成土亚表层土壤硝态氮含量高于表层，其他土壤类型的亚表层硝态氮含量均低于表层。

不同土壤类型下表层土壤铵态氮平均含量由高到低依次为有机土、灰土、软土、淋溶土、始成土、新成土、老成土。老成土的亚表层铵态氮含量高于表层土，其他土壤类型的铵态氮含量均为亚表层低于表层。老成土肥力较低、淋溶较强且亚表层黏粒对土壤铵态氮的吸附能力较强。

有机土中的全氮、硝态氮和铵态氮含量均显著高于其他土壤类型。有机土的有机质含量约占总重量的 20%～30%。有机土由于排水性差，抑制了植物和动物残骸的分解，使有机物质能够累积，影响了土壤氮元素的累积。

第六节　流域土地利用方式与土壤氮分布特征

不同土地利用方式下，由于肥料、植物残渣等数量不同，以及土壤的水分管理、耕作方法等农业管理措施的差异，土壤养分矿化作用，运输吸收以及利用受到影响，造成土壤养分的差异。研究区主要的土地利用方式有：大田作物、甘蔗、阔叶林、落叶植物、柏树、居民区、针叶林、牛奶场、橡树、改良牧场、未改良牧场、混合灌木、柑橘、观赏植物、行播作物、乔木。研究区不同土地利用方式下表层与亚表层土壤全氮、硝态氮、铵态氮、pH、土壤有机碳 SOC、电导率 EC 均值如表 11－8 所示。

由表 11－8 可见，研究区表层土壤全氮含量最高和最低分别为大田作物和乔木，其含量分别为 8 672.27、194.83 mg • kg^{-1}；亚表层土壤全氮含量最高和最低分别为大田作物和观赏植物，其含量分别为 8 633.40、178.56 mg • kg^{-1}；表层土壤硝态氮含量最高和最低分别为大田作物和柏树，其含量分别为 23.08 mg • kg^{-1}、0.77 mg • kg^{-1}；亚表层土壤硝态氮含量最高和最低分别为大田作物和针叶林，其

表 11-8　不同土地利用方式土壤氮含量(mg·kg^{-1})

土地利用类型	表层土壤					
	全　氮	硝态氮	铵态氮	SOC	pH	EC(us/cm)
行播作物	1 331.74	4.10	4.13	15 196	7	131
大田作物	8 672.27	23.08	8.79	131 189	6	2 428
柑　橘	396.38	4.16	2.32	5 664	6	71
甘　蔗	7 709.95	11.50	8.92	87 334	8	340
未改良牧场	542.45	2.08	10.57	10 485	5	55
改良牧场	887.85	3.84	4.00	13 276	6	68
橡　树	876.01	3.10	4.00	13 746	6	72
针叶林	701.11	1.63	5.39	18 154	4	52
落叶林	2 433.99	3.85	6.13	40 491	5	67
乔　木	194.83	5.29	2.01	3 912	5	48
混合灌木	611.71	3.96	2.88	9 340	6	60
柏　树	1 471.37	0.77	5.39	33 478	4	40
阔叶林	790.71	1.68	9.15	23 505	4	36
居民区	799.85	12.15	4.68	11 084	6	100
观赏植物	424.02	2.07	2.64	9 882	5	32
奶牛场	2 261.87	9.14	3.58	28 572	6	101

土地利用类型	亚表层土壤					
	全　氮	硝态氮	铵态氮	SOC	pH	EC(us/cm)
行播作物	347.21	2.42	2.58	3 623	7	114
大田作物	8 633.40	20.85	8.04	119 357	6	2 029
柑　橘	253.73	4.62	2.35	4 357	6	64
甘　蔗	7 478.03	8.68	6.39	83 648	8	359
未改良牧场	245.27	1.98	2.56	5 024	5	36
改良牧场	415.98	2.73	2.29	5 828	6	64
橡　树	397.85	2.77	2.53	5 958	6	67
针叶林	348.31	1.23	2.65	8 375	4	25
落叶林	648.18	3.06	2.55	12 782	5	38
乔　木	206.02	7.84	3.06	3 404	5	81
混合灌木	224.40	2.75	1.70	4 404	6	43
柏　树	509.95	1.29	3.36	12 664	4	29
阔叶林	862.02	1.39	6.06	23 913	4	41
居民区	482.40	5.69	1.81	9 043	6	44
观赏植物	178.56	2.33	1.10	3 860	5	15
奶牛场	486.66	4.91	1.34	8 003	6	101

含量分别为20.85、1.23 mg·kg^{-1}；表层土壤铵态氮含量最高和最低分别为未改良牧场和乔木，其含量分别为10.57、2.01 mg·kg^{-1}；亚表层土壤铵态氮含量最高和最低分别为大田作物和观赏植物，其含量值分别为8.04、1.10 mg·kg^{-1}。甘蔗和行播作物用地土壤呈碱性，其余土地利用方式下的土壤均呈酸性。大田作物表层和亚表层土壤电导率均值分别为2 428、2 029(us/cm)，明显高于其他土地利用方式。土壤有机碳含量最高为大田作物，最小为乔木。

由图11-5可知，不同土地利用方式下，土壤全氮含量有明显差异，表层土壤含氮量由高到低依次为大田作物、甘蔗、落叶植物、奶牛场、柏树、行播作物、改良牧场、橡树、居民区、阔叶林、针叶林、混合灌木、未改良牧场、观赏植物、柑橘、乔木。亚表层土壤全氮含量由高到低依次为大田作物、甘蔗、阔叶林、落叶植物、柏树、奶牛场、居民区、改良牧场、橡树、针叶林、行播作物、柑橘、未改良牧场、混合灌木、乔木、观赏植物。

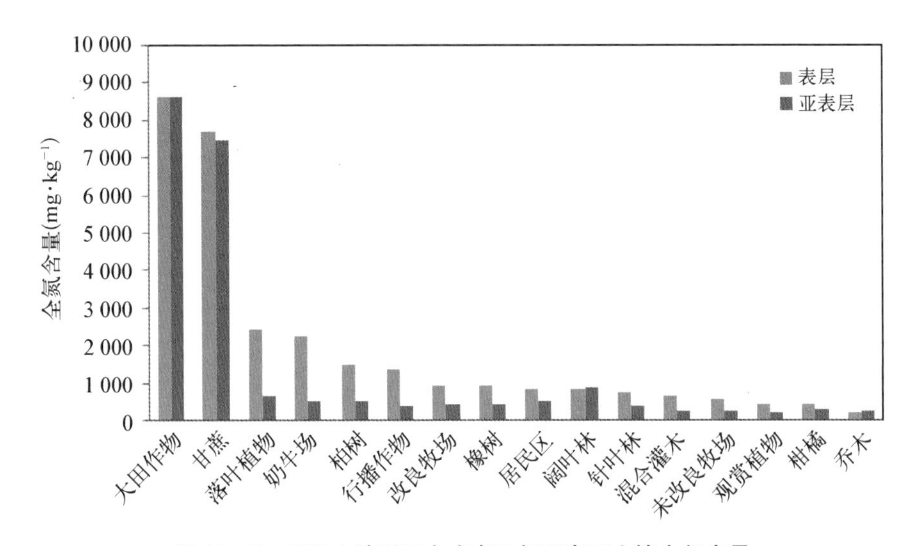

图11-5 不同土地利用方式表层与亚表层土壤全氮含量

大田作物表层与亚表层土壤全氮含量明显高于其他土地利用方式，平均含量值接近9 000 mg·kg^{-1}，这是由于大田作物施肥、灌溉等人为活动造成的。通过灌溉水输入的氮量存在很大差异，有时可忽略不计，有时输入氮量相当可观，这取决于灌溉水水源和水中氮的浓度。佛罗里达沙质土壤携有的氮量较低，要维持作物产量和质量，需增施氮肥来提高土壤氮素含量，增加土壤肥力。土壤氮素又随地表径流与渗漏影响地下水质量，从而影响灌溉水质。据报道，佛罗里达每年由灌溉输入的氮量在 50～145 kg・ha^{-1}。甘蔗地土壤全氮含量仅次于大田作物，平均含量接近 8 000 mg・kg^{-1}，这也与甘蔗地施肥有关。落叶植物土壤全氮含量明显比大田作物和甘蔗地土壤含氮量低，与落叶植物地人为干扰少有关，但与其他土地利用方式相比，由于森林固氮作用，落叶植物土壤中全氮含量相对较高。温带森林（包括落叶林、针叶林以及混交林）的年固氮率大约为 21 kg・ha^{-1}，灌木地的年固氮率为 34 kg・ha^{-1}，而草地的年固氮率为 3 kg・ha^{-1}（Rock et al，2006）。落叶植物的落叶是天然“绿色肥料”，将氮素释放到土壤中，增加了土壤肥力，提高了土壤氮素含量。奶牛场土壤全氮含量仅次于落叶植物，与奶牛场土壤中动物粪便的分解有关。柏树和行播作物土壤全氮含量均高于 1 000 mg・kg^{-1}，这与生物固氮及人为施肥有关，而改良牧场、橡树居民区等土地利用方式的土壤全氮含量均低于 1 000 mg・kg^{-1}。整体上农耕区和养殖区土壤全氮含量较高，可见流域内人为向土壤增施氮肥是影响土壤全氮分布的主要因素。

由图 11－6 可见，表层土壤铵态氮含量由高到低依次为未改良牧场、阔叶林、甘蔗、大田作物、落叶植物、柏树、针叶林、居民区、行播作物、橡树、改良牧场、奶牛场、混合灌木、观赏植物、柑橘、乔木。亚表层土壤铵态氮含量由高到低依次为大田作物、甘蔗、阔叶林、柏树、乔木、针叶林、行播作物、未改良牧场、落叶植物、橡树、柑橘、改良牧场、居民区、混合灌木、奶牛场、观赏植物。不同土地利用方式下表层与亚表层土壤铵态氮含量分布有明显差异，除了乔木地亚表层含量高于表层外，其他土地利用方式下，表层土壤铵态氮含量明显高于亚表层。未改良牧场表层

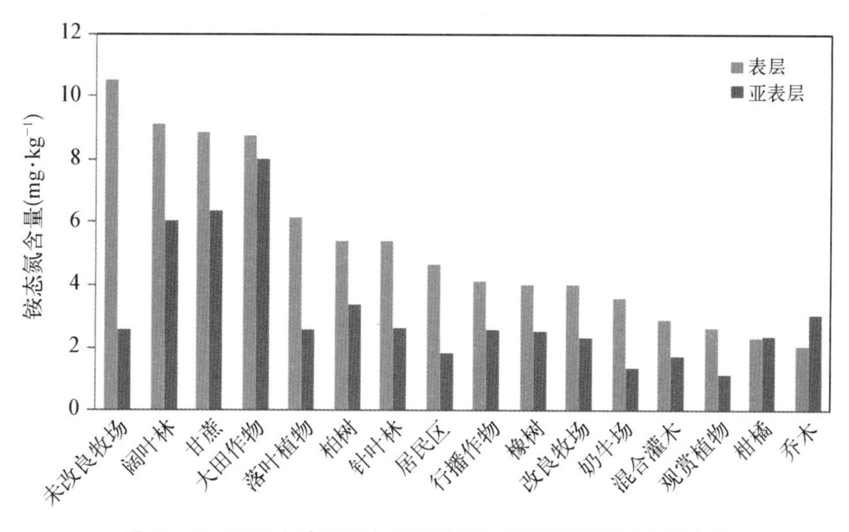

图 11－6　不同土地利用方式下表层与亚表层土壤铵态氮含量

土壤铵态氮含量最高，其平均含量为 10.5 mg · kg^{-1}，其他均低于 10 mg · kg^{-1}。

由图 11-7 可知，表层土壤硝态氮含量由大到小依次为大田作物、居民区、甘蔗、奶牛场、乔木、柑橘、行播作物、混合灌木、落叶植物、改良牧场、橡树、未改良牧场、观赏植物、阔叶林、针叶林、柏树。大部分土地利用方式下表层土壤硝态氮含量大于亚表层。其中，大田作物的表层与亚表层土壤硝态氮含量均为最高，表层土壤硝态氮平均含量接近 25 mg · kg^{-1}，亚表层平均含量约为 20 mg · kg^{-1}。大田作物硝态氮含量高的原因与全氮一致，与人为施肥有关。居民区土壤硝态氮含量仅次于大田作物，可能是因为居民区街道树叶、秸秆、牲畜粪便等物质常年积累并腐烂，致使其含有较高的有机质，微生物活动强烈，硝化作用显著。此外，生活污水的排放也可能是造成居民区土壤硝态氮含量高的原因。针叶林、阔叶林和柏树等林地由于人为影响小，土壤硝态氮含量较低。

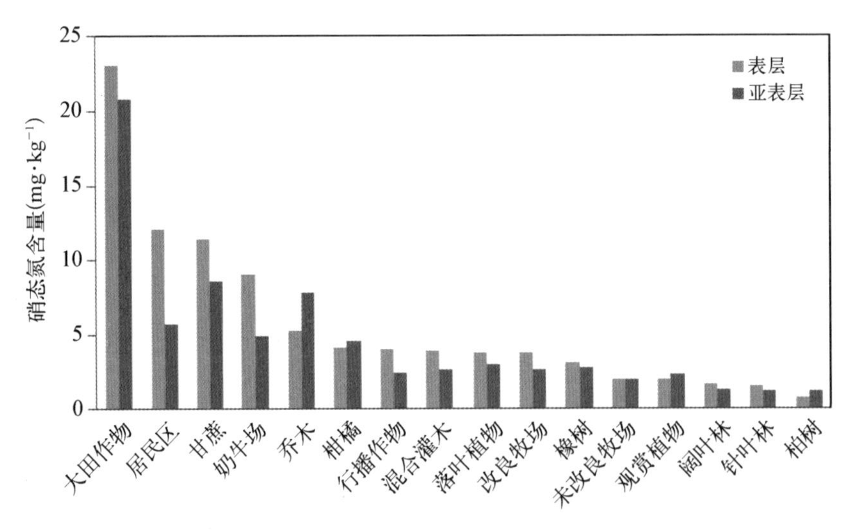

图 11-7 不同土地利用方式下表层与亚表层土壤硝态氮含量

第七节 流域土壤氮垂直分布特征

Okeechobee 湖流域不同土地利用方式与不同土壤类型下的土壤氮含量均有明显差异。改良牧场和未改良牧场是 Okeechobee 湖流域主要的土地利用方式，改良牧场与未改良牧场面积分别占流域总面积的 36% 和 16%。灰土是

Okeechobee 湖流域旱地土壤的主要类型，面积占旱地土壤总面积的 51%。灰土一般呈酸性，以富含铁铝和腐殖质复合物为特征，通常发育在气候凉爽湿润的原始森林下，在美国大约占陆地土壤的 3.5%。灰土一般包括五个亚土纲，其中 Okeechobee 湖流域分布的主要是潮灰土。潮灰土的成土环境与地下水位比较接近，排水性差。在改良牧场与未改良牧场中选取 3 个采样点，未改良牧场选取 2 个采样点，采集土壤剖面样品，分析土壤氮含量以及其他土壤性质，其土壤类型均为灰土。

土壤全氮、硝态氮和铵态氮在土壤剖面上的含量分布如图 11－8、11－9、11－10。

由图 11－8 可知，总体上土壤全氮含量在改良牧场 3 个样点垂直方向上均呈递减趋势，未改良牧场 2 个样点在 20～100 cm 深度出现小幅度波动。从表层到亚表层，各样点全氮含量下降幅度明显。改良牧场 3 的降幅最大，全氮含量从表层到亚表层降低了 1 200 mg・kg^{-1}，改良牧场 1 的降幅接近 800 mg・kg^{-1}，未改良牧场 1 和 2 的降幅分别为 600 mg・kg^{-1}和 300 mg・kg^{-1}。总体上从表层到亚表层，改良牧场的降幅要大于未改良牧场，这是由于灰土肥力低，需要人为给牧草添加肥料，才能使牧草增产，人为施肥是造成表层土壤全氮含量高于亚表层的主要原因。在 40～100 cm 深度，未改良牧场全氮含量均有上升现象，未改良牧场 1 在 40～70 cm 深度上升了近 100 mg・kg^{-1}，未改良牧场 2 在 70～100 cm 深度上升了 110 mg・kg^{-1}，而改良牧场 3 个样点全氮含量均呈缓慢下降趋势。5

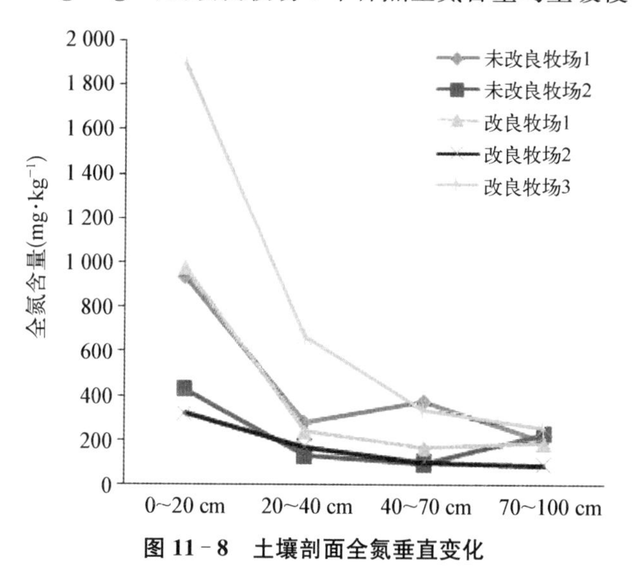

图 11－8 土壤剖面全氮垂直变化

个样点在 100 cm 深度的全氮含量均最低并且趋于一致，可见人为活动对土壤全氮含量的影响显著。

由图 11－9、11－10 可知，土壤硝态氮含量在垂直方向上变化比较复杂。改良牧场 3 的硝态氮整体含量最高，从 0～70 cm 处硝态氮含量随土壤深度增加而下降，在 70～100 cm 硝态氮含量上升，在 100 cm 处硝态氮含量高于表层，但整

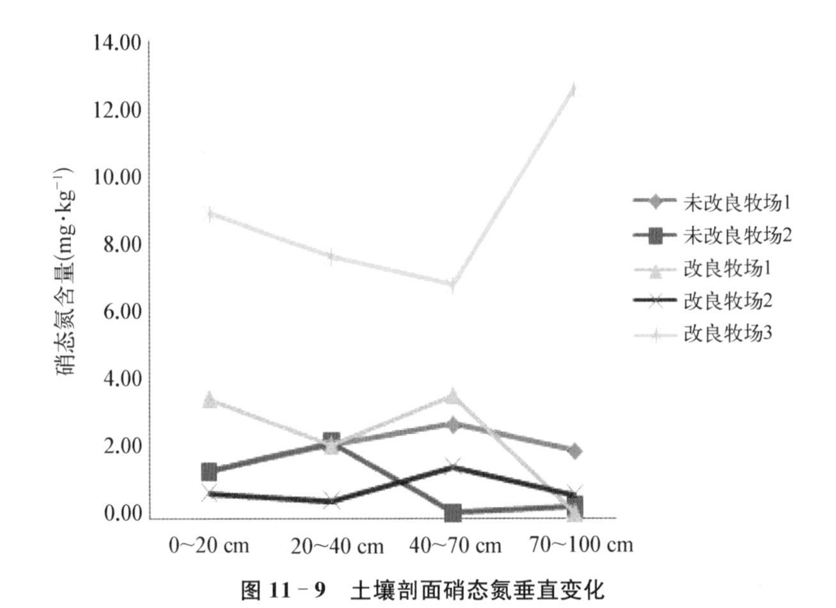

图 11－9　土壤剖面硝态氮垂直变化

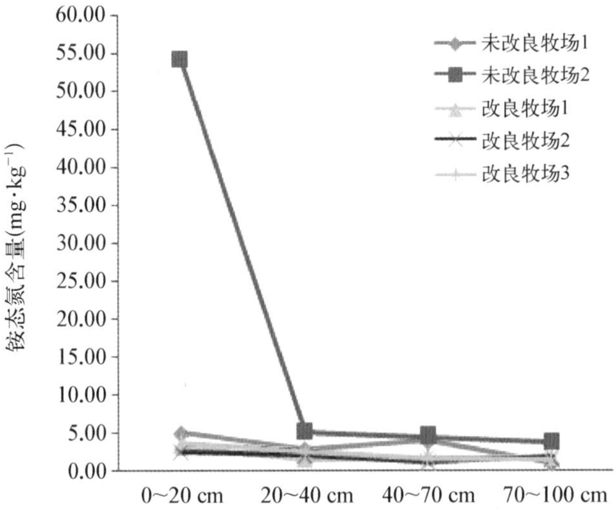

图 11－10　土壤剖面铵态氮垂直变化

体变化幅度在 4 mg · kg^{-1}左右。改良牧场 2 和 1 土壤硝态氮含量在垂直方向上的变化趋势与改良牧场 3 相反，在 0～70 cm 硝态氮含量随土壤深度增加而上升，在 70～100 cm 硝态氮含量下降。未改良牧场两个样点的土壤硝态氮含量在 0～40 cm 上的变化一致，而 40 cm 以下的变化趋势完全相反，均在 70 cm 处出现转折。整体上 5 个样点的硝态氮含量在地下 70 cm 处出现转折。5 个样点铵态氮含量在垂直方向上的变化，除未改良牧场 2 外，其他样点均无明显变化，这是因为铵态氮易被土壤胶体吸附，不易流失。未改良牧场 2 铵态氮含量在表层到亚表层出现下降，降幅达 50 mg · kg^{-1}，亚表层以下变化不大。

第八节　流域土壤氮素流失风险评价

多数土壤氮是惰性的，植物无法吸收利用，土壤氮淋溶的可能性较小。只有土壤氮矿化所提供的占土壤全氮的 1%～5%的无机氮（铵态氮和硝态氮）才是植物吸收和造成环境污染的主要形式（Binkley et al，1989；Vestgarden et al，2003）。在自然条件下，土壤胶体一般带负电荷，胶体表面通常吸附多种带正电荷的阳离子。因此铵态氮易被土壤胶体吸附，不易流失。硝态氮不易被土壤胶体吸附，一旦氮肥施用过量，将产生淋失，对环境造成污染。土壤硝态氮过量累积可导致地下水硝态氮污染、土壤盐渍化、肥料利用率下降、湖泊等水体富营养化等问题。此土壤硝态氮含量可用作土壤氮流失风险的评价指标。

佛罗里达州气候温暖湿润，降雨充沛，Okeechobee 湖流域地势低平，地下水位较浅。0～40 cm 是土壤的主要耕作层，人为活动影响强烈。对 0～40 cm 土层的氮流失风险进行评价，可以反映土壤氮流失的状况。研究区 0～40 cm 土壤硝态氮统计特征如表 11－9，由表可知，0～40 cm 土壤硝态氮平均含量为 4.12 mg · kg^{-1}，变化范围为 0.16～44.18 mg · kg^{-1}。土壤硝态氮含量空间分布如图 11－14。由图 11－14 可知，流域内土壤硝态氮含量从北向南递增。流域北部地区为柏树等林木分布区，土壤硝态氮含量较低，流失风险低。研究区中部，Okeechobee 湖西北部硝态氮含量较高，土壤氮流失风险高。该地区土地利用方式为大田作物，土壤类型为有机土。Okeechobee 湖南部土壤硝态氮含量高，土壤氮流失风险最高，该区为甘蔗种植区，土壤类型为有机土。由于靠近 Okeechobee 湖，其土壤氮流失很容易对湖水水质造成影响，应加强对该区域土地利用的管理，减少氮输入。

表 11-9 土壤硝态氮的描述性统计分析($mg \cdot kg^{-1}$)

0～40 cm	最小值	最大值	均 值	标准差	偏 度	峰 度
硝态氮	0.16	44.18	4.21	5.82	4.882	29.15

Okeechobee 湖流域不同土地利用下土壤硝态氮含量分布如图 11-11。由图 11-11 可知，不同土壤类型下表层土壤硝态氮平均含量由大到小依次为有机土、始成土、老成土、灰土、淋溶土、新成土、软土。表层土壤氮的流失风险由高到低依次为有机土、灰土、软土、淋溶土、始成土、新成土、老成土。亚表层土壤硝态氮平均含量由大到小依次为有机土、老成土、始成土、新成土、灰土、淋溶土、软土。亚表层土壤氮流失风险由高到低依次为有机土、老成土、始成土、新成土、灰土、淋溶土、软土。老成土和新成土的亚表层土壤氮流失风险高于表层。有机土土壤氮流失风险最高。

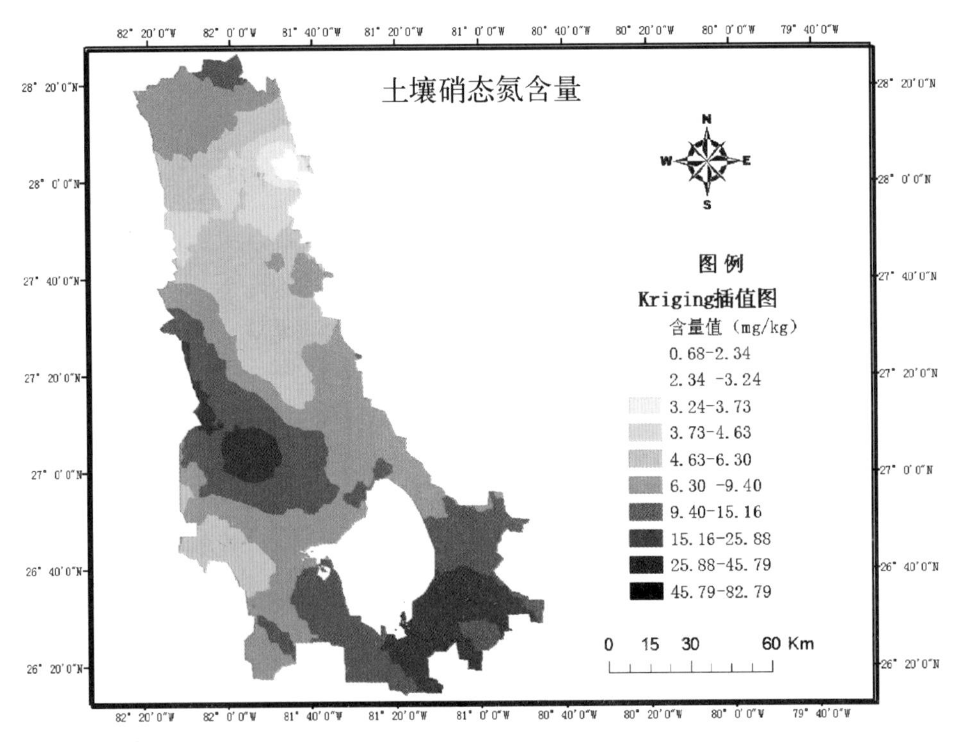

图 11-11 土壤硝态氮含量空间分布图(0～40 cm)

Okeechobee 湖流域不同土地利用方式下土壤硝态氮含量分布如图 11－12。由图 11－12 可知，表层土壤硝态氮含量由大到小依次为大田作物、居民区、甘蔗、奶牛场、乔木、柑橘、行播作物、混合灌木、落叶植物、改良牧场、橡树、未改良牧场、观赏植物、阔叶林、针叶林、柏树。表层土壤氮的流失风险从高到低依次为大田作物、居民区、甘蔗、奶牛场、乔木、柑橘、行播作物、混合灌木、落叶植物、改良牧场、橡树、未改良牧场、观赏植物、阔叶林、针叶林、柏树。亚表层土壤硝态氮含量由大到小依次为大田作物、甘蔗、乔木、居民区、奶牛场、柑橘、落叶植物、橡

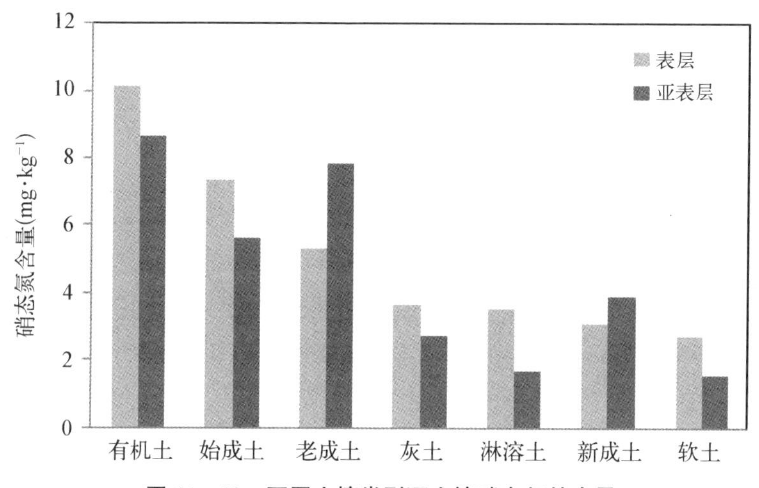

图 11－12　不同土壤类型下土壤硝态氮的含量

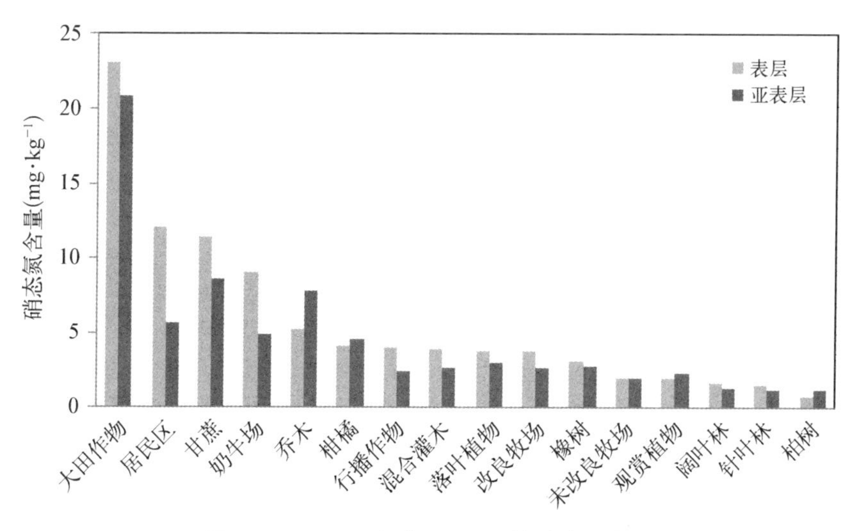

图 11－13　不同土地利用下土壤硝态氮含量

树、混合灌木、改良牧场、行播作物、观赏植物、未改良牧场、阔叶林、柏树、针叶林。亚表层土壤氮流失风险从高到低依次为大田作物、甘蔗、乔木、居民区、奶牛场、柑橘、落叶植物、橡树、混合灌木、改良牧场、行播作物、观赏植物、未改良牧场、阔叶林、柏树、针叶林。土壤硝态氮流失风险最高的土地利用方式为大田作物，是由人为施肥、灌溉引起的，应加强对大田作物的施肥活动进行管理，寻求最佳施肥管理模式以减少氮的流失风险。

第十二章　农田养分管理与施肥空间决策支持系统

第一节　研究背景

随着长江三角洲地区经济的快速发展，农业环境和生态问题突出，水体污染严重，农业生产基础环境受到威胁。究其原因，工业三废、畜禽粪便和化肥、农药滥施是引起水体污染、农业生态环境恶化的主要因素。相对于工业三废等点源污染而言，化肥农药、畜禽粪便污染等农业面源问题由于其发生的随机性、滞后性、模糊性和潜伏性等特点，更难控制。随着点源污染控制能力的提高，非点源污染的严重性逐渐显现出来。据调查，太湖流域杭嘉湖地区，从 1997 年开始，面源污染的排放量大于工业，1999 年占到总量的 58%。据监测，嘉兴 1999 年的污水中，COD 排放量为 12 万多吨，其中工业污染占到 26.99%，生活污染占到 25.87%，农业污染为 57.14%。与 1995 年相比，工业污染减少 32%，生活污染增加 14%，农业污染增加 18%。在太湖 59%的全氮和 30%的全磷来自非点源污染，巢湖 63%的全氮和 41%的全磷来自非点源污染。农业面源污染已经成为水体富营养化最主要的污染源之一。

作物种植是农业最重要的产业，在农业中占很大的比重。我国人多地少，人地资源紧张，增强土地开发强度，提高土地单位面积产出率，是满足人们日益增长的粮食需求的重要措施，而使用化肥农药是促进粮食增产保收的重要手段，也是现代化农业的重要特征。然而化肥农药滥使滥用也引发了重要的生态环境问题。分析原因，化肥投入量大，施肥结构不合理(有机肥使用量小，氮、磷、钾及微肥使用比例不合理，以氮肥为主，氮肥中以碳铵为主)，使用方法不当(以表撒、撒施为主，深施、穴施、叶面肥应用较少)是化肥使用污染的主要原因。据统计，我国化肥年使用量达 4 124 万吨，按播种面积计算，平均每公顷化肥使用量达 400 kg，远远超过发达国家为防止化肥对水体造成污染而设置的225 kg/公顷的安全上限。化肥的平均利用率仅40%左右。江苏、浙江、上海环太湖的一些县市，化肥施用量均在500 kg/公顷以上，氮素过剩，流入太湖，加剧富营养化。全国每年农药使用量达120多万吨，集约化农区施用水平低则每亩20 kg，高则每亩超过50 kg，除30%～40%被作物吸收外，大部分进入了水体和土壤及农产品，使全国933.3万公顷耕地遭受了不同程度的污染。部分地区生产的蔬菜、水果中的硝酸盐、农药和重金属等有害物质残留量超标准，威胁人们的身体健康。

我国传统施肥技术往往脱离土壤肥力的测试和评价，缺乏计量施肥概念，大都凭经验施肥，特别是偏施氮肥现象普遍存在，氮用量超越了实际需要，而磷钾使用比较随意，氮磷钾比例失调，不能平衡协调地供应作物需要，达不到预期的产量目标，污染环境状况普遍存在。而且我国农田灌溉长期以来采取漫灌漫排的方式，水资源浪费，水土流失严重，农田水体成为化肥农药进入周边水环境的重要载体，助长了化肥农药对水体的污染。因此解决农田化肥滥施、控制农业面源污染的一个重要途径是在了解土壤基础肥力的基础上，根据作物的需肥规律，因土施肥、平衡施肥、配方施肥，在水肥综合管理方面加大力度，减小其流失量。而这种农技一体化进程的推进，将农业技术切实落实到农业种植和生产中去，需要新技术的介入，传统的技术和方法通常无法快速获取和提供施肥所需的各种信息，也无法对施肥的复杂性进行系统的模拟和预测，科学合理施肥缺乏必要的技术支撑。把信息技术、传统施肥技术和专家经验知识结合起来，建立施肥信息管理和决策系统，在一定程度上能解决施肥的盲目性问题，能增强施肥效应、降低农业成本和减少对环境的污染。同时大力提倡节水农业，认识土壤、作物、大气中的水分利用和吸收机制，以调节土壤水分为中心，依据水量平衡原理和作物生长机制，确定和优化农田灌溉方案，减小无机氮在田面水中的份额，减少排水次数和排水量，减少农田径流和渗漏水，提高肥料利用率，降低氮磷对水体的污染负荷。

施用化肥是农业生产中投入资金最多的项目之一，但化肥的当季利用率低，不仅使农业生产成本提高和资源浪费，而且造成了对农业环境的污染。管理好土壤养分，用好肥料，尤其是化肥，是关系到我国农业可持续发展的重大技术问题。这个问题的重要性和紧迫性随着农业生产的发展和化肥施用量的增大而显得越来越突出。除了肥料施用方法不当外，土壤养分管理水平低下、管理技术落后，对土壤养分空间变异了解不够，不能精确地按照农田的养分状况和作物需求进行施肥设计，施肥推荐的误差较大是造成肥料利用率低的主要原因。在现代可持续农业中，土壤养分管理的范畴不再单一地局限于利用土壤养分和施肥获取作物高产上，而是扩展到资源维护、环境保全和合理利用相结合的全程管理上。随着现代信息技术的发展，精确农业成为世界上最先进的农业生产技术体系并已经成为发展趋势，这一技术体系最早在国外大农场试验研究和推广应用，与之相配套的精准养分管理理论及技术也随之发展起来，即：利用 3S 技术建立土壤养分信息系统，对相对一致的操作单元进行精确的养分管理及施肥推荐，从而大大提高资源的利用率，减少对环境的负荷。精准养分管理已成为现代施肥技术革命性发展的基础。

从我国整体平衡施肥工作来看，目前存在如下三个问题：

（1）在我国当前大部分农村农民文化水平低、耕作经营分散、单元地块面积狭小、专业化程度低的情况下，平衡施肥技术没有条件深入到一家一户，以致我国测土推荐平衡施肥技术仍未真正实现；

（2）对土壤养分状况及其变异情况缺乏全面系统的了解，因而尚未形成适合我国小规模分散经营体制下的测土推荐平衡施肥技术；

（3）近年来，国际上发达国家利用 GIS 等先进技术来研究土壤养分管理已成为土壤科学研究的热点之一，国内也有一些研究者应用 GIS 等先进技术从事了较大范围内有关该方面的工作。但总的来说，目前采用 GIS 等先进技术研究较大范围内土壤养分管理方面的报道仍然较少，尤其是把土壤养分空间变异与推荐施肥结合起来的研究罕见报道，因而未能充分利用已有的大量研究资料以发挥其作用，以致施肥上存在很大的盲目性。

近年来，在实现农业现代化的进程中，我国开始引入精确农业技术及精准养分管理技术。与发达国家成功实施精准养分管理的以大农场为主的农业体系不同，我国目前农业生产管理主要以农户为单位，地块面积小于 0.1～0.2 公顷，农业机械化程度还较低，还不具备机械化精准操作的条件，大部分农事操作还以手工操作为主。虽然从理论上来说，以小块农田、土壤养分变化大为特点的我国农村比国外大农场更需要应用精准养分管理理论和技术来提高养分管理水平，但过小的操作单元，使得以农户地块为单位的测土推荐施肥由于测试成本太高而难以得到推广实施，从而限制了精准养分管理理论和技术在中国的应用和发展。事实表明，过于分散的农田经营和管理模式，是我国推行精确农业技术体系的主要瓶颈问题之一。因此，精准养分管理理论和技术的引进必须和我国农村现有的条件和特点相结合，创立适合我国特点的应用技术体系。通过长期工作的摸索，我们认为，根据土壤养分变异规律，寻求确定和划分作物种植及土壤养分相对均一的分区，实施土壤养分信息化分区养分管理模式，是解决过于分散的农田经营与精确农业技术体系这一矛盾的重要途径，从而更适合我国农田管理特征，更有利于精准养分管理技术在我国现有农业生产体系下的推广应用。这种在经济上和技术上都更具有可行性的土壤养分信息化分区养分管理模式，与现有施肥技术相比，大大改进了现代信息化技术和计算机推荐施肥的应用，对发展我国农田土壤养分管理理论和技术，提高推荐施肥精确性和作物专用肥对土壤的适应性有重要意义。基于以上认识，充分考虑研究区域的基本条件，本研究以浙江宁波市三七镇农业示范区为研究区域，以建立农田养分管理和推荐施肥决策系统，为肥料管理提供依据，减轻农业面源污染。

第二节 设计目标

GIS 支持下农田养分管理与推荐施肥空间决策支持系统的总体设计目标，是使农田养分管理与推荐施肥决策在 GIS 技术和计算机技术支持的基础上，采用数据库系统、图形库及模型库子系统，使研究区域内农田养分背景信息、农田养分管理评价和推荐施肥模块、农田养分缺素症状诊断模块等合为一体，以图件资料、实测数据、面上调查资料为信息源，建立研究区域内农田养分管理基础数据库，通过面向对象技术和数据库接口实现 GIS、农田养分管理模块、农田推荐施肥和作物缺素诊断模块的整体集成，主要用于农田养分管理与评价、农田推荐施肥决策、农田作物缺素诊断，为农田养分的管理、经营和决策咨询提供依据。

第三节 设计原则

农田养分管理与施肥空间决策系统的建立是一项复杂的系统工程，建立时既要考虑到系统设计所依据的养分管理与施肥决策基础理论的科学性、可靠性，也要考虑到农业科技人员及其他用户使用时的方便，这样才能使系统能够得到普遍的认同、发展与完善，为使系统在结构和功能上更为合理和完善，系统建立时应坚持以下三个原则。

1.1　可扩充性原则

系统设计采用开放式、结构化和模块化的程序设计方法。系统由若干个既彼此独立又有一定联系的模块构成，其特点是各模块易于调试、维护、改进、扩充和实现，这种模块化的程序设计方法能提高系统的开放性、扩充性、兼容性和灵活性。

1.2　推广性原则

养分管理与施肥决策系统应用模块开发所依据的理论基础扎实，具有较高的科学性，能经得起考验和推敲，如推荐施肥决策的 ASI 养分分级法、养分平衡法、地力差减法以及克里格空间插值等地统计学方法都具有普遍的指导意义，能够适应不同的作物类型和土壤类型，便于推广使用。

1.3　实用性原则

系统采用按钮控件、对话框、下拉式等直观图形化的用户界面，设计了多级菜单、弹性菜单以及工具条，提供友好的人机接口界面，便于用户进行掌握和操作，能适应不同应用的需要。

第四节　系 统 框 架

农田养分管理和推荐施肥空间决策支持系统是以 GIS 和计算机技术为基础，根据农田养分管理和施肥现状和特点而建立的，用于辅助农田养分管理、合理施肥和科学施肥，有助于改善农村生态环境现状，减轻农业面源污染。它具有信息采集和处理、信息分析、评价、预测、决策等功能。整个系统包括数据库管理子系统、模型库管理子系统、农田养分管理与评价子系统、农田作物缺素症状查询子系统以及结果显示输出子系统 5 个模块。系统总体框架结构图如图 12－1。

在数据组织方面，采用 MS－Access 来设计非空间数据库作为决策支持的

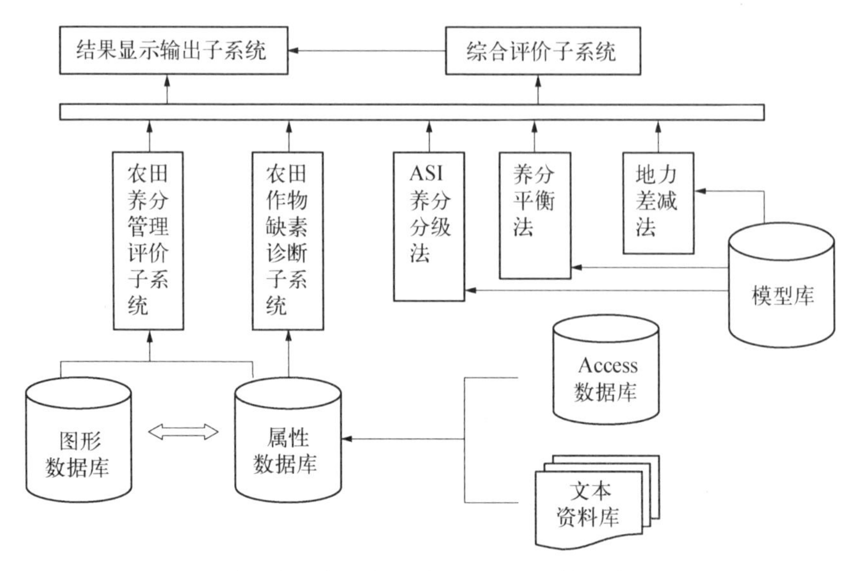

图 12-1 农田养分管理与推荐施肥空间决策系统的体系结构

数据组织平台，将空间信息数据与社会、经济、环境统计数据分开管理的方式。空间信息利用 ArcView、MapObjects 2.0 控件来实现对其的管理。MO 是 ESRI 公司的组件式 GIS，可用于多种程序设计语言中，能接受多种地图数据格式，如 Shape 文件、SDE 图层、Arc/Info Coverage 和其他格式文件，主要为地图显示提供界面元素，并与其他插件协同完成 GIS 和制图功能。本系统利用面向对象的设计方法，选用开发利用效率高、易掌握的 VB 作为二次开发语言，编程实现系统各功能模块，系统的集成方式如图 12-2。

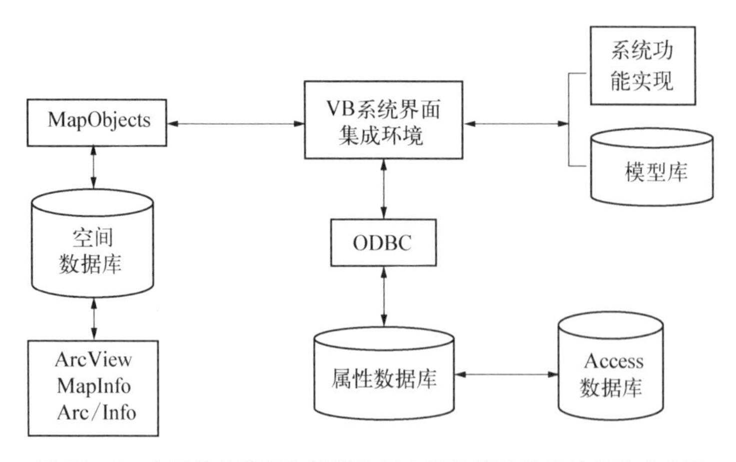

图 12-2 农田养分管理与推荐施肥空间决策支持系统的集成方案

第五节　系统软硬件需求分析

1.1　硬件环境

系统采用128M内存，40GB硬盘，1 024×768显示分辨率的显示器，显卡能显示256种颜色，A0大幅面扫描仪为输入设备，激光打印机为输出设备。

1.2　软件环境

操作系统：Windows 2000或Windows XP、Windows NT系统。

专业软件：MapInfo Professional 4.0中文版；

Arc/Info；

ArcView 3.0a(包括其扩展模块3D Analyst 1.0)。

开发软件：编程语言为VB 6.0英文版；

ESRI　Map Object 2.0。

客户端系统运行软、硬件环境为586以上微机，32MB以上内存，显示分辨率为800×600，至少256色。

第六节　系 统 数 据 库

数据库系统是整个系统的核心部分，数据库内容包括图形数据和属性数据两部分。

1.1　空间数据库

1.1.1　空间数据结构

农田养分管理与推荐施肥空间决策支持系统中所涉及的空间数据十分复

杂，要求用合理的数据结构来组织空间数据。数据结构是指数据记录的编码格式及数据间关系的描述，主要包括矢量和栅格两种最基本的数据结构。矢量结构是指用一系列 X，Y 坐标来确定点、线、面等地理实体的位置；栅格结构由像元阵列构成，每个像元用网格单元的行和列来确定其位置。

空间数据的栅格结构和矢量结构是模拟地理信息的截然不同的两种方法，两种数据结构各有优缺点：栅格结构易于空间分析和模拟地理现象，特别有利于与遥感数据的匹配应用，但存储量大，分辨率低，难以建立地物间的拓扑关系；矢量结构存储量小，精度高，但数据结构复杂，进行空间分析不方便。因此，本文采用矢量数据结构描述河流、道路、行政区划、田块、采样点分布等。

1.1.2 空间数据分层

在空间数据库中，往往将不同类、不同级的图元要素分层存放，每一层存放一种专题或信息。本系统采用专题分层的数据组织形式，根据需要，建立系统所需要的基本图层结构，并完成相应的图形输入。

表 12－1 研究区域空间数据的分层

图　名	比例尺	来　源
行政区划图	1：15 000	浙江宁波环科院
道路	1：15 000	浙江宁波环科院
水系	1：15 000	浙江宁波环科院
田块图	1：15 000	浙江宁波环科院
采样点分布图	1：15 000	浙江宁波环科院

1.2 属性数据库

农田养分管理与推荐施肥空间决策支持系统中的图形要素除了空间位置特征以外，还有大量的非空间属性特征，必须建立相应的属性数据库，并与图形数据库通过公共码（ID）来建立关联，实现图形数据和属性数据的相互检索和更新。空间数据库和属性数据库通过统一的 ID 连接，既可以在属性意义上进行空间查询和分析，又可以空间定位地进行属性列表、统计运算和属性信息处理，实现图形—属性双向式空间分析。根据系统设计应用需要，数据库的结构采用关系数据库结构，以记录的形式对数据进行管理和维护，同时考虑到系统的数据特点。系统属性数据主要包括：土样编号、有机质含量、土壤速效钾、速效磷、碱解氮、pH 等。

第七节　系统模型库

1.1　ASI 养分分级法

ASI 推荐施肥模型作物适应性较广，根据调整后的指标体系，以低水平确定各种作物的基本施肥量，其他水平按相应施肥系数进行调节用量。

不同级别的施肥量＝作物中等养分施肥量×施肥系数

作物中等养分施肥量见表 12－3，施肥系数见表 12－2。

表 12－2　ASI 养分分级及施肥系数

养分元素	极　低	低	适　宜	高
氮	0～50	51～100	101～300	＞300
施肥系数	1.2	1	0.8	0.6
磷	0～10	11～24	25～200	＞200
施肥系数	1.5	1	0.5	0
钾	0～58	59～156	157～1 170	＞1 170
施肥系数	1.5	1	0.5	0
钙	0～400	401～600	600～1 200	＞1 200
镁	0～121	122～300	301～500	＞500
硫	0～12	13～24	25～200	＞200
硼	0～0.3	0.31～0.60	0.61～8.0	＞8.0
铜	0～1.5	1.6～3	3.1～25	＞25
铁	0～12	13～24	25～300	＞300
锰	0～3.0	3.1～40.0	41～150	＞150
锌	0～1.5	1.6～10.0	10.1～30	＞30

表 12-3 不同作物中等养分条件下施肥量($kg \cdot ha^{-1}$)

作物种类	氮	磷	钾	硼
水　稻	165	60	90	
小　麦	165	60	90	
大　麦	165	60	90	
玉　米	210	90	90	
油　菜	180	90	90	1
棉　花	225	90	90	1
甘　蔗	180	90	150	
茶　叶	180	90	60	
大　豆	90	120	75	1
豌　豆	90	120	75	1
番　茄	300	90	105	1
茄　子	210	60	150	1
黄　瓜	375	90	225	1
马铃薯	75	90	150	
芹　菜	120	75	150	1
菠　菜	150	120	150	1
葱　蒜	105	120	90	
花椰菜	345	105	135	1
萝　卜	75	105	105	1
瓜　类	120	105	90	
葡　萄	170	60	105	1
柑　橘	300	75	135	1

表 12-4 其他养分元素的推荐施肥表

养分因子	Aa	Ca	Mg	S	B	Cu	Fe	Mn	Zn
ASI 设定田间反应临界值	0.2	400.0	121.0	12.0	0.20	1.5	12.0	5.0	2.0
常规施用法临界值			50	16	0.2	1	4.5	5	1.0

续　表

养分因子	Aa	Ca	Mg	S	B	Cu	Fe	Mn	Zn
肥料施用量（kg·亩$^{-1}$）	70		10	5	1	1	5	3	1
肥料类型	$CaCO_3$	$CaSO_4$	$MgSO_4$	$CaSO_4$	硼砂	$CuSO_4$	$FeSO_4$	$MnSO_4$	$ZnSO_4$
敏感作物					油菜 蔬菜			番茄 菠菜	

1.2　养分平衡法

养分平衡法，主要适用于经济作物：以单位产量养分需求量、目标产量、土壤养分供应量结合肥料利用率，按下式进行推荐施肥：

$$\text{肥料需要量} = \frac{\text{单位产量吸收养分量} \times \text{目标产量} - \text{土壤养分供给量}}{\text{肥料当季利用率}}$$

其中：

肥料需要量为纯养分量。

单位产量吸收养分量：从数据库中（作物养分吸收）查得每公顷吸收量除以产量，得到每生产一吨产品所需吸收的氮磷钾量，即为单位产量吸收养分量。也可以把数据库中（作物养分吸收）查得的每公顷吸收量除以15成为每亩吸收量，来替代单位产量吸收养分量×目标产量，但由于产量偏低，计算结果可能也偏低。

$$\text{目标产量} = \text{当地前三年平均产量} \times 1.1$$

$$\text{土壤养分供给量} = \text{土壤速效养分测定值} \times 0.15 \times \text{校正系数}$$

校正系数包括：土壤有效养分利用系数、土地利用系数、生长季节调节系数等。

土壤有效养分利用系数：氮为0.6；磷为0.5；钾为0.8。

土地利用系数：蔬菜为0.8。

生长季节调节系数：早春为0.7；秋季为1.2。

肥料当季利用率：

氮肥：　30%～45%　　35%

磷肥：　15%～25%　　20%

钾肥：　15%～40%　　35%

猪厩肥：15%～30%　　20%（K_2O 30%）

土杂肥：5%～30%　　20%

折算化学肥料用量时：

$$肥料用量 = 所需养分量 \div (肥料养分含量 \div 100)$$

其中各类肥料养分含量可从“肥料分类”数据库查得。

1.3 地力差减法

地力差减法主要适用于水稻推荐施肥，以农业厅胡之廉配方施肥法，以土定产，以产定氮，以缺补缺确定磷钾用量。在基本地力产量水平上进行适当调整。

(1) 以土定产

$$Y = \frac{1\,000X}{220.5 + 1.42X}$$

式中：Y 为目标产量；

X 为空白区产量。

(2) 以产定氮

$$F_N = \frac{(Y - X)W}{E_f} = \frac{Y(1 - Es)W}{Ef}$$

式中：Y：目标产量：前三年当地产量递增 10%～15%；

E_s：产量对土壤的依赖率：$E_s = \frac{X}{Y}$；

W：单位稻谷需氮量；

$E_{肥}$：氮肥利用率。

表 12－5　以产定氮检索表

目标产量(kg)	全氮量(kg・亩$^{-1}$)	有机肥氮		化肥氮	
		氮	有机肥	氮	尿素
300～350	12.55	6.25	1 250	6.3	14
350～400	12.2	5	1 000	7.2	17
400～450	13.1	5	1 000	8.1	18
450～500	12.75	3.75	750	9.0	20
500～550	13.65	3.75	750	9.9	22

(3) 以缺补缺

根据养分测定值,按分级施磷、钾、锌肥。

表 12－6　水稻养分丰缺指标

丰缺分级	极　高	高	中	低	极　低
磷					
速效磷(mg・kg^{-1})	>30	20～30	10～20	5～10	<5
亩施 P_2O_5(kg)	—	—	1.8	2.4	3
钾					
速效钾(mg・kg^{-1})	>150	100～150	60～100	30～60	<30
亩施 K_2O(kg)	—	秧田施 9	6	9	12
锌					
速效锌(mg・kg^{-1})	>2	1.5～2	1.0～1.5	0.5～1	<0.5
亩施 $ZnSO_4$(kg)	—	—	喷 0.2%液	0.75	1

第八节　系 统 功 能

农田养分管理与推荐施肥空间决策系统的功能主要是管理相关的信息数据,对农田养分现状作出分析,确立和优化农田推荐施肥模式,提出农田推荐施肥的决策方案,为提高农业生产效益和改善农村生态环境提供辅助决策依据。针对这一特点,相应设计了以下模块:数据管理查询模块、模型库管理模块、养分管理与评价模块、作物缺素诊断模块及显示输出模块。图 12－3 为系统总体功能模块结构图。

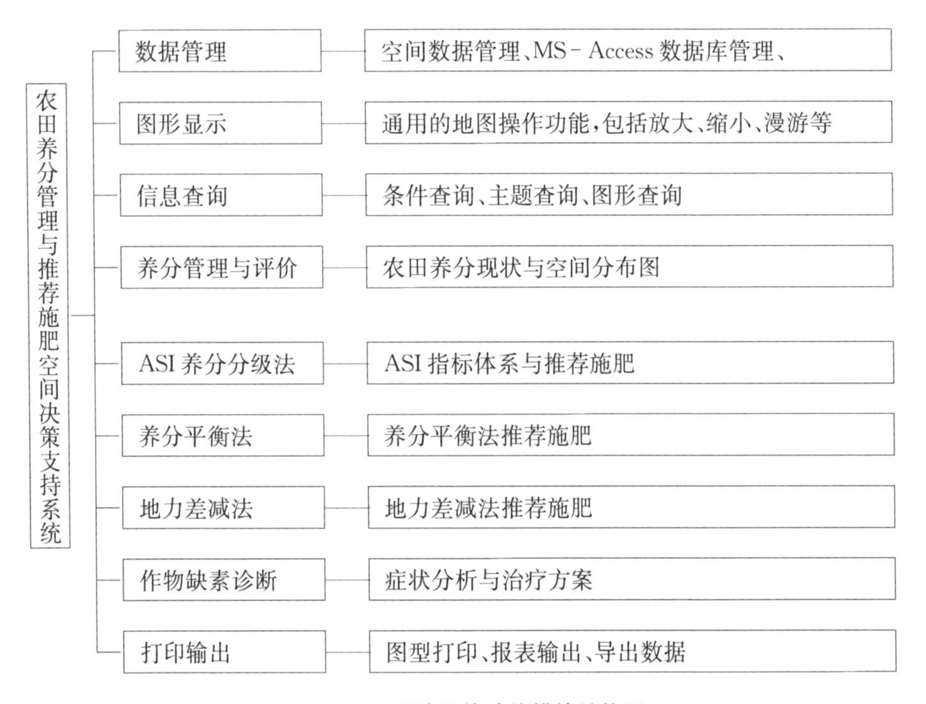

图 12－3　系统总体功能模块结构图

1.1　数据管理模块

能对地理基础图形数据与 MS－Access 关系数据库进行有效地管理，包括数据的增加、删除、修改等更新操作以及空间数据与属性数据的连接操作等，图 12－4 是系统的启动界面。

1.2　图形显示功能

能够进行通用的地图操作功能，包括地图的放大、缩小、漫游、地图的多层叠加显示，图形属性的相互查询、图层的上下移动、活动图层的确定、地图的标注与标示等属性设置，这些功能是通用 GIS 都必须具备的，也是空间决策支持系统的通用功能。图 12－5 为图层属性设置界面。

图 12－4　系统的启动界面

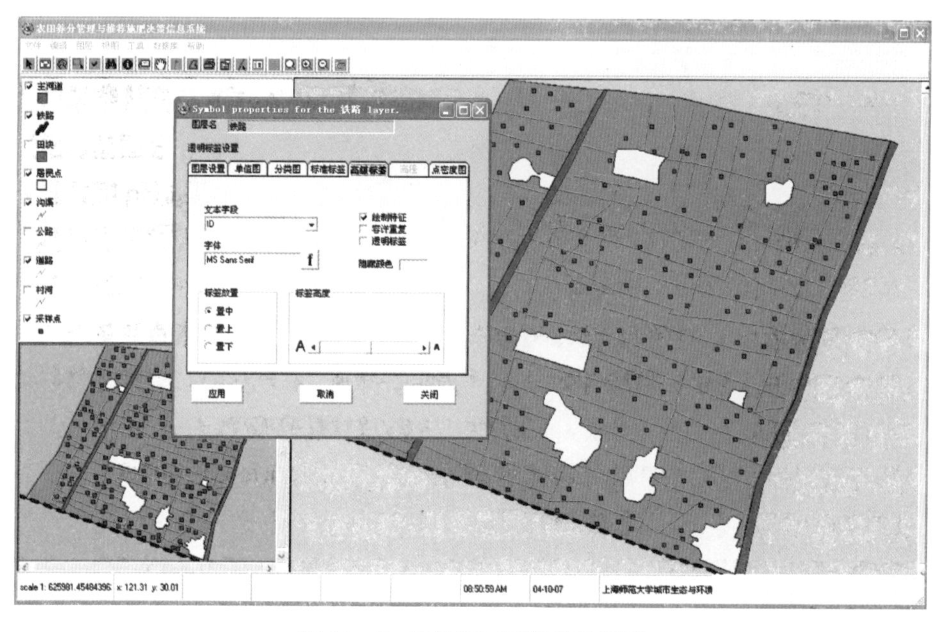

图 12－5　系统图层属性设计界面

1.3 信息查询

系统的查询功能主要分为两种查询方法：点取查询和条件查询。点取查询允许用户用鼠标点击地图上的点、线、多边形进行查询，获取不同特征的图上信息对应的属性信息(见图 12－6)。条件查询允许用户根据 SQL 语法输入不同的限制条件对所需数据进行查询，并将查询结果在图上高亮显示(见图 12－7)。

图 12－6 系统点取查询界面

1.4 养分管理与评价

系统能通过对养分空间数据库的管理，进行养分状况的初步统计分析，并通过克里格空间插值得到田间土壤养分的空间分布图，可用于田间养分的评价和管理。图 12－8、12－9、12－10 分别是土壤氮、磷、钾的空间分布图。

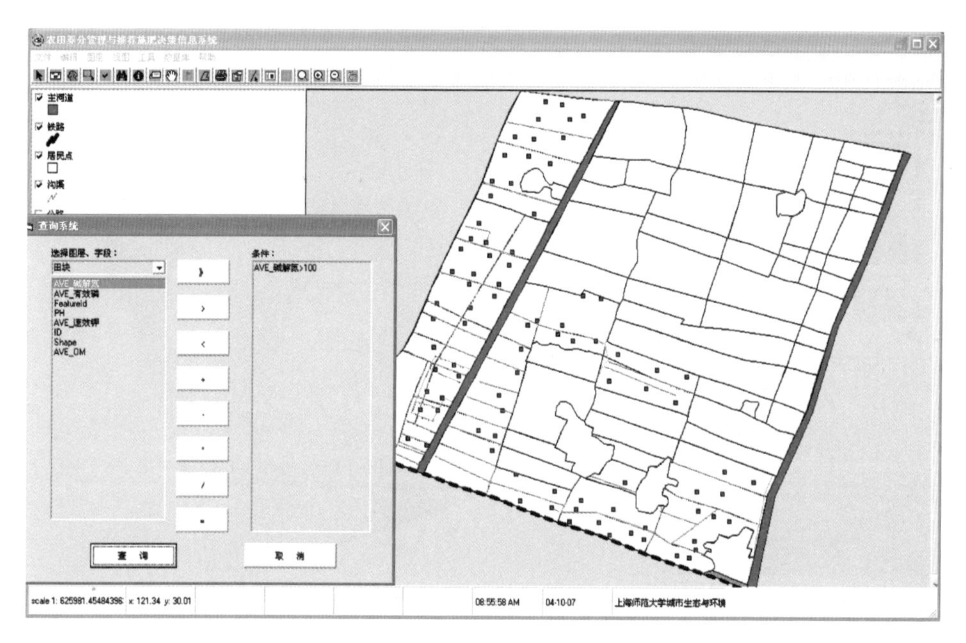

图 12-7　系统条件查询界面

图 12-8　土壤氮的空间分布图

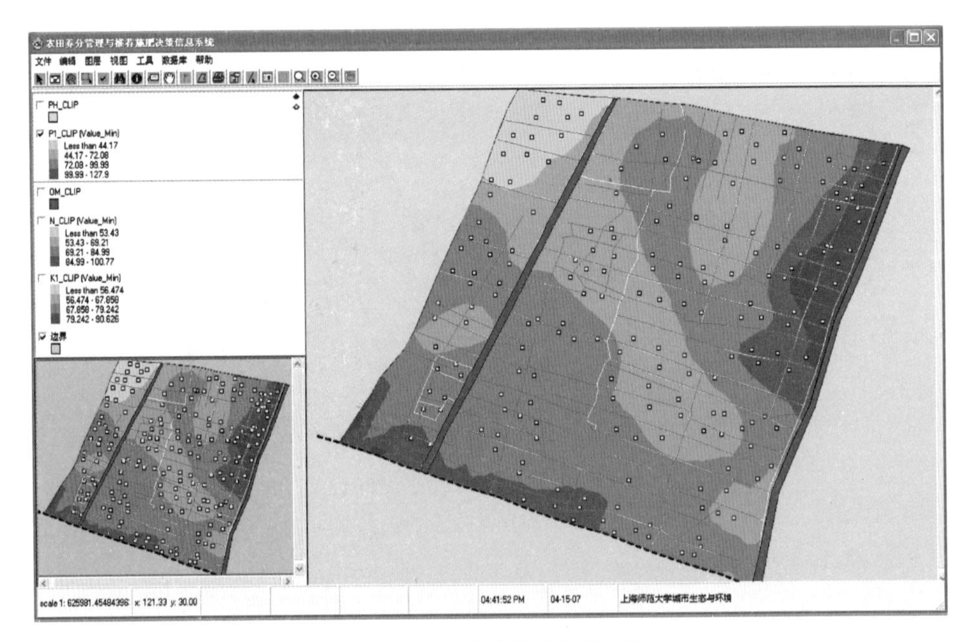

图 12－9　土壤磷的空间分布图

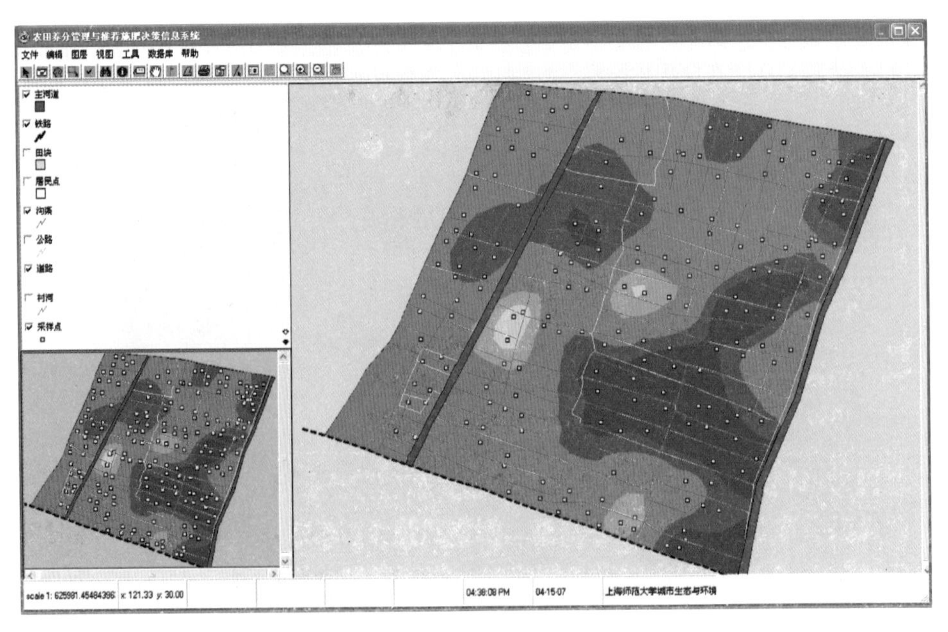

图 12－10　土壤钾的空间分布图

1.5　ASI 养分分级法

系统首先从所研究田块中提取各种土壤养分数据，并依据 ASI 养分分级指标体系，判断各养分元素在 ASI 指标体系中所处的位置，根据中等养分条件下作物的施肥量，依据施肥系数进行调整，得出相应的施肥推荐方案。系统能对水稻、小麦、甘蔗等近 20 种作物进行推荐施肥，推荐施肥结果包括推荐施肥使用方法，推荐使用氮、磷、钾、碳酸钙、硫酸钙、硫酸镁、硼砂等的用量。

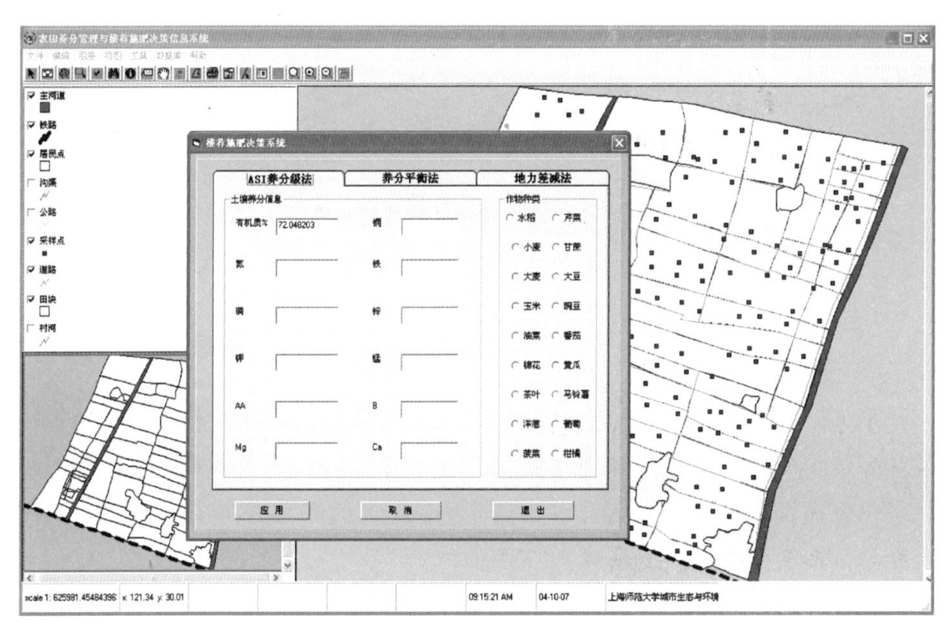

图 12－11　ASI 养分分级法推荐施肥界面

1.6　养分平衡法

系统首先提取所研究田块的各种养分数据，以作物单位产量养分需求量、目标产量、土壤养分供应量结合肥料利用率、作物生长季节调节系数和土地利用系数，来进行推荐施肥。可选择施用肥料品种，能对有机肥的主要养分含量进行折算。推荐施肥结果包括推荐施肥方法、使用肥料品种和使用量。

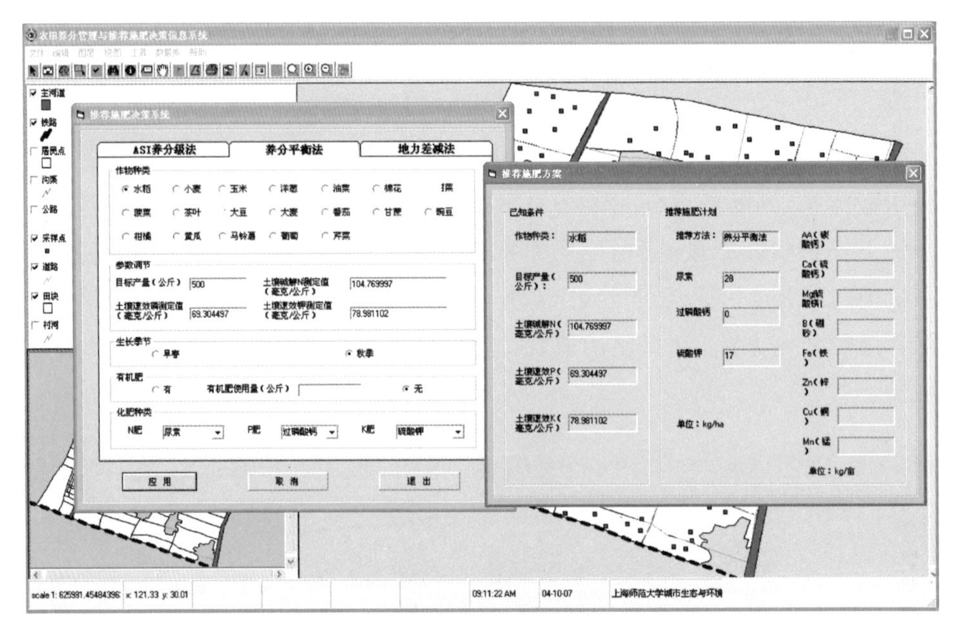

图 12-12　养分平衡法推荐施肥界面

1.7　地力差减法

系统提取田块的养分数据，依据以土定产，以产定氮，以缺补缺确定磷钾用量的原则，进行推荐施肥。在基本地力产量水平上进行适当调整。系统能对使用有机肥进行养分含量的折算，并根据土壤碱解氮的测定值，确定耙面肥和追肥的用量。推荐结果界面如图 12-13 所示。

1.8　作物缺素症状诊断

系统主要收集了水稻的缺素症状诊断资料，包括：缺氮、缺磷、缺钾、缺锰、缺硅、缺硫等，内容包括：症状出现部位，地上部症状，地下部症状，易发条件，辨别方法，解决办法。并刊插了相应的图片。

1.8.1　缺氮

症状出现部位：全体生育不良，尤其是老叶。

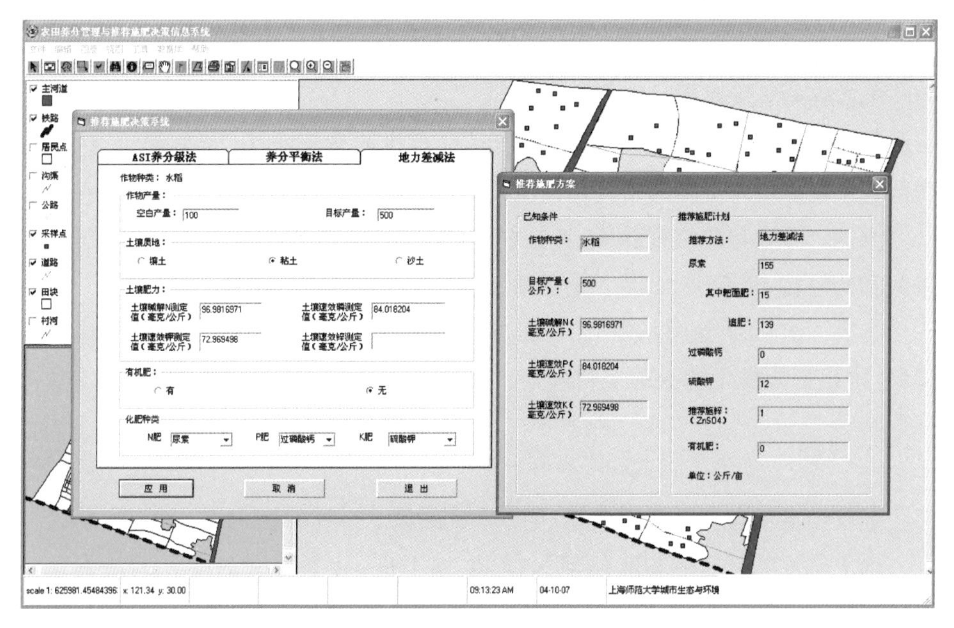

图 12－13　地力差减法推荐施肥界面

图 12－14　水稻缺素症状诊断查询界面

地上部症状：植株变矮变小，分蘖减少，下部叶显著黄化，脱落，早衰。

地下部症状：初期根系生长有所促进，后减弱。

果实症状：成熟提早。

易发条件：① 不施基肥；② 砂质土壤、有机质贫乏土壤、新垦滩涂、熟化程度低的土壤；③ 大量施用未腐熟厩肥、新鲜绿肥。

辨别：可能与缺硫相混淆，作植株氮硫分析，分别施用氯化铵和硫酸铵，如果两者都好转，是缺氮；如果只有施硫酸铵好转，则缺硫。

解决办法：① 施用基肥；② 及时追肥；③ 稻草还田时，配合施用适量速效氮肥，防止可能发生的氮的生物固定。

1.8.2 缺钾

症状出现部位：出现于老叶，生育中期易发。

地上部症状：抽穗前叶色呈深绿，生长不良，从下部叶前端开始黄褐色枯萎，出现褐色斑点，症状逐渐向上部叶扩展，远看群体发红如火燎。

地下部症状：根系发育不良，细弱，色泽陈旧，褐根多。

果实症状：早衰，秕谷率增大，花谷率高，产量品质下降。

易发条件：① 土壤供钾能力低，速效钾低于 60 mg・kg^{-1}；② 土壤还原性强；③ 高氮偏施；④ 气候条件：前期阴雨连绵，转晴出现高温天气，引起缺钾症急剧发生。

解决办法：① 合理轮种；② 稻草还田；③ 少施氮肥；④ 施用化学钾 5～10 kg。

1.8.3 缺磷

症状出现部位：全体生育不良，尤其是老叶。

地上部症状：分蘖少，“一柱香”株型，叶幅变狭，呈暗绿色，下部叶鞘、茎呈紫色。

果实症状：出穗、成熟延迟，产量下降。

易发条件：固磷能力强的土壤，红黄壤性水稻田，山区冷浸田、太湖地区白土及滨海新垦涂田等，平整土地时，表土移去，心底土上升的土壤。低温。

解决办法：① 施用磷肥，秧田及大田施磷；② 施用石灰、有机肥；③ 挖沟防冷水；④ 采用迟熟品种；⑤ 培育壮秧；⑥ 适时插秧，避免过早。

1.8.4　缺锰

症状出现部位：出现于中位叶。

地上部症状：叶幅变阔，沿叶脉黄化，在黄化部分出现褐色坏死的点、线型斑。下部叶早枯，胡麻叶斑病多发。

果实症状：结实率下降。

易发条件：砂质漏水、淋溶强烈的老朽化水田。丘陵山区溪江两岸砂质漏水田。

解决办法：施用锰肥，每亩基肥用量中施用二氧化锰（MnO_2）1～1.5 kg。

1.8.5　缺硅

地上部症状：茎叶软弱、株型披散。

易发条件：① 土壤有效硅含量低；② 土壤还原状态；③ 氮肥用量过量；④ 土壤水分缺乏。

辨别：需借助植株硅分析及土壤诊断。

解决办法：① 施用硅肥；② 稻草还田；③ 多用钙镁磷肥；④ 加优良黏性客土。

1.8.6　缺硫

症状出现部位：全体生育不良，尤其是老叶。

地上部症状：伸长受限不大，但叶片黄化，叶形变小，生长滞缓，不分蘖。

地下部症状：根伸长不良。

易发条件：① 土壤有效硫缺乏，有机质含量低；② 南方丘陵山区冲积物、花岗岩、砂页岩风化物发育的土壤及种植历史长久而淋溶影响深刻的老垦田，山区冷浸田；③ 施用含硫肥料减少；④ 灌溉水含硫低。

辨别：易与缺氮症状相混淆，作植株氮硫分析，分别施用氯化铵和硫酸铵，如果两者都好转，是缺氮；如果只有施硫酸铵好转，则缺硫。与缺磷症相区别，缺磷发黄不显著。老叶可能出现棕色斑点，缺硫显著发黄，有杂色斑点。

解决办法：施用含硫肥料，如石膏、明矾、含硫钾镁肥及硫铵、过磷酸钙、硫黄等，用量一般在 5～7.5 kg，硫黄每亩 1.5～2 kg。

1.8.7 缺铁

症状出现部位：出现于新叶。

地上部症状：新叶黄白化，稍轻呈黄绿相间条纹，严重时新叶不出，老叶保持正常绿色。植株矮小。

地下部症状：根表附着氧化铁少，根色以淡黄到黄白为主。

果实症状：严重时不能抽穗。

易发条件：砂砾土壤，土壤处于氧化状态。

解决办法：① 可增加含铁量大的客土；② 多施有机肥，每亩用量在 1 500 kg 以上。

1.8.8 缺镁

症状出现部位：出现于老叶，生育初期易发。

地上部症状：分蘖盛期下叶黄化，严重时从叶舌处呈直角折而下垂，叶片有轻微失水，两缘有微卷现象。

果实症状：穗枝梗基部不实粒增加。

易发条件：① 酸性、质地轻粗的土壤易发；② 山麓斜坡地带的档头田，溪江沿岸的砂土田；③ 过氮及过钾，长期不用钙镁磷肥；④ 多穗型高产品种易发；⑤ 早稻前期低温，后期急剧升温的年份易发。

辨别：与水稻缺镁症相似。但缺镁叶舌处作直角下垂可作区别。

解决办法：① 施用含镁肥料，硫酸镁基施 10～15 kg 或以 1%～2%溶液喷施，分蘖期开始每星期一次，连续喷 2～3 次；② 施用钙镁磷肥。

1.8.9 缺锌

症状出现部位：出现于新叶，在插秧后 2～4 周内发生。

地上部症状：新叶中脉及两侧褪绿黄白化，后呈棕红或赤褐色。矮缩，叶片不开展，体色深浓，叶形变小，叶鞘常比叶片长，叶片发脆。

果实症状：抽纤细穗，基本不结实。

易发条件：① 高 pH 土壤；② 石灰性土壤；③ 土壤中游离碳酸钙存在；④ 渍水还原；⑤ 土壤含磷量高；⑥ 大量施用未腐熟有机肥料；⑦ 品种不耐缺锌；⑧ 低温易发缺锌，强光多照促进缺锌。

辨别：易与缺钾症混淆，缺锌在早稻插后3～4周症状典型。赤枯初发部位及发展过程不同，缺钾症"内向型"，从叶的边缘开始，缺锌"外向型"最初从叶的中部开始。易与缺磷混淆，区别在于：缺磷时期在插秧后返青过程就开始，而缺锌在插后2～3周开始，缺磷时呈明显的"一柱香"株形，而缺锌时一般正常。

解决办法：① 施用锌肥，早施为好，硫酸锌作基肥每亩1～2 kg或用1%～2%氧化锌悬液蘸根，亩用量0.25～0.5 kg，或0.2%～0.3%硫酸锌喷两次，亩用0.1～0.25 kg；② 翻耕晒垡，开沟排水；③ 避免过量施用磷肥。

主要参考文献

[1] Ahmad A R, Zulkefli M, Ahmed M, et al. Environmental impact of agricultural inorganic pollution on groundwater resources of the Kelantan Plain, Malaysia. In: Aminuddin B Y, Sharma M L, and Willet I Red. Agricultural impacts on groundwater quality. ACIAR Proceedings. 1996, 61: 8～21.

[2] Archer J R, Marks M J. Control of nutrient losses to water from agricultural in Europe. Proceedings of the Fertilizer Society, 1997, 405.

[3] Aarnio T, Martikainen, P J. Mineralization of carbon and nitrogen, and nitrification in Scots pine forest soil treated with fast and slow release nitrogen fertilizers [J]. Biology and Fertility of Soils, 1996,22: 214～220.

[4] Blackmer T M and Schepers J S. Use of a chlorophyll meter to monitor nitrogen status and schedule irrigation for corn [J]. J Prod. Agric, 1995, 8: 56～60.

[5] Behrenolt H, Bharple A. Phosphorus satrration in soils and groundwaters. Land Degradation and Rehabilitation, 1993, 4(4): 223～243.

[6] Bertelsen F, Jensen E S. Gaseous nitrogen losses from field plots grown with pea or spring barley estimated by ^{15}N mass balance and acetylene inhibition techniques[J]. Plant Soil, 1992, 142: 287～295.

[7] Bremner, J M, Blackmer, A M, Waring, S A. Formation of nitrous oxide and dinitrogen by chemical decomposition of hydroxylamine in soils[J]. Soil Biology and Biochemistry, 1980, 12: 26～29.

[8] Buresh R J, De Datta S K, SamsonM Z, et al. Dintrogen end nitrous Oxide flux from urea basely applied to puddle rice soils [J]. Soil Sci, 1991, 55: 268～273.

[9] Bollmann A, Conrma R. Enhancement by acetylene of the decomposition of nitric oxide in soil [J]. Soil Biology and Biochemistry, 1997, 29(7): 1057～1066.

[10] Breuer L, Kiese R, Butterbach-Bahl K. Temperature and moisture effects on nitrification rates in tropical soils [J]. Soil Science Society of America Journal, 2002, 66

(3)：834～844.

[11] Bruüggemann N, P Rosenkranz, H Papen, et al. Pure stands of temperate forest tree species modify soil respiration and N turnover [J]. Biogeosci Discuss, 2005, 2：303～331.

[12] Buresh R J, De Datta S K. Denitrification losses from peddled rice soils in the tropics [J]. Bio Ferlil Soils. 1990, 9：1～13.

[13] Cassman K G, Gines G C, Dizon M A, et al. Nitrogen-use efficiency in tropical rice systems：contributions from indigenous and nitrogen [J]. Field Crop Res. 1996, 47：1～12.

[14] Chen J S, Mansell R S, Nked-Kizza P, et al. Phosphorus transport during transient unsaturated water flow in an acid sandy soil. Soil Sci Soc Am J, 1996, (60)：42～48.

[15] Chen Shu-tao, Huang Yao. Determination of respiration, gross nitrification and denitrification in soil profile using BaPS system [J]. Journal of Environmental Sciences, 2006, 18(5)：937～943.

[16] Cho Jae-Young. N and P losses form a paddy field plot in central Korea. Soil Sci Plant Nut, 2002, 48(3)：301～306.

[17] Colbourn, Iqhal M M, Harper I W. Estimation of the total gaseous nitrogen losses from clay soils under laboratory an d field conditions[J]. Journal of soil science, 1984, 35：11～22.

[18] Cooke G W. Long-term fertilizer experiments in England：The significance of their results for agricultural science and for practical farming. Ann Agron, 1986, 27：503～536.

[19] Carpenter S R, Carcao N F, Correll D L, et al. Nonpoint of surface waters with phosphorus and nitrogen. Ecological Applications, 1998, 8：559～568.

[20] Daniel T C, Sharpeley A N, Lemunyon J L. Agricultural phosphorus and eutrophication：a symposium overview. J Environ Qual, 1998, 27：251～257.

[21] Dancer W S, Peterson L A, Chesters G. Ammonification and nitrification of N influenced by soil pH and previous N treatments [J]. Soil Sci, 1973, 37：67～69.

[22] David A. Steinberg, Richard V. Pouyat, Robert W. Parmelee, et al. Earthworm abundance and nitrogen mineralization rates along an urban-rural land use gradient[J]. Soil Bid Biochem, 1997, 29 (314)：427～430

[23] de Boer W, Tietema A, Klein Gunnewiek P J A, et al. The chemolithotrophic ammonium-oxidizing community in a nitrogen saturated acid forest soil in relation to pH-

dependent nitrifying activities [J]. Soil Biology and Biochemistry, 1992, 24: 229~234.

[24] Dhaene K, Magyar M, et al. Nitrogen and phosphorus balances of Hungarian farms [J]. European Joumal of Agronomy, 2007, 26(3): 224~234.

[25] De Datta S K. Improving nitrogen fertilizer efficiency in lowland rice in tropical Asia [J]. Fertilizer Res. 1986(9): 171~186.

[26] De Datta S K, Buresh R J, Samson M, et al. Direct measurement of ammonia and denitrification fluxes from urea applied to rice [J]. Soil Sci Soc Am J, 1991, 55: 543~548.

[27] Diest A V. Agricultural sustainity and soil nutrient cycling with emphasis on tropical soil [C]. Trams. 15th Item. Cong. Soil sci, 1994. 5a.

[28] Doran J W. Soil microbial and biochemical changes associated with reduced tillage [J]. Soil Science Society of America Journal, 1980, 44: 765~771.

[29] Doran Effect of water-filled pore space on carbon dioxide and nitrous oxide production in tilled and nontilled soils [J]. Soil Science Society of America Journal, 1984, 48: 1267~1272.

[30] Drury C F, Mckernney D J. Relationships between denitrification, microbial biomass and indigenous soil properties [J]. Soil Biol Biochem, 1991, 23(8): 751~755.

[31] Edwards A C, Withers P J A. Soil phosphorus management and water quality: a UK perspective. Soil Use and Mannge, 1998, 14: 124~129.

[32] Edwards W M, Owens L B. Large storm effects on total soil erosion. J. Soil & Water Conserv, 1991, 46: 75~77

[33] Eghball B, Binford G D, Baltenserger D D. Phosphorus movement and adsorption in a soil receiving long-term manure and fertilizer application. J. Environ. Qual, 1996, 25: 1339~1343.

[34] FAO, IFA. Global estimates of gaseous emissions of NH_3, NO and N_2O from agricultural land. Rome: published by International Fertilizer Industry Association (IFA) and Food and Agriculture Organization of the United Nations(FAO). 2001, 1~84.

[35] Fillery R P, de Datta S K. Ammonia volatilization from nitrogen volatilization as a N loss mechanism in flooded rice fields [J]. Fert. Res, 1986, 9: 78~98.

[36] FLAR. Annual Report. Cali, Colombia: CIAT, 2001.

[37] Flowers T H, Ocallaghan J R. Nitrification in soils incubated with pig slurry or ammonium sulphate [J]. Soil Biol Biochem, 1983, 15: 337~342.

[38] Foy R H, Withers P J A. The contribution of agricultural phosphorus to eutrophication. Proceedings of the Fertilizer Society, 1995, 365.

[39] Goldman M B, Groffman P M, Pouyat R V, McDonnell M J, Pickett S T A. Methane uptake and nitrogen availability in forest soils along an urban to rural gradient[J]. Soil Biol Biochem, 1995, 27, 281～286.

[40] HE Y Q, LI Z M. Nutrient cycling and balance in the red soil agro-ecosystem and their management [J]. Pedosphere, 2000, 10(2): 107～116.

[41] Hadas A S, Feigenbaum A F, Portnoy K. Nitrification rates in profiles of differently managed soil types [J]. Soil Sci. Soc. Am, 1986, 50: 633～639.

[42] Hauck R D, Melsted S W, Yankwich P E. Use of N - isotope distribution in nitrogen gas in the study of denitrification [J]. Soil Sci, 1958, 86: 287～291.

[43] Hankinson T R, Schmidt E L. An acidophilic and a neutrophilic nitrobacter strain isolated from the numerically predominant nitrite-oxidizing population of an acid forest soil [J]. Applied and Environmental Microbiology, 1988, 54, 1536～1540.

[44] Haygarth P M, Sharpley A N. Terminology for phosphorus transfer. J Environ Qual, 2000, 9: 10～15.

[45] Humphreys F R, Prritchett W L. Phosphorus adsorption and movement in some sandy forest soils. Soil Sci Soc Am Proc, 1971, 35: 495～500.

[46] Hayatsu M and Kosuge N. Effect of difference in fertilization treatments on Nitrification Activity in tea soils [J]. Soil Sci. Plant Nutr, 1993, 39(2): 373～378.

[47] IPCC(Intergovernmental Panel on Climate Change). Climate Change 1995. The Science of Climate Change. New York: Cambridge University Press. 1996: 1～572.

[48] IPCC(Intergovernmental Panel on Climate Change). 2001. Climate Change 2001: Synthesis Report. A Contribution of Working Groups Ⅰ, Ⅱ and Ⅲ to the Third Assessment Report of the Intergovernmental Panel on Climates Change. Cambridge University Press.

[49] Ingwersen J, Butterbach-Bahl K, Gasche R, et al. Barometric process separation new method for quantifying nitrification, denitrification, and nitrous oxide sources in soils [J]. Soil Science Society of America Journal, 1999, 63: 117～128.

[50] Iserman K. Territorial, continental and global aspects of C, N, P and S emissions from agricultural ecosystems, In: Wollast R, Mackenzie F T, Chou L eds. Interactions of C, N, P, and S: Biogeochemical Cycles and Global Change. New York: Springer - Verlag. 1993: 79～121.

[51] Ju X T, Liu XJ, Zhang F S, et al. Nitrogen fertilization, soil nitrate accumulation, and policy recommendations in several agricultural regions of China[J]. Amibo, 2004, 33 (5): 330～305.

[52] Katyal J C, Cater M F, Vlek P L G, Nitrification activity in submerged soil and its relation to denitrification loss[J]. Biol Fertil Soils, 1988, 7: 16～22.

[53] Keeney D R, Fillery I R, Marx G P. Effect of temperature on the gaseous nitrogen products of denitrification in a silt loam soil [J]. Soil Sci. ScoJ, 1979, 43: 1124～1128.

[54] Kiese, R, H Papen, E Zumbusch, et al. Nitrification activity in tropical rain forest soils of the coastal lowlands and Atherton tablelands, Queensland, Australia [J]. Plant Nutr. Soil Sci, 2002, 165: 682～685.

[55] Kopinski J, Tujaka A, Igras J. Nitrogen and phosphorus budgets in Poland as a tool for sustainable nutrients management [J]. Acta Agriculturae Slovenica, 2006, 87(1): 173～181.

[56] Koskinen W C, Keeney D R. Effect of pH on the rate of gaseous products denitrification in a silt loam soil [J]. Soil Sci. Soc. Am, 1982, 46: 11～1167.

[57] Kyllingsbaek A, Hansen J F. Development in nutrient balances in Danish agriculture 1980-2004 [J]. Nutrient Cycling in Agro-ecosystems, 2007, 79(3): 267～280.

[58] Koskinen W C, Keeney D R. Effect of pH on the rate of gaseous products of denitrification in a silt loam soil[J]. Soil Science of America Journal, 1982, 46: 1165～1167.

[59] Kronvang B, Graesboll P, Larsen S E, et al. Diffuse nutrient losses in Denmark. Water Science and Technology, 1996, 33: 4～5, 81～88.

[60] Kronvang B, Artebjerg G, Grant R, et al. Nationwide monitoring of nutrients and their ecological effects: state of the Danish aquatic environment. Ambio, 1993, 22: 176～187.

[61] Lalisse Grundmann G, Brunel B, Chalamet A. Denitrification in a cultivated soil: optimal glucose and nitrate concentrations[J]. Soil Biol. Biochem, 1988, 6: 839～844.

[62] Laanbroek H J, Woldendorp J W. Activity of chemolithotrophic nitrifying bacteria under stress in natural soils [J]. Advances in Microbial Ecology, 1995, 14, 275～304.

[63] Li Y, White R E, Chen D L, et al. A spatially referenced water and nitrogen management model (WNMM) for (irrigated) intensive cropping systems in the North China Plain. Ecol. Model [J]. 2007, 203: 395～423.

[64] Limmer A, Steele. K W. Denitrification potentials: measurement of seasonal variation

using a short-term anaerobic incubation technique [J]. Soil Biol Biochem, 1982, 14: 179～184.

[65] Lowrence R R, Ibdd R L, Asmussen L E. Nuteient cycling in an agricultural watershed: Ⅱ. Streamflow and artificial drainage. J Environ Qual, 1984,13: 27～32.

[66] Lutz Breuer, Ralf Kiese, Klaus Butterbach Bahl. Temperature and moisture effects on nitrification rates in tropical rain-forest Soils [J]. Soil Sci, 2002, 66: 834～844.

[67] Macdonald A J, Poulton P R, et al. The fate of residual ^{15}N - labelled fertilizer in arable soils: Its availability to subsequent crops and retention in soil [J]. Plant Soil, 2002, 246: 123～137.

[68] Mahendrappa M K, Smith R L, Christiansen A T. Nitrifying organisms affected by climatic region in western United States[J]. Soil Sci, 1966, 30: 60～62.

[69] Malone J P, Stevens R J, Laughlin R J. Combining the ^{15}N and acetylene inhibition technique to examine the effect of acetylene on denitrification[J]. Soil Biology and B iochemistry, 1998, 30: 31～37.

[70] Malhi S S, Mcgill W B. Nitrification in three Alberta soils : effect of temperature, moisture and substrates concentration[J]. Soil Biol Biochem, 1982. 14: 393～399.

[71] Martikainen P J, de Boer W. Nitrous oxide production and nitrification in acidic soil from a Dutch coniferous forest [J]. Soil Biology and Biochemistry, 1993, 25, 343～347.

[72] Martens D A, Dick, W. Recovery of fertilizer nitrogen from continuous corn soils under contrasting tillage management[J]. Bioi Fertil Soils, 2003, 38: 144～153.

[73] Mendum T A, Sockett R E, Hirsch P R. Use of molecular and isotopic techniques to monitor the response of autotrophic ammonia-oxidizing populations of the subdivision of the class Proteobacteria in arable soils to nitrogen fertilizer [J]. Appl. Environ. Microbiol, 1999, 65: 4155～4162.

[74] Mozaffari M, Sims J T. Phosphorus availability and sorption in an Atlantic Coastal Plain watershed dominated by animal-based agriculture. Soil Sci, 1994, 157: 97～107.

[75] Müller, Müller C M. Kaleem Abbasi C, Kammann, T J, et al. Soil respiratory quotient determined via barometric process separation combined with nitrogen-15 labeling [J]. Soil Sci Soc Am J, 2004, 68: 1610～1615.

[76] Mulvaney R L, Khan S A, Mulvaney C S. Nitrogen fertilizers promote denitrification [J]. Biol. Fertil. Soil, 1997, 24: 211～220.

[77] Nash D M, Halliwell D J. Fertiliser and phosphorus loss from productive grazing

systems. Aust. J Soil Res, 1999, 37(3): 403～429.

[78] Neeteson J. Zwetsloot H C. An analysis of the response of sugar beet and potatoes to fertilizer nitrogen and soil mineral nitrogen[J]. Agr. Sci, 1989, 37: 129～141.

[79] Nishio T, Fujimo T. Kinetics of denitrification of various amounts of ammonium added to soils[J]. Soil Biol. Biochem, 1989, 22(1): 51～56.

[80] Parry R. Agricultural Phosphorus and water quality: a U. S. Environmental protection agency perspective. J Environ Qual, 1998,27: 258～261.

[81] Pouyat R V, McDonnell M J, Pickett S T A. Soil characteristics in oak stands along an urban-rural land use gradient[J]. J Environ Qual, 1995, 24, 516～526.

[82] Prosser J I, Autotrophic nitrification in bacteria[J]. Advances in Microbial Physiology 30, 1989, 125～181.

[83] Ralf Kiese, Bob Hewett, Klaus Butterbach Bah. Seasonal dynamic of gross nitrification and N_2O emission at two tropical rainforest sites in Queensland[J]. Australia Plant Soil, 2008, 309: 105～117.

[84] Richard V P. Litter decomposition and nitrogen mineralization in oak stands along an urban-rural land use gradient [J]. Urban Ecosystems, 1997, 1: 117～131.

[85] Richard V P. Short-and long-term effects of site factors on net N - mineralization and nitrification rates along an urban rural gradient[J]. Urban Ecosystems, 2001, 5: 159～178.

[86] Richter J, Roelcke M. The N - cycle as determined by intensive agriculture-examples from central Europe and China [J]. Nutr. Cycl. Agro-Ecosys, 2000, 57: 33～46.

[87] Rosenkranz et al. Soil N and C trace gas fluxes and microbial soil N turnover in a sessile oak (Quercus petraea (Matt.) Liebl.) forest in Hungary[J]. Plant Soil, 2006, 286: 301～322.

[88] Ryden G C. Denitrification loss from a grassland soil in the field receiving different rates of nitrogen as ammonium nitrate[J]. Soil Sci. Sco, 1983, 34: 355～365.

[89] Ryden, Lund. Nitrous oxide evolution from irrigated land[J]. Environ Qual, 1980, 9: 387～393.

[90] Sahrawat J. Nitrification in some tropical soils [J]. Plants and Soil, 1982, 65: 281～286.

[91] Schmitt M A, Randall C W. Developing a soil nitrogen test for improved recommendations for corn [J]. J Prod. Agric, 1994. 7: 328～334.

[92] Schwab A P, Kulyingyong S. Activities and availability index with of fertilization.

1989，147～159.

[93] Shen R F, Zhao Q G. Leaching of nutrient elements in a red soil deriver from Quaternary red clay [J]. Pedosphere, 1998, 8(1): 15～20.

[94] Slak M F, Commagnac L, Lucas S. Feasibility of national nitrogen balances [J]. Environmental Pollution, 1998, 102(Suppl. 1): 235～240.

[95] Steinshamn H, Thuen E, Bleken M A, et al. Utilization of nitrogen (N) and phosphorus(P) in an organic dairy farming system in Norway [J]. Agriculture, Ecosystems and Environment, 2004, 104(3): 509～702.

[96] Sharpley A N, Chapra S C, Wedeplhl R, et al. Managing agricultural phosphorus for protection of surface waters: issues and options. J Environ Qual, 1994, 23: 437～451.

[97] Sharpley A N, Withers P J A. The environmentally-sound management of agricultural phosphorus. Fertilizer Research, 1994, 39: 133～146.

[98] Sharpley A N, Smith S J,Jones O R, et a1. The tranport of bioavailable phosphorus in agricultural runoff. J. Environ Qual, 1992. 21: 30～35.

[99] Simard R R, Cluis D, Gangbazo G, et al. Phosphorus status of forest and agricultural soils form a watershed of high aninal density. J. Environ. Qual, 1995, 24: 1010～1017.

[100] Sims J T, Simard R R, Joern B C. Phosphorus loss in agriculture drainage: Historical perspective and current research. J Environ Qual, 1998, 27: 277～293.

[101] Sommers L E, Nelson D W, Owens L B. Status of inorganic phosphorus in soils irrigated with municipal wastewater. Soil Sci, 1979, 127: 340～350.

[102] Stange C F. A novel approach to combine response functions in ecological process modeling[J]. Ecol Modell, 2007, 204: 547～552.

[103] Stanford G, Roger A, Vander Pol, et al. Denitrification Rates in Relation to Total and Extractable Soil Carbon[J]. Soil Sci Soc, 1975. 39: 284～289.

[104] Sun G, N Wu, P Luo. Soil N pools and transformation rates under different land uses in a subalpine forest-grassland ecotone[J]. Pedosphere, 2005, 15: 52～58.

[105] Susana B, Francesc S, et al. Factors limiting denitrification in a Mediterranean riparian forest soil [J]. Biology& Biochemistry, 2007, 39: 2685～2688.

[106] Stark J M, Hart S C. High rates of nitrification and nitrate turnover in undisturbed coniferous forests[J]. Nature, 1997, 385: 61～64.

[107] Tiessen H, Stewart J W B. Changes in organic and inorganic phosphorus composition of two grassland soils and their particle size fraction during 60 - 90 years of cultivation. Journal of soil Science, 1993, 34: 815～823.

[108] Tiedje J M. Ecology of denitrification and dissimilatory nitrate reduction to ammonium [J]. Zehnder AJB(ed)Biology of anaerobic microorganisms, 1988: 179~244.

[109] Timan D, Fargione J, Wolff B. Forecasting agriculturally driven global environmental change [J]. SCIENCE, 2001, 292: 281~284.

[110] Van Keulen H, Aarts H F M, Habekotte B, et al. Soil-plant-animal relations in nutrient cycling: the case of dairy farming system 'DeMarke' [J]. European Journal of Agronomy, 2000(13): 2~3.

[111] Vander Molen D T, Breeuwsma A, Boers P C M. Agricultural nutrient losses to surface water in the Netherlands: impact, strategies, and perspectives. J Environ Qual, 1998, 27: 4~11.

[112] Verchot L V, Groffman P M, Frank D A. Landscape versus ungulate control of gross mineralization and gross nitrification in semi-arid grasslands of Yellowstone National Park [J]. Soil Biology and Biochemistry, 2002, 34: 1691~1699.

[113] Vighi M, Chiaudani G. Eutrophication in Europe: the role of agricultural activities. In: Hodgson E ed. Rev. Environ. Toxicol. Vol 3. Amsterdam: Elsevier, 1987, 213~257.

[114] Vinther F P. Total denitrification and the ratio between N_2O and N_2 during the growth of spring barley[J]. Plant and Soil, 1984, 76.

[115] Vitousek P M, Howarth R W. Nitrogen limitation on land and in the sea: how can it occur? [J]. Biogeochemistry, 1991, 13: 87~115.

[116] Watson C A, Atkinson D. Using nitrogen budgets to indicate nitrogen use efficiency and losses from whole farm systems: a comparison of three methodological approaches [J]. Nutrient Cycling in Agroecosystems, 1999, 53(3): 259~267.

[117] Weier K L, MacRae I C, Myers R J K. Denitrification in a clay soil under Pasture an d annual crop: estimation of potential loss using intact soil cores [J]. Soil Biol Biochem, 1993, 25: 991~997.

[118] Wei Xing Zhu, Margaret M. Carreiro. Chemoautotrophic nitrification in acidic forest soils along an urbanto rural transect[J]. Soil Biology and Biochemistry, 1999 (31): 1091~1100.

[119] William F S, Syers J K, L ingard J. A conceptual model for conducting audits at national, regional, and global scales[J]. Nutr. Cycl. Agro-Ecosys. 2002, 62(1): 61~72.

[120] Williams D R, Potts B M, Smethurst P J. Phosphorus fertiliser can induce earlier

vegetative phase change inEucalyptus nitens. Australian Journal of Botany. 2004, 52 (2): 281～284.

[121] William R R, Gordon V J. Improving nitrogen use efficiency for cereal production [J]. Aronomy Journal, 1999, 91(3): 357～363.

[122] Yoshida S. Fundamentals of Rice Crop Science. International Rice Research Institute, Los Banos, Philippines. 1981: 1～269.

[123] Zhang L J, Ju X T, Zhang F S, et al. Movement and residual effect of labeled nitrate-N in different soil layers [J]. Sci. Agric. Sin, 2007, 40(9): 1964～1972.

[124] Zhang W L, Tian Z X, Li X Q. Nitrate pollution of groundwater in northern China [J]. Agric. Ecosys. Environ, 1996, 59: 223～231.

[125] Zhao R E, Chen X P, Zhang F S, et al. Fertilization and nitrogen balance in a wheat-maize rotation system in North China[J]. Agron. J, 2006, 98: 938～945.

[126] Zhu Z L, Chen D L. Nitrogen fertilizer use in China-Contributions to food production, impacts on the environment and best management strategies[J]. Nutr. Cycl. Agro-Ecosys. 2002, 63: 117～127.

[127] Zhu Z L. Fate and management of fertilizer nitrogen in agro-ecosystems. In: Zhu Z, Wen Q, and Freney J R ed. Nitrogen in soils of China. Kluwer Academic Publishers, Dordrecht, The N Netherlands. 1997: 239～279.

[128] 安藤淳平. 世界磷矿资源和日本磷工业展望[J]. 土壤学进展,1983,13(3):52～54.

[129] 敖和军,邹应斌,申建波,等. 早稻施氮对连作晚稻产量和氮素利用率及土壤有效氮含量的影响[J]. 植物营养与肥料学报,2007,13(5):772～780.

[130] 蔡贵信,朱兆良. 稻田中化肥氮的气态损失[J]. 土壤学报,1995,32(增刊):128～135.

[131] 陈新平,周金池,王兴仁,张福锁. 应用土壤无机氮测试进行冬小麦氮肥推荐的研究[J]. 土壤肥料,1997(5):19～21.

[132] 陈西平,黄时达. 涪陵地区农田径流污染负荷定量化研究[J]. 环境科学,1991,12(3):75～79.

[133] 崔玉亭,程序,韩纯儒,等. 苏南太湖流域水稻氮肥利用率及氮肥淋洗量研究[J]. 中国农业大学学报,1998,3(5):51～54.

[134] 崔玉亭,程序,韩纯儒,等. 苏南太湖流域水稻经济生态适宜施氮量研究[J]. 生态学报,2000,20(4):659～662.

[135] 成瑞喜,贾平. 中酸性土壤无机磷形态及生物有效性[J]. 热带亚热带土壤科学,1998,7(1):6～10.

[136] 丁洪,王跃思,项虹艳. 福建省几种主要红壤性水稻土的硝化与反硝化活性[J]. 农业环

境科学学报,2003,22(6):715～719.

[137] 邓美华,谢迎新,熊正琴,等.长江三角洲氮收支的估算及其环境影响[J].环境科学学报,2007,27(10):1709～1716.

[138] 邓九胜,张炜,朱荣松,等.基于土壤有效磷水稻磷肥施用推荐体系的探讨[J].西北农业学报,2011,20(2):81～84.

[139] 单保庆,尹澄清.小流域磷污染物非点源输出的人工降雨模拟研究[J].环境科学学报,2000,20(1):33～37.

[140] 杜伟,遆超普,姜小三,陈国岩.长三角地区典型稻作农业小流域氮素平衡及其污染潜势[J].生态与农村环境学报,2010,26(1):9～14.

[141] 范晓晖,朱兆良.旱地土壤中的硝化一反硝化作用[J].土壤通报,2002,33(5):385～391.

[142] 冯涛,杨京平,施宏鑫,等.高肥力稻田不同施氮水平的氮肥效应和几种氮肥利用率的研究[J].浙江大学学报:农业与生命科学版,2006,32(1):60～64.

[143] 傅庆林,陈英旭,俞劲炎.浙中水稻生长适宜施氮量研究[J].土壤学报,2003,40(5):787～790.

[144] 郭汝礼,杨林章,沈明星.太湖地区黄泥土水稻适宜施氮量研究-长期定位试验[J].土壤,2006,38(4):379～383.

[145] 高超,张桃林.农业非点源磷污染对水体富营养化的影响及对策[J].湖泊科学,1999,11(4):369～375.

[146] 高永恒,罗鹏,吴宁,陈槐.基于BaPS技术的高山草甸硝化和反硝化季节变化[J].生态环境,2008,17(1):384～387.

[147] 韩晓增,王守宇,宋春雨.黑土区水田化肥氮去向的研究[J].应用生态学报,2003,14(11):1859～1862.

[148] 黄进宝,范晓晖,张绍林.太湖地区黄泥土壤水稻氮素利用与经济生态适宜施氮量[J].生态学报,2007,27(2):588～595.

[149] 黄生斌,陈新平,张福锁.不同品种冬小麦土壤及植株测试氮肥推荐指标的研究[J].中国农业大学学报,2002,7(5):26～31.

[150] 黄满湘,周成虎,章申.农田暴雨径流侵蚀泥沙流失及其对氮磷的富集[J].水土保持学报,2002,16(4):13～16,33.

[151] 黄国宏,陈冠雄,黄斌.东北典型旱作农田N_2O和CH_4排放通量研究[J].应用生态学报,1995,6(4):383～386.

[152] 贺云发,尹斌,蔡贵信,等.菜地和旱作粮地土壤氮素矿化和硝化作用的比较[J].土壤通报,2005,36(11):41～44.

[153] 侯传庆. 上海土壤[M]. 上海:上海科学技术出版社,1992:118～122;189.

[154] 江德爱,唐懿达,马益辉,等. 不同条件对土壤反硝化作用的影响[J]. 环境科学,1987,10(3):13～19.

[155] 金洁,杨京平,施洪鑫等. 水稻田面水中氮磷素的动态特征研究[J]. 农业环境科学学报,2005,24(2):357～361.

[156] 金雪霞,范晓晖,蔡贵信,等. 菜地土壤氮素矿化和硝化作用的特征[J]. 土壤,2004,36(4):382～386.

[157] 贾月慧,王天涛,杜睿. 3 种林地土壤氮和氮含量的变化[J]. 北京农学院学报,2005,2(3):63～66.

[158] 巨晓棠,张福锁. 中国北方土壤硝态氮的累积及其对环境的影响[J]. 生态环境,2003,12(1):24～28.

[159] 梁东丽,同延安,等. 菜地不同施氮量下的 N_2O 逸出量的研究[J]. 西北农业科技大学学报(自然科学版),2002,30(2):73～77.

[160] 李庆逵,朱兆良,于天仁. 中国农业持续发展中的肥料问题[M]. 南昌:江西科学技术出版社,1997:38～51,120～129.

[161] 李荣刚,翟云忠. 江苏省武进市高产水稻田氮素渗漏研究[J]. 农村生态环境,2000,16(3):19～22.

[162] 李荣刚. 高产农田氮素肥效与调控途径——以江苏太湖地区稻麦两熟农区为例推及全省[D]. 北京:中国农业大学,2000.

[163] 李世清,李生秀. 半干旱地区农田生态系统中硝态氮的淋失[J]. 应用生态学报,2000,11(2):240～242.

[164] 李志宏,张福锁,王兴仁. 我国北方地区几种主要作物氮营养诊断及氮肥推荐研究(Ⅱ),植株硝酸盐快速诊断方法的研究[J]. 植物营养与肥料学报,1997,3(3):268～273.

[165] 李定强,王继增,万洪富,等. 广东省东江流域典型小流域非点源污染物流失规律研究[J]. 土壤侵蚀与水土保持学报,1998,4(3):12～18.

[166] 李良谟,潘映华,周秀如,等. 太湖地区主要类型土壤的硝化作用及其影响因素[J]. 土壤,1987,19:289～293.

[167] 梁国庆,李书田译. 硝酸盐与人类健康[M]. 北京:中国农业出版社,2004:67～71.

[168] 梁圆,王兴祥,张桃林. 基于水环境风险的红壤性水稻土 Olsen-P 突变点研究[J]. 土壤,2008,40(5):770～776.

[169] 林清火,罗微,屈明,等. 尿素在砖红壤中的淋失特征Ⅱ-NO_3^- - N 的淋失[J]. 农业环境科学学报,2005,24(4):638～642.

[170] 凌励. 高产水稻养分吸收特点初析. 黄仲青，程剑，张建华. 水稻高产高效理论与新技术[C]. 北京：中国农业科技出版社，1996. 64～67.

[171] 刘立军，徐伟，唐成，等. 土壤背景氮供应对水稻产量和氮肥利用率的影响[J]. 中国水稻科学，2005，19(4)：343～349.

[172] 刘建玲，张福锁，杨奋翮. 北方耕地和蔬菜保护地土壤磷素状况研究[J]. 植物营养与肥料学报，2000，6(2)：179～186.

[173] 刘方，黄昌勇，何腾兵，等. 长期施磷对黄壤旱地磷库变化及地表径流中磷浓度的影响[J]. 应用生态学报，2003，14(2)：196～200.

[174] 刘巧辉. 应用 BaPS 系统研究旱地土壤硝化-反硝化过程和呼吸作用[D]. 南京农业大学资源与环境科学学院，2005.

[175] 刘景双，杨继松，于军宝，等. 三江平原沼泽湿地有机碳的垂直分布特征研究[J]. 水土保持学报，2003，17(3)：5～8.

[176] 刘义. 川西亚高山针叶林土壤的硝化和反硝化作用研究[D]. 中国科学院成都生物研究所，2005.

[177] 刘义，陈劲松，尹华军，刘庆，林波. 川西亚高山针叶林土壤硝化作用及其影响因素[J]. 应用与环境生物学报．2006，12，(4)：500～505.

[178] 刘义，陈劲松，刘庆，吴彦. 川西亚高山针叶林不同恢复阶段土壤的硝化和反硝作用[J]. 植物生态学报，2006，30(1)：90～96.

[179] 鲁如坤，时正元. 退化红壤肥力障碍特征及重建措施Ⅲ. 典型地区红壤磷素积累及其环境意义[J]. 土壤，2001，(5)：227～238.

[180] 鲁如坤，时正元，施建平. 我国南方 6 省农田养分平衡现状评价及动态变化研究[J]. 中国农业科学，2000，33(2)：63～67.

[181] 吕耀. 农业生态系统中氮素造成的非点源污染[J]. 农业环境保护，1998，17(1)：35～39.

[182] 吕家珑，Fortune S，Brookes P C. 土壤磷淋溶状况及其 Olsen 磷“突变点”研究[J]. 农业环境科学学报．2003，22(2)：142～146.

[183] 罗微，林清火，茶正早，等. 尿素在砖红壤中的淋失特征Ⅰ—NH_4^+-N 的淋失[J]. 西南农业大学学报，2005(2)：86～87.

[184] 娄运生，李忠佩，张桃林. 不同水分状况及施磷量对水稻土中速效磷含量的影响[J]. 土壤，2005，37(6)：640～644.

[185] 孟建，李雁鸣，党红凯. 施氮量对冬小麦氮素吸收利用、土壤中硝态氮累积和籽粒产量的影响[J]. 河北农业大学学报，2007，30(2)：1～5.

[186] 莫淑勋. 有机肥料中磷及其与土壤磷素的关系[J]. 土壤学进展，1992，(3)：1～9.

[187] 茆智.水稻节水灌溉及其对环境的影响[J].中国工程科学,2002,4(7):8～16.

[188] 彭少兵,黄见良,钟旭华,等.提高中国稻田氮肥利用率的研究策略[J].中国农业科学,2002,35(9):1095～1103.

[189] 邱建军,李虎,王立刚.中国农田施氮水平与土壤氮平衡的模拟研究[J].农业工程学报,2008,24(8):40～44.

[190] 寇长林,巨晓棠,张福锁.三种集约化种植体系氮素平衡及其对地下水硝酸盐含量的影响[J].应用生态学报,2005,16(4):660～667.

[191] 帅修富,王兴仁,曹一平,等.冬小麦氮营养诊断及氮追肥推荐[J].北京农业大学学报,1995,21(增):47～50.

[192] 苏成国,尹斌,朱兆良,等.农田氮素的气态损失与大气氮湿沉降及其环境效应[J].土壤,2005,37(2):113～120.

[193] 孙庚,吴宁,罗鹏.不同管理措施对川西北草地土壤氮和碳特征的影响[J].植物生态学报,2005,29(2):304～310.

[194] 王德建,林静慧,孙瑞娟,等.太湖地区稻麦高产的氮肥适宜用量及其对地下水的影响[J].土壤学报,2003,40(3):426～432.

[195] 王激清,马文奇,江荣风,张福锁.中国农田生态系统氮素平衡模型的建立及其应用[J].农业工程学报,2007,23(8):210～215.

[196] 王建国,刘鸿翔,等.黑土农田养分平衡与养分消长规律[J].土壤学报,2003,40(2):246～251.

[197] 王强,杨京平,沈建国,等.稻田田面水中三氮浓度的动态变化特征研究[J].水土保持学报,2003,17(3):51～54.

[198] 王维金,徐竹生.重施穗肥对杂交水稻的产量和氮素营养的影响[J].华中农业大学学报,1993,12(3):209～214.

[199] 王伟妮,鲁剑巍,鲁明星,等.湖北省早、中、晚稻施磷增产效应及磷肥利用率研究[J].植物营养与肥料学报,2011,17(4):795～802.

[200] 王小治,高人,钱晓晴,等.利用大型径流场研究太湖地区稻季氮素的径流排放[J].农业环境科学学报,2007,26(3):831～835.

[201] 王道涵,梁成华.农业磷素流失途径及控制方法研究进展[J].土壤与环境,2002,11(2):183～188.

[202] 吴艳春,庄舜尧,杨浩,等.土壤磷在农业生态系统中的迁移[J].东北农业大学学报,2003,34(2):210～218.

[203] 熊正琴,邢光熹,等.太湖地区湖、河和井水中氮污染状况的研究[J].农村生态环境,2002,18(2):29～33.

[204] 徐华,邢光熹,蔡祖聪,鹤田治雄.土壤水分状况和氮肥施用及品种对稻田N_2O排放的影响[J].应用生态学报,1994,10(2):186～188.

[205] 徐玉裕,曹文志,李大朋,等.闽南农业小流域土壤反硝化作用研究[J].中国土壤与肥料,2007,(3):15～19.

[206] 谢建治,尹君,王殿武,等.田间土壤反硝化作用动态初探[J].农业环境保护,1999,18(6):272～274.

[207] 谢林花.长期不同施肥对石灰性土壤磷形态转化及剖面分布的影响[D].西北农林科技大学,2001.

[208] 薛冬,姚槐应,黄昌勇.不同利用年限茶园土壤矿化、硝化作用特性[J].土壤学报,2007,44:373～378.

[209] 沈汉.京郊菜园土壤元素累积与转化特征[J].土壤学报,1990,27:105～112.

[210] 续勇波,蔡祖聪.亚热带土壤氮素反硝化过程中N_2O的排放和还原[J].环境科学学报,2008,4:731～737.

[211] 易琼,张秀芝,等.氮肥减施对稻-麦轮作体系作物氮素吸收、利用和土壤氮素平衡的影响[J].植物营养与肥料学报,2010,16(5):1069～1077.

[212] 姚春霞.上海市郊旱作农田化肥施用的环境影响研究[D].华东师范大学,2005.

[213] 姚源喜,杨延蕃,刘树堂,等.施肥对土壤磷素状况的影响[J].莱阳农学院学报,1991,8(2):85～90.

[214] 易秀.氮肥的渗漏性研究[J].农业环境保护,1991,10(5):223～226.

[215] 晏维金,尹澄清.磷氮在水田湿地中的迁移转化及径流流失过程[J].应用生态学报,1999,10(3):312～316.

[216] 杨珏,阮晓红.土壤磷素循环及其对土壤磷流失的影响[J].土壤与环境,2001,10(3):256～258.

[217] 余存祖,刘耀宏,彭琳,等.水土流失区农田物质循环与改善途径[J].中国水土保持,1987,58(5):13.

[218] 于克伟,陈冠雄,杨思河,等.几种旱地农作物在农田N_2O释放中的作用及环境因素的影响[J].应用生态学报,1995,6(4):387～391.

[219] 俞慎,李振高.稻田生态系统生物硝化-反硝化作用与氮损失[J].应用生态学报,1999,10(5):630～634.

[220] 张甘霖,朱永官,等.城市土壤质量演变及其生态环境效应[J].生态学报,2003,23(3):539～546.

[221] 张光亚,方白山,闵行,等.设施栽培土壤氧化亚氮释放及硝化、反硝化细菌数量的研究[J].植物营养与肥料科学,2002,8(2):239～243.

[222] 张国梁，章申. 农田氮素淋失研究进展[J]. 土壤，1998(6)：291～297.

[223] 张丽娟，巨晓棠，张福锁，等. 土壤剖面不同层次标记硝态氮的运移及其后效[J]. 中国农业科学，2007，40(9)：1964～1972.

[224] 张满利，陈盈，隋国民，等. 氮肥对水稻产量和氮肥利用率的影响[J]. 中国农学通报，2010，26(13)：230～234.

[225] 张树兰，杨学云，吕殿青，等. 温度、水分及不同氮源对土壤硝化作用的影响[J]. 生态学报，2002，22(12)：2147～2153.

[226] 郑宪清，孙波，胡锋，等. 中亚热带水热条件对农田置换土壤硝化强度的影响[J]. 生态学报，2009，29(2)：1024～1031.

[227] 张志剑，董亮，朱荫湄. 水稻田面水氮素的动态特征、模式表征及排水流失研究[J]. 环境科学学报，2001，21(4)：475～480.

[228] 张志剑，王兆德，等. 水文因素影响稻田氮磷流失的研究进展[J]. 生态环境，2007，16(6)：1789～1794.

[229] 张政勤，姚丽贤，周文龙. 广州市郊菜园土和蔬菜养分状况调查分析[J]. 广东农业科学，1997，6：29～32.

[230] 张学军，孙权，陈晓群，等. 不同类型菜田和农田土壤磷素状况研究[J]. 土壤，2005，37(6)：649～654.

[231] 张海涛，刘建玲，廖文华，等. 磷肥和有机肥对不同磷水平土壤磷吸附-解吸的影响[J]. 植物营养与肥料学报，2008，14(2)：284～290.

[232] 钟旭华，黄农荣，郑海波，彭少兵. 不同时期施氮对华南双季杂交稻产量及氮素吸收和氮肥利用率的影响[J]. 杂交水稻，2007，22(4)：62～66.

[233] 邹国元，张福锁，李新慧. 下层土壤反硝化作用的研究[J]. 植物营养与肥料学报 . 2001，7(4)：379～384.

[234] 周才平，欧阳华. 温度和湿度对暖温带落叶阔叶林土壤氮矿化的影响[J]. 植物生态学报，2001，25(2)：204～209.

[235] 朱兆良，孙波. 中国农业面源污染控制对策研究[J]. 环境保护，2008，394(4)：4～6.

[236] 朱兆良，文启孝. 中国土壤氮素[M]. 南京：江苏科学技术出版社，1992：267～287.

[237] 朱祖祥. 中国农业百科全书，土壤卷[M]. 北京：农业出版社，1996：55～56，460～461.